KB266657

지도의
공백지대를 가다

## 일러두기

티베트의 지명과 인명은 중국어 발음으로 표기했으며,
화명(花名)은 라틴어로, 경희대학교 홍석표(洪奭杓) 교수의 지문을 받았다.

雪域高原 2
금하총서 2

# 지도의 공백지대를 가다

Tibet 8만km

박철암 글·사진

DO PIANSA
到彼岸社

서문

　끝없이 손짓하는 티베트의 비경, 나는 그 유혹을 뿌리치지 못하고 죽음의 고비를 수없이 넘으며 티베트고원을 찾았습니다.

　티베트는 오랜 세월 쇄국정책으로 바깥 세상과 굳게 문을 닫고 있다가 1986년에 와서야 문호를 개방하게 된 것입니다. 나는 개방과 더불어 1990년 한국에서 처음으로 티베트에 들어갈 수 있었습니다. 그 후 10여 년 간, 14회에 걸쳐 탐사하면서 관찰한 기록들을 늦게나마 세상에 내놓게 되었음을 먼저 하나님께 감사드립니다.

　지구상에 베일 속에 가린 도원경이 있다면, 천계(天界)와 같은 환상적인 대지(大地)가 지상에 존재한다면, 바로 그곳이 티베트가 아닐까 생각합니다.

　그리고 그곳에는 세상 어느 곳에서도 찾아볼 수 없는 가장 진귀하고 아름다운 고산초화가 만발해 있으며, 곳곳에 숨겨진 천혜의 비경과 티 없는 순박한 민족이 살고 있습니다. 더욱이 창탕(羌塘)의 북부고원에는 아직도 인간의 출입을 불허하는 누구도 밟지 않은 20만km²나 되는 지도의 공백지대가 존재하는 곳이기도 합니다.

　나는 그곳의 좀더 많은 곳을 탐사하고자 애써 보았으나 여러 가지 제약과 여의치 않은 형편으로 뜻을 다 이루지 못한 것을 아쉽게 생각합니다. 그러나 본서에 수록한 자료 중 지리적 상황, 고도와 리정, 코스 등 될 수 있는 대로 정확히 기록하고자 노력했습니다.

이 자료들이 앞으로 티베트를 찾는 후학들에게 조금이라도 도움이 된다면 그것으로 위안을 삼겠습니다.

티베트는 아직도 무궁무진한 자원과 숨겨진 비경이 산재해 있습니다. 제가 못 밝힌 미지의 지역을 후학들이 관심과 애정을 가지고 계속 연구한다면 더 많은 숨겨진 티베트의 비경을 찾아내리라 믿습니다.

끝으로 그동안 탐험 길에서 생사를 같이하며 답사를 함께 한 티베트연구소 여러분과 항상 기도와 용기를 준 저의 가족들, 그리고 본서를 출판해 주신 도서출판 도피안사에 감사를 드립니다.

2002년 1월 雪嶽山 百潭골에서<br>
朴 鐵 岩

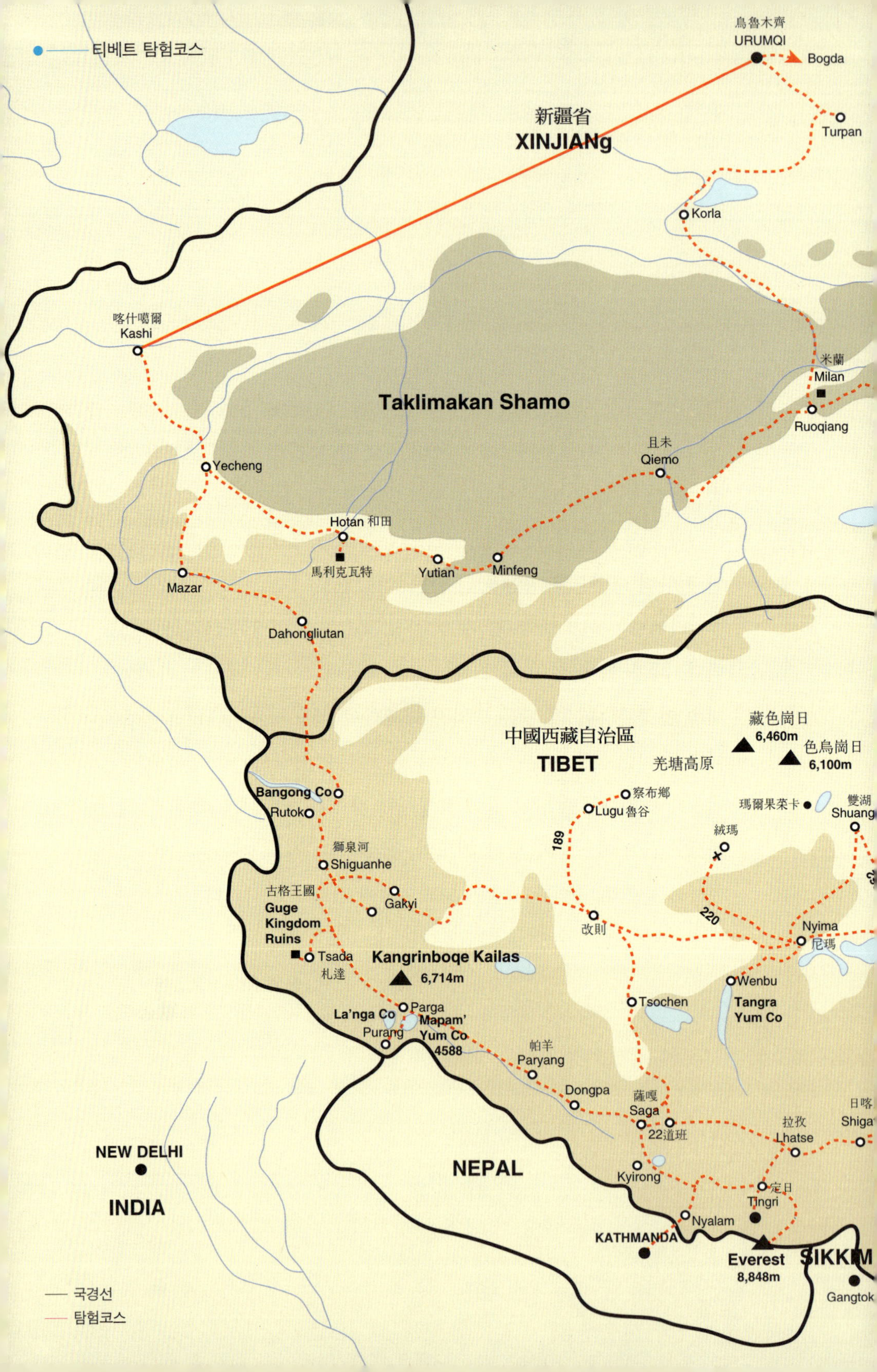
티베트 탐험코스
鳥魯木齊
URUMQI
Bogda
Turpan
新疆省
XINJIANg
Korla
喀什噶爾
Kashi
米蘭
Milan
Ruoqiang
Taklimakan Shamo
且末
Qiemo
Yecheng
Hotan 和田
馬利克瓦特
Yutian
Minfeng
Mazar
Dahongliutan
中國西藏自治區
TIBET
羌塘高原
藏色崗日
6,460m
色烏崗日
6,100m
瑪爾果茶卡
雙湖
Shuang
Bangong Co
Rutok
察布鄉
Lugu 魯谷
絨瑪
獅泉河
Shiguanhe
189
220
古格王國
Guge
Kingdom
Ruins
Gakyi
改則
Nyima
尼瑪
Tsada
札達
Kangrinboqe Kailas
6,714m
Wenbu
Tangra
Yum Co
La'nga Co
Parga
Mapam'
Yum Co
4588
Purang
Tsochen
帕羊
Paryang
Dongpa
薩嘎
Saga
日喀
Shiga
拉孜
Lhatse
NEW DELHI
22道班
INDIA
NEPAL
Kyirong
宗日
Tingri
KATHMANDA
Nyalam
Everest
8,848m
SIKKIM
Gangtok
국경선
탐험코스

GANSU
雲南省
KUNMING
昆明
oushashan
西寧
XINING
Qinghai Hu
LANZHIOU
格爾木
Golmud
崑崙山口
北
Kunlun Pass
青海省
QINGHAI
Totoheyan
Tanggula Pass
四川省
SICHUAN
安多
Amdo
Sokshan
Nakchu
那曲
Tengchan
丁青
Chamdo
昌都
甘孜
木錯
當雄
巴松
Pome
Paksho
忘康
Markham
成都
CHENG
拉薩
LHASA
Nyingtri
林芝
Raog
然烏
Zogong
梅里雪山
Namshan
Ghosum
Doqen
Zhongxin
Lhuntse
麗江
UTAN
YUNNAN
雲南省
昆明
KUNMING

지도의
공백지대를 가다

# 지도의 공백지대를 가다

세계 고산식물 중에서 제일 아름다운 꽃 메코노프시스 호리둘라(Meconopsis horidula, 양귀비과). 해발 4,900m, 1994. 7, 상무라(桑木拉)

티베트 유목민의 카라반

티베트 풍경. 해발 5,000m, 2001. 6, Lhachen La Pass

'94 5 4

● ——— 싸우쑤레아 고씨피포라(雪蓮花, Saussurea gossyipiphora). 해발 4,900m, 1996. 9, 서지라산(色季拉山)

히말라야 싸우쑤레아(雪蓮花, Himalaya saussurea). 해발 4,900m, 1998. 9, 니라무(尼拉木)

● 레움노빌레(Rheum nobile, 마디풀과). 해발 4,700m, 2001. 6, 서지라산(色季拉山)

● ——— 안드로싸케 일종(Androsace sp, 앵초과). 해발 4,700m, 2000. 9, Lhachen La Pass

메코노프시스 인테그리폴리아(Meconopsis integrifolia, 양귀비과). 해발 4,900m, 1996. 6, 둥다라산 (東達拉山)

●——— 싸우쑤레아 고씨피포라(雪蓮花, Saussurea gossyipiphora). 해발 4.900m, 1996. 9, 서지라산(色季拉山)

메코노프시스 푸니세아(Meconopsis punicea). 해발 4,250m, 1999. 6, 시두어산(折多山)

창탕고원(羌塘高原) 풍경. 해발 4,800m

티베트 유목민이 베틀에 앉아 야크 털로 천막 천을 짜고 있다. 해발 4,400m

포탈라(Potala) 궁전과 궁전 앞 광장 입구의 불탑

# 머나먼 티베트

이때 어디선가 피리소리가 들려왔다. 바라보니 한 소녀가 양떼를 몰고 가면서 이 꽃을 뜯어 '삐삐' 하고 피리를 불고 있었다. 황막한 고원에 울려 퍼지는 소녀의 꽃피리 소리! 나는 참으로 아름다운 이 별세계와 같은 자연의 풍광을 보면서 이때부터 티베트의 꽃을 연구해 보기로 결심했다.

# 머나먼 티베트

1971년 4월 하순 히말라야 로체샬봉을 등반하고 있던 어느 날, 우연히 고공 먼 곳에서 들려오는 새소리에 하늘을 쳐다보니 뜻밖에 학의 무리가 8,400m의 로체샬 고공을 날아 Tibet로 넘어가고 있었다.

푸른 하늘에 배가 희고 날개 끝이 검은 학들이 점점이 사람 인(人)자로 대오를 지어 날고 있는 모습을 보며, '사람들은 6,000m만 올라가도 숨이 차 가슴이 터질 것 같은데 저 작은 새들이 어떤 힘으로 저렇게 높은 하늘을 날 수 있을까?' 하는 깊은 생각에 잠긴 적이 있다.

그때 문득 헤딩 박사의 중앙아시아 탐험기에 나오는 타클라마칸 사막의 로푸놀 호수와 티베트의 포탈라궁이 떠올랐다. 도대체 티베트는 어떠한 나라일까! 지금은 새들만이 오고 갈 수 있는 금단의 나라 티베트! 나는 그곳에 펼쳐진 산과 들을 그려보며 그 초원에 피어 있을 꽃들과 들녘에 살고 있을 민족이 궁금해지기 시작했다.

그리고 그 미지의 땅을 나도 언젠가 기회가 오면 헤딩 박사처럼 탐험하리라고 마음먹었다.

티베트는 당나라 때부터 수세기 동안 쇄국정책으로 문을 꼭 닫고 외국인의 출입을 엄격히 통제하고 있었으며 티베트인 또한 바깥 세상과 두절한 채 살아가는 민족이었다. 그러나 1986년에 와서 중국이 티베트를 개방하면서 그 문호를 열게 되었다.

우리가 이 소식을 들은 것은 1989년 봄, 산악인 박영배 씨로부터 그 소식을 전해 듣고 나는 설렘에 밤잠을 이룰 수 없었다.

그동안 얼마나 고대하고 기다리던 소식인가! 이 뜻밖의 소식은 나를 재촉하여 행동으로 옮기게 했다. 나는 즉시 탐사대를 조직했다. 박영배(산악인), 김학중(성신병원 원장), 조경행(의사), 이동규(기업인) 씨가 대원으로 참여했고 네팔에서 석채언(혜초여행사 사장) 씨가 합류했다.

그 후 일은 순조롭게 진행되어 1990년 6월 17일, 드디어 그렇게 아득해 보이던 티베트로 한국인으로서는 처음 희망찬 발걸음을 내딛었다.

티베트는 중국 서남부 변경지역에 위치한 곳으로 총면적 122만8천400km²로 우리나라의 12배 되는 넓은 지역이다. 평균 고도는 해발 4,000m로 세계에서 가장 높고, 기후는 한랭하며 건조하다. 인구는 약 230만 명으로 종교는 라마교가 주교이다. 지리적으로는 사방이 높은 산맥과 사막으로 둘러싸인 고원지대에 위치하며, 서남부로는 인도 국경에 걸친 길이 2,400km의 히말라야산맥이 뻗어 있고, 동북부에는 강디스(岡底斯)산맥, 북으로는 쿤룬(崑崙)산맥, 탕구라(唐古拉)산맥, 녠칭탕구라(念青唐古拉)산맥, 헝뚜안(橫斷)산맥 등 마치 병풍을 쳐놓은 듯 둘러 있다.

과학자들의 가설에 의하면 쿤룬산맥은 지금으로부터 약 2억～3억 년 전 고생대 석탄기부터 융기하였고, 히말라야산맥은 약 4,000만 년 전부터 형성되었다고 한다.

약 5,000만 년 전인 신생대 제3기 시대에는 터키로부터 이 지역까지 터티스해 또는 고지중해(古地中海)라고 불리는 바다였다고 한다. 그러다가 약 4,000만 년 전부터 인도에 지각변동이 일어나 인도판 지괴가 북상하고 유라시아판과 강하게 충돌하면서 히말라야산맥과 함께 티베트와 칭하이성(靑海省), 그리고 파미르고원이 형성되었다. 이어 지금으로부터 약 1,700만 년 전에는 홍석기의 빙하기에 접어들어 고원 전체가 빙설로 덮여 있었던 것으로 추측되고 있다.

과학자들은 이러한 티베트의 비밀을 연구하기 위하여 여러 차례 지질조사를 실시했으며 그러한 가설이 입증되었다.

1976년, 티베트의 창두(昌都) 지구의 누강(怒江) 일대에서 공룡의 척추와 늑골, 치아의 화석이 발견되었는데, 과학적으로 측정한 결과, 600만～700만 년 전의 것으로 밝혀졌다. 그리고 수앙후(雙湖), 룽마(絨瑪), 차부샹(察布鄕) 지역에서도 화석이 발견됐다.

그리고 산난(山南) 지구의 저당(澤當) 지역에는 지금도 움푹한 지대의 깊은 도랑 중에 몇 척 깊이의 썩은 나뭇잎이 쌓여 있고, 매우 오래된 큰 나무뿌리가 매장되어 있다. 이 일대가 일찍이 원시삼림지로, 이 삼림이 계속 궁부(工布)와 다부(達布) 지역까지 이어져 있어 이것을 보면 아주 옛날에는 원시산림지대였음을 알 수 있다.

공룡 같은 큰 동물이 살 수 있는 환경조건은 한정된다. 강과 호수가 있으며 덥고 습윤하고 먹이가 많은 곳이라야 하는데, 그러한 환경은 수천 만 년 전에 이미 없어지고 말았다. 강과 호수가 마르고 지각이 해저에서 솟아오르게 되자 공룡은 생존할 수 없어 결국 전멸하게 되었다. 그 공룡의 시체는 지각 변동에 따라 땅 속 깊이 묻혔다가 오랜 세월이 지나자 화석이 되어 오늘날 과학연구 자료로 볼 수 있게 되었다.

1964년부터 1966년까지 중국의 학술조사대는 히말라야 산중의 시샤팡마(Shisha pangma)와 니라무(聶拉木, Niramoo) 지역을 탐사하던 중 두 마리의 어룡(魚龍)을 발견하였다. 학술조사대는 길이 10m의 길고 예리한 턱을 지니고 있는 공룡을 히말라야 어룡이라고 명명했다.

1986년, 나는 네팔의 서북부 지역을 탐사하다가 카그베니(Kagbeni) 마을 앞 칼리 간다키(Kali Gandaki) 강 하상에서 두 개의 조개 화석을 주웠는데 모두 오석(烏石)으로 그 중 하나는 크기가 계란만큼 크고 강물에 잘 마모되었으나 조개 껍질의 주름살은 분명했다. 다른 하나는 원석인데 돌을 깨어 보니 그 속에 마치 금분(金粉)을 뿌려 놓은 듯한 찬란하고 아름다운 조개 화석이 들어 있었다.

이어 1997년, 티베트에서 차를 타고 자촐라파스(Gyatso La Pass) 구릉지대를 달리고 있는데 소년들이 나타나 손에 화석을 들고 사라고 하기에 어디에서 주웠느냐고 물었더니 한 산을 가리켜 그곳을 바라보니, 첩첩산중으로 아마도 4,700m는 되어 보였다. 그들이 갖고 있는 화석은 고생대 해저에 서식하고 있던 암모나이트였다. 제일 큰 것은 주먹 정도 크기이며 석질은 황토석이었다. 생김새는 마치 달팽이 껍질처럼 네 겹으로 둥글게 둘둘 말려 있었고 주름이 선명했다.

나는 소년들이 들고 온 화석을 지금도 비교 연구하기 위해 보관하고 있다.

이와 같이 티베트고원에서 공룡의 화석과 조개 화석이 자주 발견되는 것을 보면 아득한 옛날 티베트고원은 대해(大海)였고 이후 바다가 융기하여 육지가 되었다는 사실이 과학적으로 입증된다. 그러나 그 변화는 일조일석에 된 것은 아니다. 몇천 만 년 전부터 아득한 세월 동안 지각의 변동에 따라 티베트고원이 융기되었고 히말라야산맥이 돌출하게 된 것이다.

최근 과학자들이 관측한 바에 의하면, 히말라야산맥은 아직도 융기하고 있는 지구상에서 가장 젊은 대륙이라고 한다. 그리고 움직임은 계속되고 있어서 일년에 1cm 정도 높아지고 있으며, 세계 최고봉인 에베레스트(8,848.13m)에서도 미세한 지각변동이 일어나고 있다고 한다.

### ● ── 출발 ●

1990년 6월 16일, 네팔의 수도 카트만두에 도착, 타멜에 있는 빌라 에베레스트로 갔다. 이곳은 한국의 산악인 박영석 씨가 운영하는 모텔로서, 규모는 작지만 정원이 있고 조용해 네팔을 찾는 우리나라 사람들이 단골로 드나드는 곳이다. 특히 한국에서 요리강습을 받은 네팔인 요리사가 상주해 있어 국내 여행자들이 우리나라 음식을 즐기며 향수를 달랠 수 있는 곳이기도 하다. 모텔에서 골목길을 빠져나가면 곧 북적거리는 타멜 거리로 이어지는데 때가 우기(雨期)고 외국에서 오는 관광객들의 수가 많지 않아 거리는 한산하였다.

타멜은 언제부터인지 등산장비 상가로 유명하게 되었다. 상점마다 외국의 이름 있는 등산장비와 제품들이 가득하여 러시아제 산소통, 스위스제 픽켈, 일본제 자일, 프랑스제 슬링픽백, 오스트리아제 버너, 그리고 한국제 상품이 즐비하다. 값도 그리 비싸지 않다.

타멜을 지나서 뉴로드로 나오니 거리에는 갖가지 정치 구호가 걸려 있었다. 네팔은 18세기 말 구르카(Gurkha) 족 출신인 나라야니샤(Nargani Shah) 1세가 부족을 통합하여 건립한 세계 유일의 힌두교 왕국이지만 1988년 이후 데모가 끊일 날이 없을 정도로 소란스러웠다.

네팔의 면적은 약 15만km², 인구는 2천만 명으로 남쪽으로는 텔라이 평원이 있고 북으로는 세계의 지붕 히말라야산맥이 병풍처럼 둘러 있다.

6월 18일, 네팔 주재 중국대사관에서 티베트 입국 비자를 받았다.

6월 19일 오전 7시, 카트만두를 떠나 머나먼 티베트고원을 횡단하기 위해 길을 떠났다. 한국인으로서는 최초로 티베트를 답사하게 되는 부푼 마음을 안고 네팔의 국경마을 코다리(Kodari)로 향했다. 카트만두에서 코다리까지는 112km. 약 두 시간쯤 달려 번네바에서 과일을 구입하고 정오가 훨씬 넘어 해발 1,773m의 코다리에 도착했다. 이 조그만 마을은 순코시강을 끼고 있는 산비탈에 판잣집 50여 호가 모여 있는 곳으로 옛날부터 티베트로 들어가는 유일한 통로이기도 하다.

네팔 측 세관은 건물을 비롯하여 모든 것이 엉성했다. 우리는 간단히 출국 절차를 마치고 젊은 짐꾼 6명을 고용, 비무장지대 같은 완충지대를 약 100m쯤 걸어 순코시강의 우정의 다리에 이르렀다.

계곡은 넓고 깊은데 강폭이 제일 좁은 곳에 다리가 있고 길이는 40m쯤 되어 보였다. 강물의 흐름이 빨라 흰 물살을 뿜으며 도도하게 흐르고 다리에서 티베트의 국경마을 장무(樟木, 해발 2,000m 중심지 기준)를 쳐다보니 산비탈에 약 4백여 호의 고층 건물들이 즐비하게 서 있어 코다리 마을과는 퍽 대조적이었다.

장무(樟木)는 티베트어로 '가까운 항구'라는 뜻이다. 히말라야 산맥 중간에 위치하고 있고, 네팔과 중국의 교류가 이루어지는 근래에 생긴 변방의 무역 통로이기도 하다.

우정의 다리에서 처음 만나는 중국군 병사들의 첫 인상은 무척 해이해 보였다. 모자는 옆으로 삐뚫어지게 쓰고 군복은 단추 두어 개를 풀어 놓고 걷는 모습도 규율이 없어 보였다. 그러나 그들은 상당히 친절했다.

우리는 국경 초소를 지나 경사가 급하고 나무숲이 무성한 지름길을 걸어 오후 5시에 장무에 도착한 뒤 입국수속을 밟기 위해 세관 건물로 들어갔다. 중국 세관원은 우리의 여권을 보더니, "한국인으로서는 최초로 이 국경을 넘은 사람입니다. 축하합니다."라고 말하며 이어 짐 속에 책이나 신문이 있느냐는 몇 마디 질문을 한 뒤 간단히 입국수속을 마쳤다.

우리는 이곳에서 네팔의 짐꾼을 돌려보내고 다시 티베트 노무자들을 고용하였는데, 이들이 서로 짐을 지겠다고 옥신각신 몸싸움을 하자 중국 세관원이 짐꾼들을 발길로 차서 쫓아내는 것을 보니 서글픈 생각이 들기도 했다. 장무에는 중국 측의 안내원 장장즌(張長禎) 씨가 티베트의 성도 라사(拉薩)에서 이곳까지 와서 우리를 기다리고 있었다. 그는 북경대학 영문과 출신으로 영어를 잘했다.

우리는 장무를 떠나 라사에서 온 차가 대기하고 있는 곳까지 걸어야 했다. 안내원 이야기로는 원래 차가 이곳까지 왕래하지만 우기에 길이 유실되어 차가 산 저쪽에서 대기하고 있다고 한다. 우리는 비를 맞으며 4km에 달하는 산길을 돌아 올라갔다. 거의 모든 상점이 길 양쪽에 즐비하게 늘어서 있는데, 티베트의 특징을 엿볼 수 있는 장족 복장과 네팔이나 인도에서 온 전통공예품이 진열돼 있었다. 또 음식점과 호텔도 있었다. 한 시간 정도 산길을 올라가니 우리를 기다리는 일제 도요다 미니버스 한 대가 그곳에 대기하고 있었다. 운전사는 티베트인으로 인상이 어질게 보였다.

그런데 우리 일행 이외에 장무에서 8년 간 변방 근무를 하던 중국군 장교(양신조 중위) 내외가 휴가차 쿤밍(昆明)으로 가는 길이어서 우리 차에 동승하게 되었다. 우리는 후일 이 장교의 도움을 많이 받기도 했다.

우리 일행은 차에 올라 니라무(聶拉木)로 향했다. 장무에서 니라무까지는 30km. 깊은 계곡은 대낮에도 어두컴컴할 정도로 침엽수가 울창한 원시림지대였다. 참으로 깊고 깊은 협곡이었다. 천길 낭떠러지 같은 절벽 사면을 뚫고 길을 만들었기 때문에 길 한쪽은 깊이를 헤아릴 수 없는 수직 절벽이었다. 시선을 계곡 쪽으로 돌리면 차가 공중에 떠가는 것 같은 느낌이어서 전신이 오싹했다. 어느 대원은 아예 창가를 피해서 자리를 옮겨 앉아 가기도 했다. 게다가 비까지 내렸다. 이 지역은 강우량이 많은 곳이어서 우기가 되면 벵갈만에서 발생한 몬순이 이곳 히말라야산맥에 부딪히면서 연중 2,000mm가 넘는 비를 뿌린다고 한다.

우중에 산협을 힘들게 가는데 갑자기 거대한 절벽 밑에서 버스가 멎었다. 폭우로 낙석이 떨어지고 길이 끊긴 것이다. 우리는 절벽 밑에 꼼짝없이 갇히게 되었다. 어쨌든 길을 고치며 가는 수밖에 별 도리가 없었다. 폭우 속에서 돌을 깔고 그 위에 나무 삭정이를 모아 덮고 흙을 메워 길을 잇는 작업을 했다.

산중의 날씨는 금세 어두워져 산길은 칠흑같이 캄캄하고 비까지 계속 내려 마음은 무거웠다. 얼마를 달렸는지 협곡을 빠르게 흐르던 물소리가 멀어지는 듯하더니 멀리 희미한 등불이 한두 개 보였다.

이어 차는 한 건물 앞에 섰다. 시간을 보니 밤 9시 25분. 우리가 있는 지점을 물으니 취샹(曲香, 3,000m)이라고 한다. 밤이어서 자세히는 볼 수 없었으나, 건물은 단층집으로 벽돌 건자재 특유의 냄새가 풍기는 것으로 보아 지은 지 얼마 되지 않은 듯하다. 짐을 풀고 식당으로 가니, 큰 홀에 손님은 우리뿐이었다. 음식마다 티베트의 독특한 냄새가 풍겨 먹기 힘들었지만 우리는 만두와 쇠고기 요리로 식사를 끝냈다. 방으로 가는 길에 지배인에게 탐사대의 패넌트를 증정했다. 그는 한국인이 티베트에 온 것은 처음이라며 반가워했다. 11시에 잠자리에 들었지만 밤새 내리는 빗소리와 이국의 정취에 좀처럼 잠을 이룰 수가 없었다.

6월 20일, 비 온 뒤라 날씨는 쌀쌀했다. 오전 9시에 취샹을 출발, 강변 길을 따라 약 50분 가량 달리니 깎아지른 절벽 앞에 강폭이 좁아 차 한 대가 겨우 갈 수 있을 정도로 작고 튼튼한 나무다리가 있었다. 다리를 건너 비탈길을 수도 없이 돌고 돌아 한 언덕을 올라서니 시야가 툭 트인 고원이 나타났다. 그곳은 프리물라 꽃이 가득 핀 도화원 같은 꽃밭이었다. 고도는 해발 약 3,700m. 길가에 허술한 유목민 집 한 채가 있는데 지붕 처마 밑에서 파란 연기가 피어오르고 있었다. 부엌을 들여다보니 화덕에 쇠똥불만 타고 있을 뿐 사람들은 양(羊)치러 들로 나갔는지 보이지 않았다.

집 뒤로 돌아가 보니 한줄기 시냇물이 졸졸 흐르고, 개울물을 따라 양쪽 언덕으로 희귀한 프리몰라 꽃들이 무리지어 피어 그윽한 꽃 향기가 우리를 취하게 하였다.

평소 꽃을 좋아하여 언젠가 티베트의 꽃을 찾아가리라 마음먹었던 꿈을 이제야 이룬 듯 무한한 감회 속에 꽃밭을 걸었다.

거기서 얼마 안 가서 니라무(聶拉木, 3,750m)에 도착했다.

니라무는 티베트 남쪽 변경 지역에 있는 현청 소재지로, 인구는 약 6천 명이고 티베트 내륙으로 통하는 중니공로(中尼公路)의 교통 요충지이다. 그곳에는 병원, 은행, 학교가 있고 여관 시설도 잘 되어 있었다.

히말라야의 14개 좌(座) 중 하나인 시샤팡마봉(Shisha Pang-ma, 8,027m)으로 가는 원정대는 대개 이곳을 지나가게 된다.

특히 이곳에서부터 풍물은 짙은 티베트풍(風)으로 변하여 가옥의 지붕은 평평하다. 남자들 중에 캄파족은 머리에 붉은 실타래 같은 것을 두르고 여자들은 '빵덴'이라는 앞치마를 두르고 있다. 그리고 마니차를 열심히 돌리며 영생을 기원하는 노인들과 양지바른 집 문턱에 앉아 양털을 실로 꼬는 여인들은 처음 보는 진풍경이었다. 비록 피부가 자외선에 까무잡잡하게 그을려 있지만 그들의 천진한 모습들은 우리들로 하여금 친근감이 가게 했다.

이렇게 티베트의 첫 인상은 감동적이었고 나를 완전히 매료시켰다.

우리는 다음 목적지로 길을 재촉했다. 이곳에서 시카체까지는

431km. 산기슭과 구릉지대를 수없이 돌아 11시 20분경 해발 5,000m의 통라파스(Thong La Pass)의 높은 재에 섰다.

그동안 산악인으로서 항상 꿈꾸어 왔던 티베트고원!

19년 전 히말라야 로체샬에서 언젠가는 찾아가리라고 꿈꾸어 왔던 지상에서 제일 높은 티베트고원의 흙을 나는 지금 딛고 서 있는 것이다.


## ● ──── 해발 5,000m의 통라파스(Thong La Pass) ●

아득한 옛날, 인도 대륙이 유라시아 대륙과 충돌하여 히말라야 산맥과 티베트고원을 단번에 밀어 올려놓았다고 하니, 고갯마루에 굴러다니는 조약돌 하나도 태초에는 바닷속 밑바닥에 있었던 것으로 생각되고 태고의 숨결이 들리는 듯했다.

통라파스는 티베트고원의 분수령과 같은 곳이다. 즉 히말라야산 맥을 넘어 티베트고원의 내륙으로 들어가는 관문이다.

잠시 고갯마루에서 바라보는 경관은 너무나 경이로웠다. 끝없이 펼쳐지는 적갈색의 구릉 같은 산들이 곡선으로 이어지고, 눈부신 태양 빛은 너무나 강렬하게 쏟아져 마치 지구 끝에 온 듯 황홀했다.

안내원이 구름에 가려 반쯤 보이는 설산을 가리키며 저 산은 시샤팡마봉이고 왼쪽의 설산은 랑탕(Langtang) 히말이라고 알려준다. 과연 두 봉우리는 위풍당당하게 높이 솟아 군왕처럼 빛나고 있었다. 시간이 있다면 베이스캠프까지라도 달려가 보고 싶은 심정이었다.

영상에는 순례자들과 여행자들이 극락왕생을 기원하면서 걸어 놓은 타루쵸(Tarcho)가 바람에 펄럭이고 있었다.

통라파스(Thong la pass)에서 바라본 히말라야산맥과 타루쵸(Tarcho). 1990. 6. 20, 해발 5,000m

　　타루쵸는 티베트의 토속종교의 하나로 티베트를 대표하는 상징물이다. 전설에 의하면 부처님이 득도하실 때 몸에서 오색의 찬란한 광채가 빛났다고 해서 유래된 것이라 한다. 색깔은 남(藍)·백(白)·황(黃)·녹(綠)·홍(紅) 등 다섯 가지 색으로 되어 있으며, 티베트에서는 이를 오색경번(五色經幡)이라고 하여 신성시하고 있다.

　　그러면 이 높은 산중 영상에 타루쵸를 달아두는 의미는 무엇일까?

　　먼저 티베트의 환경 조건을 알아보자. 티베트는 고도가 높고 자연환경이 매우 엄하고 혹독하다. 티베트 전 면적의 반을 차지하고 있는 북부고원은 겨울 엄동에는 영하 30도를 오르내린다. 이곳의 연중 강우량은 불과 150~200mm이다. 계절은 봄이 잠깐이고, 오직 여름과 긴 겨울 두 계절이 있을 뿐이다. 사방을 둘러봐도 눈 덮인 설산뿐이고 끝이 보이지 않는 황막한 고원인데다가 평균 고도는 4,000m에 이른다.

　　이러한 환경에서 인간은 자연히 신에 대한 경외심을 갖게 되며, 불안을 견디지 못하여 어떠한 대상을 만들어 놓고 기원하게 된 상징물이 타루쵸이다. 티베트인들은 타루쵸에 기원하면 모든 소원이 성취된다고 믿고 있다.

　　그래서 모든 유목민의 천막과 가옥의 지붕, 사원과 불탑, 높은 산의 정상, 그리고 명소가 되는 곳에는 반드시 타루쵸가 걸려 있다. 특히 지붕에 걸어두는 것은 타루쵸를 통해 행운이 들어온다고 믿고 있고, 높은 산에 걸어두는 것은 그들의 소망을 바람에 날려 빨리 하늘의 신에게 전달하기 위함이다.

　　자신의 운명과 불투명한 내일을 깃발에 걸고 얼마나 많은 사람들이 이 고개를 애태우며 오르내렸을까? 오랜 세월 비를 맞고 눈바람에 바랜 구구절절이 쓴 기도문들! 바람에 펄펄 날리는 타루쵸를 보고 있으면 인생무상의 묘한 감정에 휩싸이게 된다.

운전기사 텐진은 끊어져 땅바닥에 뒹굴고 있는 타루쵸의 끈을 이어주면서 묵상하는 듯 움직이지 않고 있다. 아마도 두고 온 가족을 생각하며 자신의 안전을 기원하고 있는 듯하다.

영상의 자갈밭 지대에는 아레나리아(Arenaria) 일종의 꽃이 드문드문 피어 있어 눈길을 끌었다. 이 꽃은 마치 방석같이 생겼는데 한 포기에서 수백 개의 흰 꽃이 밀생하여 땅에 붙어서 피는 것이 신기하다. 이밖에도 1971년 로체샬 베이스캠프에서 보았던 '오레오쏠렘 운구이쿨라투수(Oreosolem unguiculatus)'가 있었다. 로체샬에서는 해발 5,300m에 자생하고 있었는데 이곳에서는 5,000m에서 발견했다. 그리고 이름 모를 갖가지 고산초화도 피어 있었다.

태초에 하나님은 왜 이 높고 황막한 곳에까지 절묘한 꽃을 피워 조화를 이루어 놓았는지! 만일 이 황량한 고원에 꽃 한 포기 없었더라면 티베트고원의 삭막함이 어떠했을까. 나는 하나님의 넓고 오묘한 섭리에 다시 한번 경탄하지 않을 수 없었다.

고갯마루에 도착했을 때 저마다 차이는 있었으나 모두들 고소증세가 나타나기 시작했다. 해발 3,000m의 취향에서 갑자기 5,000m의 고지로 올라왔으니 고산증세가 나타나는 것은 당연한 일이다. 숨이 가쁘고 머리가 띵하고 몸이 나른해졌다. 동행한 중국인 장교 부인은 차안에서 연방 토하고 입술이 파랗게 변했다. 우리는 될 수 있는 대로 물을 많이 마시고 소지중인 우황청심원을 먹었다. 고소증 증세는 며칠 간 계속되다가 라사(Lhasa 3,658m)에 와서야 해소되었다.

영상에 머무는 동안 멀리 히말라야의 우기에 발생하는 특유의 뭉게구름이 피어오르더니, 순식간에 랑탕히말을 덮어버리고 이곳으로 밀려와 우리는 더 이상 머무를 수가 없었다. 서둘러 조금 낮은 곳으로 내려오니 기분이 한결 좋아졌다.

풍경도 완전히 티베트고원으로 바뀌어 물줄기도 없는 건조하고 연한 황토색 같은 토사지대에 크고 작은 돌이 널려 있었다. 그 메마른 땅에 또한 수억만 개나 되는 진분홍색의 꽃들이 피어 있는 통라파스는 마치 식물의 보고 같았다. 나는 너무나도 환상적인 풍광에 매료되어 일행이 갈 길을 재촉하는데도 천천히 꽃을 채집하며 갔다.

오늘 이곳에서 발견한 꽃은 꽃줄기는 보이지 않으나 꽃 모양이 나팔꽃처럼 생겨 화변은 다섯 잎으로 화변 하나에 두 줄기의 흰색 무늬가 들어 있었다.

그런데 이때 어디선가 피리소리가 들려왔다. 바라보니 한 소녀가 양떼를 몰고 가면서 이 꽃을 뜯어 '삐삐' 하고 피리를 불고 있었다. 황막한 고원에 울려 퍼지는 소녀의 꽃피리 소리! 나는 참으로 아름다운 이 별세계와 같은 자연의 풍광을 보면서 이때부터 티베트의 꽃을 연구해 보기로 결심했다.

이 꽃의 학명은 후에 알았지만 '인카르빌에아 영구스반디 (Incarvilra younghucbandii)'라고 한다. 통라파스에서 중니공로(中尼公路)를 따라 라사로 가는 길은 시카체(日喀則, Shigatse, 3,836m)를 제외하고는 대부분 4,000m 이상의 고원이고 5,000m 이상의 큰 재도 두 개가 있다. 하나는 통라파스이고 또 하나는 자촐라파스 (Gyatso La Pass, 5,220m)이다.

오후 1시 30분쯤 되어 구 딩그리(定日, Thingri, 4,500m)에 도착했다. 이곳은 초오유(卓奧友, Cho oyu, 8,201m)와 주무랑마(珠穆朗瑪, Everest) 베이스캠프로 입산하는 길목이다.

우리는 딩그리 초원에서 잠시 휴식하고 다음 목적지로 향했다. 오후 4시 30분, 자촐라파스에 못 미친 해발 5,100m 지점에서 갑자기 차 시동이 꺼졌다. 운전사는 연료가 떨어졌다고 한다. 그는 여기서 영상까지 거리가 얼마 안 남았으니 차를 조금만 밀고 올라가자고 한다. 그 다음부터는 내리막길이니 연료 없이도 바퀴가 굴러가 마을에 가서 연료를 구할 수 있다는 것이다. 참으로 운전사는 말도 안 되는 황당한 이야기를 하고 있었다. 우리 일행은 높은 고지에서 고산증에 시달리면서 제 몸 추스르기도 힘든 형편인데 어떻게 여덟 명이 버스를 밀어 올린다는 건가?

우리는 별 도리가 없어 지나가는 차를 기다리다가 차가 없으면 야영을 하기로 했다. 그런데 얼마나 기다렸을까. 멀리서 먼지를 일으키며 지프 한 대가 달려왔다. 우리측 군인과 안내원이 나서서 지프에 탄 중국 군인과 교섭을 하더니 낭패한 얼굴로 돌아섰다. 그 차 역시 우리에게 기름을 나누어 줄 여유가 없었다. 우리는 또다시 무작정 기다릴 수밖에 없었다.

이곳 변경지역에는 군용차량 외에 일반 차량은 다니지 않기 때문에 어쩌다 지나가는 군용차량에 기대를 걸 수밖에 별 도리가 없었다.

우리는 버스를 길 한복판에 가로 세워 놓고 오가는 차를 기다렸다. 기다리는 동안 나는 근처 개울에 내려가서 수석을 찾았는데 놀란 것은 사람도 숨이 차서 살 수 없는 곳에 물고기가 살고 있다는 사실이었다. 크기는 10cm 정도로 머리는 크고 꼬리는 미꾸라지 같은

데 지느러미가 유달리 컸다.

지루하고 답답한 시간이 지나갔다. 오후 5시 50분이 되어 멀리서 트럭 한 대가 다가오고 있었다. 중국 군인 양 중위는 다소 긴장한 모습으로 권총에 손을 대고 위협적인 태도로 차를 세웠다.

트럭에는 중국군과 캄파 장족이 타고 있었다. 양 중위의 말에 설득력이 있었는지 안내원이 달려오며 됐다고 소리를 친다. 다행히도 그 트럭은 휘발유를 여유있게 실은 수송 차량이었다. 모두 안도의 숨을 돌렸다. 운전사 텐진도 자기 불찰로 폐를 끼쳐 죄송하다고 한다

이즈음 티베트는 몬순의 영향으로 매일 한차례씩 비가 내렸다. 이 지역의 강우량이 500mm라고 하니 점점 장마철이 오고 있었다.

기름을 나누어 싣고 출발하는데 멀리서 뇌성이 울렸다. 티베트 고원의 음침한 검은 하늘에서 울리는 뇌성소리! 우리나라에서 듣던 뇌성보다 더욱 강렬하여 무서울 정도였다. 연달아 천둥소리가 울리고 콩알 같은 우박이 마구 쏟아졌다. 앞이 보이지 않는 우박 속에서 구릉을 몇 개나 돌고 넘어 해질 무렵에야 자촐라파스에 도착했다. 우박은 계속 퍼부어 눈앞에는 아무것도 보이지 않고 다만 타루쵸가 희미하게 보일 뿐이다. 다시 어딘지도 모를 마을과 산을 넘어 밤 9시 50분에 시카체에 도착, 시카체호텔에 여장을 풀었다.

시카체는 600년의 오랜 역사를 지니고 있는 고풍스런 도시로 인구는 약 2만 명이고 티베트 제2의 도시이다. 이곳에는 티베트의 6대 사원의 하나인 자스룬부(扎什倫布, Tashi Lhmpo) 사원이 있고, 그 사원에는 1989년에 만든 5세와 9세를 합장한 판첸라마(Panchen Lama)의 영탑이 있다.

남쪽으로는 야루장부강(雅魯藏布江)이 흐르고 네팔과 라사, 스

첸허로 잇는 중요 간선도로가 있다. 특히 이곳은 고도가 다소 낮고 땅이 비옥하여 쌀보리, 동맥, 춘맥, 감자, 채소류가 많이 생산되고 민속공예품으로는 카펫이 유명하다.

6월 21일 아침, 우리는 자스룬부 사원을 방문, 사원 경내로 들어서니 야크기름이 절은 특유의 냄새가 코를 찔렀다. 그리고 골목에는 개들이 어슬렁거렸다. 티베트에서는 개가 대단히 대우를 받고 있는데, 개는 어머니의 화신으로 죽으면 다시 윤회하여 때가 되면 인간으로 환생할 수 있다고 믿기 때문이다.

사원은 대단히 컸다. 산을 기대고 지었는데 멀리서 보면 사원이 얼마나 큰지 하나의 도시 같은 장관을 이룬다. 안내원에 의하면 사찰의 건축 면적은 30만km²이고, 주위 둘레는 2km라고 한다. 경내로 들어가니 경을 읽던 넓은 장소가 나오는데, 이곳은 판첸라마가 전 승려들에게 불경을 강론하고, 승려들이 경서에 대해 토론하던 장소라고 하였다.

우리는 대경당으로 갔다. 이곳은 어찌나 넓은지 2천 명은 수용할 수 있을 것 같았다. 경당 안에는 판첸라마의 옥좌가 있고, 석가모니상도 있었다. 우리는 경내를 두루 돌아보고 마지막으로 영탑전으로 갔다. 티베트의 1대 달라이라마, 끈둔주바(根敦主巴)의 유골, 역대 판첸라마 등을 모신 영탑이 있다. 그 중 가장 호화스러운 것은 4대 판첸라마의 영탑이다. 영탑의 높이는 11m, 금·은 보석으로 장식했는데, 영탑에 들어간 황금은 2천7백 냥이고 은은 3만3천 냥, 동은 40톤이 들었다고 한다. 판첸라마는 94세까지 살았고 사원의 발전에 지대한 공헌을 했다. 그런데 문화대혁명 때 5대부터 9대까지의 5개의 영탑은 없어지고 1980년 이후에 다시 중건되었다.

영탑을 돌아보고 나오는 길에 안내원은 시신을 처리하는 조장터로 우리를 안내하였다. 말로만 들어왔던 제2의 인간 도살장! 나는 조장에 대한 호기심을 갖고 출입문에 드리우고 있는 검게 때묻은 커튼을 밀어 올리며 안으로 들어섰다. 방안은 무서우리 만치 고요하고 음침했다. 게다가 여태껏 맡아보지 못한 이상한 냄새가 풍겨 호흡이 막힐 것 같았다.

방 저쪽 장대(葬台) 뒤에는 50대쯤 되어 보이는 백정 같은 사람이 이쪽을 보고 있는데 그는 사람이 아닌 것같이 보였다. 눈이 크고 광대뼈가 튀어나온 그는 산발한 머리에 검은 옷을 입었는데 시신의 기름이 옷에 배어서 반질반질했다. 장대 뒤에서 우뚝 서서 쳐다보는 눈초리는 마치 저승에서 온 사자같이 섬뜩하였다.

방 중앙에 부처님이 있고 불상 앞에 시신을 처리하는 장대 3개가 놓여 있었다. 장대는 화강암으로 만들었는데 길이는 약 3m, 폭은 1.5m, 두께는 약 20cm 정도이고, 벽돌을 쌓고 장대를 놓았기 때문에 높이는 1m 정도 되어 보였다. 장대의 면은 수평으로 잘 연마되어 매끈했다. 그리고 매일 시신을 처리하기 때문에 기름기가 반들반들했다. 더욱 끔찍한 것은 시신의 머리가 놓이는 장대 윗부분에 꽂혀 있는 말뚝이다. 말뚝에는 여러 개의 피묻은 밧줄이 감겨 있는데 그것은 시체가 움직이지 않도록 목을 매어 고정시키기 위한 것이다. 그리고 더욱 전율을 느끼게 하는 것은 칼이다. 칼은 여러 가지가 있는데 낯익은 중국 음식점에서 항상 쓰는 약간 길고 네모진 칼이다. 식당에서는 돼지고기를 자르는데 쓰지만, 이곳에서는 인육(人肉)을 난도질하는 흉기로 쓰이고 있다.

그리고 돌을 깨는 석산에서나 볼 수 있는 큰 해머가 세워져 있었는데 그것으로 한번 내려치면 모든 것이 박살날 것 같았다. 용도는 알 수 없지만 아마도 인체의 대퇴골 같은 굵은 뼈를 날카로운 모서리에 대고 망치로 쳐서 토막내는 것으로 보였다.

조장을 치를 때 시신은 토막으로 잘리고 살과 뼈는 잘게 난도질당한다. 으깨다시피한 시신은 쟘바(티베트인들이 주식으로 먹는 보릿가루)에 버무려서 밤알 크기의 완자로 만든 다음 산중으로 지고 가서 독수리와 까마귀에게 던져준다. 티베트에서 시신을 독수리에게 먹이게 하는 것은 새를 매개로 해서 죽은 사람의 영혼을 하늘로 승천하게 한다는 뜻에서다.

우리는 그 날카로운 장대의 모서리를 더 이상 볼 수 없어 밖으로 나왔다. 참으로 장례의 의식도 가지가지여서 인생의 무상을 보는 듯했다.

티베트에서는 사람이 죽으면 대부분 천장을 한다. 라마의 고승이 죽었을 때는 화장을 할 수 있다. 그러나 일반인이 죽었을 때 화장을 하면 그 연기가 하늘로 올라가 우박이 되어 떨어져 농작물에 피해를 준다고 하여 금지하고 있다. 부득이 화장을 할 경우 사전에 점을 쳐서 날을 잡는다고 한다. 그리고 땔감이 많은 저지대에서는 화장을 주로 한다. 전염병으로 죽은 자는 땅에 묻어 토장을 한다.

티베트인 누구에게나 "당신이 죽으면 어떤 장례를 치르겠느냐?" 하고 물으면 거의 천장을 원한다고 대답하였다. 이것으로 보아 티베트인들은 천장에 대한 확고한 신념을 갖고 있는 것을 알 수 있다.

척박한 곳에 태어나서 고생고생 살다가 결국은 죽어서 장대 위에서 갈기갈기 난도질당해 새밥이 된다. 그 중에 더러는 영화를 누리다가 죽는 이도 있겠지만 종말에는 다 장대에서 두 번 죽임을 당하는 것을 생각하면 인생이란 가련하지 않을 수 없다.

나는 사원을 나서면서 안내원에게 "영혼과 내세는 실제로 존재하는가?"라고 물었다. 그는 잠시 후에 "만일 영혼이 없다면 내세도 없습니다. 영혼은 쉼터에서 시간과 공간 속에서 윤회하고 있다가 때가 되면 환생합니다. 우리는 그것을 오감으로 인식하고 있습니다."라고 확고하게 대답하고 있었다.

오전에는 자스룬부 사원과 시장을 돌아보고 오후에는 다음 목적지인 장즈(江孜, Gyangtse, 3,950m)로 향했다. 시카체에서 장즈까지는 86km이다. 장즈의 원래 이름은 장칼즈(江卡爾孜)였다. 그 뜻은 티베트어로 '승리한 요새의 최고봉'이라는 뜻이다. 1904년 영국 원정군이 이곳을 침공했을 때 이곳 군인들이 용감하게 저항하여 영국군을 물리쳤다 하여 장즈산성에는 아직도 당시 전화의 흔적이 남아 있다. 그리하여 장즈는 역사상 '영웅성'이라는 칭호를 얻었다고 한다.

장즈 거리는 매우 고풍적이었다. 폭이 넓은 길이 사원까지 직선으로 쭉 뻗어 있고 군데군데 마차들이 한가로이 다니고 있었다.

길 양쪽으로 일렬로 늘어선 가옥은 대개가 2층 건물이며 집집마다 옥상에 5색의 타루쵸가 나부끼고 있었다. 가옥의 출입문과 문틀, 창살은 모두 투박했다. 하지만 섬세한 것보다 더 어울렸으며 그 위에 청색을 칠한 것이 고색창연해 마치 옛 청나라의 풍물을 연상케 하였다.

안내원의 말에 의하면 이 지역은 토지가 비옥하여 농업중심으로 이루어져 주요 생산물은 보리, 유채, 완두콩, 채소 등이고 수공업으로 질 좋은 카펫이 생산된다고 한다.

우리는 역사의 유적지를 돌아보고 빠이쥐스(白居寺)로 갔다. 빠이쥐스는 중국어 명칭이다. 티베트어로는 '반랑터칭(班廓德慶)'이며, 상서롭고 즐거움이 있는 절이라는 뜻이다.

사원은 해발 약 3,900m가 조금 넘는 산속에 위치하고 있다. 이 절에는 1427년에 건립된 티베트 유일의 불탑이 있는 곳이다. 탑은 양식이 독특하며 좌대와 탑 둘레, 탑 꼭대기 등 세 부분으로 조성되어, 외관상으로는 9층이고, 안에서 보면 13층이다. 탑의 높이는 32.5m이며 146개의 탑 모서리가 있다. 탑의 외면은 홍색, 백색의 두 가지 색으로 칠해져 있는데 보기에 잘 어울렸다.

탑 안에는 크고 작은 전당 108칸이 있어, 그 안에는 대량의 불상이 보존되어 있으며 그 수가 10만 점에 달한다고 한다. 그래서 10만 불탑이라고도 불린다.

티베트 달력으로 매년 4월 15일은 사가다와(薩噶達瓦) 축제일로서 석가모니의 탄생과 문성공주의 입장(入藏), 그리고 10만 불탑이 세워진 것을 기념하는 날이기도 하다. 이날은 티베트 각지와 칭하이성(靑海省), 쓰촨(四川), 간쑤(甘肅) 등에서 많은 신도들이 모여와 예불한다고 한다. 우리는 108개의 방을 모두 거쳐서 탑의 맨 꼭대기로 올라갔다. 네 쌍의 부처님의 눈이 크게 그려져 있었는데 이것은 부처님의 무한한 힘을 나타내는 의미라고 한다.

사원을 돌아보고 나오니 밭에는 보리가 20cm쯤 자라 파란 들을 이루었고 만발한 유채꽃이 나부끼고 있었다.

6월 22일, 오늘은 라사로 가는 날이다. 장즈에서 라사까지는 약 314km. 높은 곳에서 서서히 낮은 지대로 내려가게 되니 마치 등반을 마치고 돌아가는 듯한 착각에 마음이 다소 홀가분하였다. 아침 비가 그치니 하늘과 산, 들이 한껏 맑고 신선하여 마음이 상쾌했다.

차창 밖으로 번갈아 달라지는 황량한 산과 초원! 그곳에는 유목민의 검은 천막들이 점점이 흩어져 있고, 지붕에서는 파란 연기가 치솟고 있었다. 공기가 맑아서 연기가 파랗게 보이는 것일까? 검은색 천막에 파란 연기는 참으로 인상적이었다.

들에는 야크떼가 풀을 뜯고 목동들이 양떼를 몰고 지나간다. 가끔 여우들이 어슬렁거리고 토끼가 마음대로 뛰노는 곳. 어느 것을 보아도 이채롭지 않은 것이 없다. 더욱이 흙벽돌을 쌓아 만든 전주탑이 초원을 가로질러 우뚝우뚝 서 있는 모습은 티베트 특유의 풍경이었다.

얼마를 달리다 보니 어느 커다란 호숫가에 당도했다. 물어보니 티베트에서 세 번째로 큰 양주어웡쵸(羊卓雍錯) 호수라고 한다. 이 호수는 티베트어로 '백조의 호수' 또는 '회고 깨끗한 호수'로 불린다. 면적은 638km², 호수면의 해발은 4,467m, 수심은 30~40m이고 제일 깊은 곳은 59m라고 하였다.

전설에 의하면 어른이 이곳의 성수를 마시면 장수하고, 아이들이 이곳의 물을 마시면 더욱 총명해진다고 전해져 매년 많은 신도들이 와서 예불하고 물을 마신다. 안내원에 의하면 이곳은 티베트고원의 지각 상승과정에서 함몰되어 형성된 담수호라고 한다. 마침 어린 아이들이 호숫가에서 반두를 대고 수초를 밟으면서 고기몰이를 하고 있는 모습이 흡사 우리나라와 같았다.

차는 호반을 끼고 초원을 달리다가 산길로 들어서서 한참 오르는데 어느덧 저 유명한 캄파라파스(Kampa La Pass, 4,794m) 고갯마루에 도착했다.

고개에는 강한 바람이 불어 모래는 다 날아가고 굳은 땅에 굵은 돌멩이만 남았다. 길가에는 순례자들이 돌을 쌓아 만든 커다란 돌무더기가 몇 개 있고 돌더미마다 굵은 대나무가 꽂혀 있었다. 그 대나무에 줄을 메고 타루쵸를 걸어둔 깃발이 어찌나 많은지 통라파스에서 본 것과는 비교가 안 되었다.

오던 길을 돌아보니 아득히 먼 곳에 눈 덮인 산맥이 뻗어 있고, 고개 바로 밑으로 검푸른 양주어윙쵸 호수가 길게 누워 있다. 호수를 따라 한 시간 넘게 달렸는데도 호수의 끝이 안 보이는 것을 보면 그 넓음을 가히 짐작할 만하다.

참으로 캄파라파스에서 바라보는 양주어윙쵸 호수는 장엄하였다. 오늘 이곳을 지나는 부질없는 한 행인도 마음이 저절로 숙연해지는데 성지를 찾아가는 순례자들의 마음은 어떠하랴!

그들은 가쁜 숨을 헐떡이며 고개에 올라 성지를 바라볼 때 깃발 하나라도 더 걸어두고 싶은 심정이었으리라. 그렇게 걸고 또 걸어놓은 것이 수만 개가 된 것이 아닐까? 그 많은 깃발이 바람에 세차게 펄럭이는데 그것을 보고 있으면 인간의 숨결이 수세기를 거슬러 올라가는 느낌이었다.

나 역시 티베트 횡단의 마지막 고개에 서니 가슴이 벅찼다. 언제 다시 밟게 될지 모를 이 고개. 그동안 내가 넘어온 수많은 인생의 고개인양 이곳을 마음속 깊이 새기며 "캄파라파스여, 안녕……."이라고 인사하지 않을 수 없었다.

　라사에는 오후 6시 30분경에 도착, 홀리데이호텔에 여장을 풀었다. 호텔은 별 5개의 국제수준 호텔로 손색이 없었다. 특히 라운지의 남쪽 벽에 그려놓은 거대한 포탈라궁의 그림은 인상적이었다.

### ●──── 라사(拉薩, Lhasa, 3,658m) ●

　라사는 오랜 세월 모든 사람들에게 수수께끼와 같은 신비한 곳으로 숨겨져 있던 곳이다. 그동안 많은 사람들이 라사로 가려고 노력하였지만 금단의 도시로 들어갈 수 있었던 사람은 그 이름을 거명할 정도로 그리 많지 않다. 거기에는 세계적인 대성전인 포탈라궁과 따자오스(大昭寺), 트레풍, 서라, 칸데스 등 대사찰이 있다.

　시내 바로 앞으로는 라사강이 흐르고 뒤로는 높은 산들이 병풍처럼 아늑히 둘러 도시를 감싸고 있다. 티베트족은 이 산을 서조(瑞兆)를 품고 있는 '신의 땅'이라고 신성시하고 있다.

　과거 토번왕조의 수도였던 라사는 오늘날 그 중세기 특징을 지니고 있는 도시이기도 하다. 라사는 티베트 자치구의 수도로서 인구는 약 25만 명, 고도는 해발 3,658m이며, 정치 · 경제 · 문화 · 종교의 중심지이다.

　포탈라궁은 지금으로부터 1,300년 전, 군왕들이 할거하던 시대를 통일하고 토번왕조를 창건한 숭찬칸부(松贊于布, Songtsan Gampo)에 의해 시작되었다. 왕이 된 숭찬칸부는 당시 대국인 당(唐) 태종의 딸 문성공주(文成公主)를 왕비로 맞으면서 따로 궁실을 짓고 기거하게 하였는데 이것이 처음의 포탈라궁이다. 그러나 숭찬칸부가 건설한 포탈라궁은 그대로 남아 있을 수가 없었다. 먼저 벼락을 맞아 화재가 났다. 그 후 토번왕조가 분열하여 내전을 벌이던 중 파괴되었다. 17세기 중엽에 이르러 달라이라마(Dali Lama) 5세에 의하여 대대적인 확장공사를 하게 되었고, 이후 사결가조라는 사람에 의해 증축과정을 거쳐 현재의 규모를 갖추게 되었다. 그리고 최근에 이르러 국가에서 거액의 돈을 들여 내부 중건공사를 마쳤으니 1994년 8월 15일, 1,300여 년 간에 걸친 대역사가 마무리되었다.

이와 같이 포탈라궁은 오랜 세월 동안 이룩한 장족 건축예술의 역사적인 소산이라고 할 수 있다. 포탈라궁은 붓다를 음역한 것이며 곧 보살이 살던 궁이란 뜻이다. 이 궁전은 시내 서쪽 홍산(해발 3,756.5m) 꼭대기에 웅장한 자태로 높이 앉아 있어 수십 리 밖에서도 바라볼 수 있다. 궁전의 높이는 117.18m, 동서로 뻗은 길이는 360여 m로 홍산의 지형에 따라 굽이굽이 앉아 있다. 밖에서 보면 13층으로 보이지만 실제는 9층이고 돌과 흙, 목재를 자재로 건축됐다. 궁전의 벽 두께는 1m 이상이고 가장 두꺼운 곳은 5m에 이른다.

전설에 의하면 포탈라궁의 주축이 되는 외벽의 2층까지는 사각형의 돌을 쌓아올렸고, 벽 속에는 공사를 할 때 제일 높은 꼭대기 층에서 밑의 암반까지 쇳물을 부어 흘러내리게 했다. 이런 건축 방법으로 담벽은 견고하고 안전하게 만들어져 지진이 발생해도 저항하는 내구력이 강화되었다고 한다. 건물의 역사가 1,300년 이상이 되어도 벽 어느 곳에도 흠 하나 없이 완벽한 것은 바로 고대 서장(西藏)의 건축기술의 위대함을 증명한다.

궁의 건축은 홍궁(紅宮)과 백궁(白宮)으로 구분되는데, 홍궁은 건물 중간에 위치하고 백궁은 양옆에 있다. 홍궁에는 역대 달라이라마의 시체가 보존된 영탑이 있고, 백궁은 달라이라마가 정치와 종교 활동을 하던 곳이다.

기록에 의하면 1690년 2월, 홍궁 중건공사를 하게 되었을 때 각 지에서 동원된 기술을 가진 공인(목공 · 철공 · 석공 · 목수 · 조각공)이 1천7백60명에 달하고, 매일 동원된 인부만도 무려 7천7백 명에 이른다고 한다. 그리고 이 공사에 들어간 백은은 2,134,138냥이라고 한다.

건물구조는 저택과 방어 진지가 포함되어 있고, 궁전의 지붕에는 6개의 금으로 된 모서리에 반 원통형의 금으로 된 판마 기왓장이 얹혀져 있다. 궁 내부는 밀교의 양식으로 만들어져 기둥과 대들보, 천장에는 갖가지 아름다운 무늬가 그려져 있고 복도의 양 벽에는 산뜻한 벽화가 화려하다.

이와 같이 포탈라궁은 세계의 불교사원들 중에서 가장 크고 웅대한 사원이라고 할 수 있다.

## ● —— 포탈라궁(布達拉宮, Potala) ●

라사에 도착하니 마치 신비한 세계에 들어온 듯 너무나 이색적인 풍광에 끌리지 않을 수 없었다. 이른 아침, 바람도 쐴 겸해서 거리를 보려고 밖으로 나오니 호텔 앞 왼쪽으로 크게 뚫어진 삼거리에는 티베트인들이 마니차를 돌리면서 어디론가 총총걸음으로 가고 있었다.

나는 50대로 보이는 남자에게 어디를 가느냐고 물었다. 그는 포탈라궁으로 간다고 대답했다. 아침 일찍부터 그들은 포탈라궁으로

조경가는 것이다. 그런데 그들의 표정은 하나같이 믿음으로 가득찬 듯 평화로워 보였다.

나는 그들이 입은 옷과 신발이 너무나 특이해서 관심을 갖지 않을 수 없었다. 옷은 헐렁하고 느슨하게 입었으나 자세히 보면 뚜렷

한 특징을 가지고 있었다. 이 옷은 이른바 장포(藏袍)라고 하는데 모피를 재료로 만들며 허리 부분은 넓고 옷깃이 커서 헐렁헐렁하다. 그리고 왼쪽 소매는 길고 오른쪽 소매는 작다. 호주머니가 없으며 단추도 사용하지 않는다. 남자는 검은색 장포를 입는데 옷깃에서 소매까지 비단 띠를 두른다. 장포는 일반적으로 사람의 키보다 길어 입을 때는 허리에 띠를 맨다. 허리띠는 붉은색, 혹은 남색이다. 허리띠를 매면 앞가슴 부분에 큰 행랑이 생겨, 필요한 물품들을 담아서 다닐 수 있다. 여름이나 일을 할 때는 왼쪽과 오른쪽 소매를 뒤에서 앞가슴까지 끌어당겨서 오른쪽 어깨 위에 걸쳐 입는다.

이런 습성은 티베트의 기후와 밀접한 관련이 있다. 여름에도 새벽엔 춥고 낮에는 덥다. 티베트인들은 외출할 때 따뜻한 장포를 입었다가 낮에 더워지면 왼쪽 소매는 벗어 걸치고 다닌다. 그리고 날씨가 추워지면 소매를 또 입는다. 여자용 장포는 대개 오색이 들어 있고 허리띠로 붉은색, 자주색, 녹색 등의 비단을 묶는데 앞가슴에는 식량을 넣고 다닌다. 드물게는 외출할 때 캥거루처럼 아기를 넣고 다니기도 한다. 그리고 빵뎬이라는 앞치마를 걸치고 있는데, 결혼한 여자가 주로 두른다. 여자들은 빵뎬에 '카뇨(卡鳥)'라는 부적도 차고 있었다.

발에는 마치 사극에 출현하는 장군이 신는 것 같은 목이 긴 배 모양의 신발을 신는다. 구두창은 높고 구두 등은 붉은색과 녹색을 뒤섞어 장식하고 있었다.

나는 지나가는 다른 한 여인에게 어디로 가느냐고 물었더니 그는 따자오스에 예불하러 가는 길이라고 한다. 나도 빨리 포탈라궁에 가보고 싶은 생각에 서둘러 아침을 먹고 포탈라궁으로 출발했다. 가는 도중 궁전 앞 광장에 이르니 진기한 풍경이 벌어지고 있었다. 순례자들이 가던 길을 멈추고 모두 땅바닥에 엎드려 예불하고 있었다. 안내원의 말에 의하면 그들은 지금 오체투지예(五體投地禮)를 하고 있다고 한다.

오체투지예는 먼저 두 손을 가슴에서 합장하고 머리 위로 죽 올렸다 내리면서 얼굴에서 잠깐 멈춘다. 이어 다시 내리면서 가슴에서 잠시 멈춘다. 동시에 무릎을 앞으로 구부리면서 땅바닥에 납작 엎드리며 두 손을 머리 위로 올린다. 그리고 '옴마니반메훔' 하고 경문을 외우고 다시 일어나 같은 자세를 반복한다.

안내원의 이야기로는 오체투지예 기준이 있는데 기본이 30만 번이라고 한다. 젊은 사람은 3개월 걸리고 노인은 8개월이 걸린다 한다. 그들의 환생사상은 확고하며, 이렇게 30만 번의 예를 올리면 내세의 윤회과정에서 보다 훌륭한 인간으로 다시 태어난다고 하였다.

이곳 광장에서는 순례자가 아니어도 누구든지 발걸음을 멈추고, 잠시 두 손을 모으고 포탈라궁에 경배하고 지나간다. 이와 같이 포탈라궁은 티베트인에게 있어서 상징적 존재인 것이다.

나도 그들의 행렬에 끼어 넓은 대로를 따라 포탈라궁 서쪽 끝에 있는 시궁먼(西宮門)으로 향했다. 통로 길가에는 노상들이 붐비고, 산밑으로는 일렬로 설치한 마니둥규르(Manitgungur) 108개를 순례자들은 불경을 외우면서 하나하나 돌리며 지나가고 있었다. 잠시 후에 포탈라궁 서쪽 출입문인 펑추어두어랑(彭措多郎)으로 들어선 뒤 성벽 밑으로 약간 언덕진 긴 통로를 올라 마침내 시궁먼으로 들어갔다.

궁전 안은 티베트 특유의 매콤한 냄새가 코를 찔렀다. 걸음을 옮겨 동굴 속으로 들어온 듯 터널식 복도를 더듬으면서 가는데 군데군데 벽 창문에서 들어오는 가느다란 빛이 가냘프게 통로를 비추고 있었다. 자세히 보니 그 벽의 두께는 4~5m는 됨직하였다. 벽 축조방식은 흙과 돌을 섞어 토석(土石) 혼축을 하고 그 속에 철물을 부었다고 하니 그 견고함이 가히 짐작할 만하다.

그러므로 포탈라궁은 유사시에는 성(城)으로 변하고 토벽 창문은 총구로 이용된다고 한다. 이렇게 요새의 역할까지 감당하고 있는 포탈라궁의 견고함은 잘 보존하면 후대 몇천 년까지 유지될 것 같았다.

2층으로 오르는 계단은 목재로 만들어져 있는데 장구한 세월 속에 얼마나 많은 사람들이 난간을 잡고 다녔는지 손때가 묻어 찐득찐득했다. 그러나 굴러 떨어질까봐 조심스럽게 난간을 잡고 올라갈 수밖에 없었다.

포탈라궁 안에는 방이 999개가 있다. 거기에 화왕동(法王洞) 하나를 보태면 방은 정확히 1천 개가 된다. 어느 방을 들여다보아도 불상과 골동품으로 가득하여 그것들을 일일이 보고 싶어도 다 보려면 한 달이 걸려도 다 볼 수 없다고 한다.

순례자들을 따라 앞서거니 뒤서거니 하면서 가다가 어느 한곳에 이르니 커다란 대전이 있어 내부를 들여다보다가 걸음을 멈추지 않을 수 없었다. 안내원이 이곳이 달라이라마가 좌상식(坐床式)하고 친정대전(親政大典)을 행하던 곳으로, 정치·종교적으로 가장 중요한 장소라고 일러주었다. 그러면 그렇지 하고 대전으로 들어가니 매캐한 냄새가 코를 찌른다.

대전의 면적은 짐작할 수 없으나 한아름이나 되는 거창한 기둥

수십 개가 우뚝우뚝 서 있고 기둥에는 음양오행설을 근간으로 하는 오체의 단청이 그려져 있었으며, 그곳 천장에서 기둥을 따라 황색의 장막이 드리워져 있었다. 그리고 그 천장에는 우주의 운행 질서가 그려져 있고 그 속에 용이 비천하는 그림이 있었다. 맨 안쪽으로는 달라이라마의 옥좌가 있는데 황색 비단으로 장식되어 위엄있게 보였다. 누구든지 이곳에 들어오면 저절로 엄숙한 분위기에 젖게 될 것 같았다. 그러나 시대는 흘러 지금은 적막과 침묵뿐이다. 어디서 인지 가느다란 햇살이 들어와 그 큰방을 신비하게 비춰주고 있었다.

우리는 다시 터널식 복도를 따라가다가 어느 한곳에 이르렀는데, 안내원이 저 분은 문성공주라고 일러주었다. 수많은 버터기름 등잔을 켜 밝혀진 문성공주는 비록 조각상이지만 절세가인의 모습이 역력했다.

### ●——— 티베트 라사에 공헌한 문성공주(文成公主) ●

문성공주(文成公主)는 당나라 태종의 딸이다. 당시 토번의 숭찬 칸부왕은 당나라와 우호관계를 유지하기 위하여 사신을 장안으로 파견하여 당 태종을 배견하고 두 나라가 혼인을 맺자고 청구했다. 그로부터 6년 후 재차 토번 왕 숭찬칸부는 재상 뤼둥찬(祿東贊)에게 황금과 은, 그리고 보석 수백 근을 주며 장안으로 가서 구혼을 성사시키라고 했다. 뤼둥찬은 당 태종을 알현했고 당 태종은 종실 딸 문성공주를 숭찬칸부에게 출가시켰다.

이리하여 서기 641년, 부왕의 명을 받은 문성공주는 시녀, 기술자, 예인, 의원 등과 함께 대량의 비단과 식량을 마차에 싣고 장안을 출발했다. 태종은 공주가 떠날 때 딸에게 거울 하나를 주면서, 아버지가 보고싶을 때 이 거울을 꺼내보면 아버지가 거울 속에 보일 것이라고 말했다. 공주는 거울을 고이 간직하고 그로부터 간쑤성과 칭하이성을 지나면서 성(城)과 병영을 건설하고 도로를 보수하며, 다리를 놓고 불당을 지었다. 장족의 거주지역에서는 농사짓는 법과 돌을 다듬어 장식하는 기술을 지도했다.

문성공주는 이처럼 장족지역을 지나쳐 가면서 한족과 티베트 양 민족 간에 우의의 씨를 뿌렸다. 그러나 여로는 고되고 길었다. 견디기 어려운 고산병에 시달리며, 수만 리 변경의 외진 츠렁(赤冷, 지금의 靑海省의 日月山)까지 왔다. 지친 몸으로 츠렁에 올라 바라보니 지금까지 지나온 곳은 기름진 푸른 초원이었으나, 앞으로 갈 길은 정막한 무인지대로 눈바람이 세차게 몰아치고 있었다. 어쩌면 다시 돌아가지 못할 길에서 공주는 너무나 슬프고 고향생각에 가기를 싫어하고 울기만 했다. 이때 아버지가 주신 거울이 생각났다. 그는 거울을 꺼내 들었다. 그러나 아버지는 보이지 않고 초라한 자기 모습만이 거울에 비치었다. 공주는 너무나 실망하여 거울을 땅에 내던져 거울은 산산조각으로 깨졌다. 그리고 나서 다시 마음을 가다듬어 분연히 일어나서 토번국으로 향하였다고 한다.

이렇게 하여 긴 여정을 넘고 넘어 마침내 643년에 라사에 도착했다. 라사에서는 숭찬칸부가 병사를 거느리고 빠이하이(栢海)에 머물면서 친히 영접을 했다. 백성들은 기뻐서 노래하며 성대한 잔치를 베풀고 왕의 혼인을 경축하였다.

문성공주가 도착했을 때의 라사는 늪지대와 백사장으로 덮인 황량한 곳이었다. 늪지대 중앙에 호수가 하나 있는데 이름을 워탕(臥

塘)이라고 했다. 그때에는 원래 바위동굴에 궁실을 만들어 기거했고, 네팔의 궁녀 브리쿠티(赤尊) 공주가 티베트에 들어온 후 바위동굴에 또 한 채의 궁실을 만들었다. 당시 라사에 건설한 것은 이것이 유일한 것이었다. 라사의 진정한 발전과 건설은 바로 문성공주가 티베트에 온 후의 일이라고 하겠다.

『서장왕통기』에 의하면 문성공주는 불교를 신봉하였고 토번국으로 들어올 때 석가모니 불상을 가지고 들어왔다. 라사 도착 후 불상을 보관할 장소가 없어서 모래밭 버드나무 숲속에 휘장을 치고 그 속에 놓았으니, 당시의 라사가 얼마나 황량했는지 알 수 있다.

문성공주가 티베트에 온 후 숭찬칸부와 적존공주의 요청에 의해 워탕(臥塘)에 적존공주를 위해 절 하나를 지을 것을 계획했으니, 이것이 후대의 따자오스(大昭寺, 일명 죠캉사원)이다. 이후에 공주는 또 워탕 서북 방면의 사지(沙地)에 중국식 사원을 지었으니 이곳이 오늘날의 샤오자오스(小昭寺)이다.

이 두 절의 건축과정은 문성공주의 박학하고 다재다능함을 보여 주었다.

전하는 말에 의하면 공주는 천문지리를 관찰하는 점성술이 있었다고 한다. 그녀가 관찰하기로는, 워탕(臥塘)은 용의 심장에 해당되므로 그곳에 흙을 메워 사원을 짓고 장안에서 가지고 온 불상을 봉안하는 것이 좋겠다고 주장했다. 숭찬칸부도 문성공주의 뜻에 찬동했다.

그런데 네팔에서 온 적존공주는 이 소식을 듣고 자기도 절을 짓고 불상을 모시겠다고 나섰다. 이어 본인이 스스로 나서서 포탈라궁의 동쪽에 대지를 선택하고 공사 현장을 지휘하였다.

그런데 어찌된 일인지 적존공주가 착공한 절은 밤이 되면 무너져 다음날 다시 고쳐 지어도 밤에는 무너지곤 했다. 그녀는 어떻게 할 방도가 없자 문성공주에게 도움을 요청하게 되었다. 문성공주는 관대하게 네팔 공주의 요구에 응하여 천상을 관찰하고 새로운 터를 골라주었는데, 새로 발견한 지대는 지형이 쓸모없는 늪지대였다. 그 늪지대는 형상이 흉악한 귀신이 잠자는 형태를 하고 있어 숭찬칸부 왕이 국가를 건설하는 데 큰 흉상이 된다고 문성공주는 말했다. 이 흉상으로부터 비극을 막기 위해서는 그곳에 사원을 세워 흉악한 나찰녀(羅刹女)의 네 개 수족을 묶어 누르는 역할을 하라는 것이다.

즉 문성공주의 관찰한 바로는 늪지대는 놀랍게도 나찰녀의 심장이고 늪의 물은 그 마녀의 혈액이기 때문에 늪에 흙을 메워 마녀의 혈관을 봉쇄하고 사원을 건립해야 했다. 공주는 금·목·수·화·토, 오행의 상생상극의 이론에 의하여 숭찬칸부에게 늪지대를 메우도록 현책을 했다. 이리하여 서기 646년에 따자오스(大昭寺)의 공정은 시작되었다. 흙으로 호수를 메우고 사원을 건축하는 공정은 라사 역사상 최초의 대규모 공사였다.

이렇게 하여 야키(염소)를 동원, 흙을 실어 나르고 호수와 늪지대를 메우는 토목공사가 시작되었다.

티베트에서 '야키'는 '라'가 되고 흙은 '사'란 뜻이다. 그러므로 문성공주의 발안에 의하여 건축한 사원이 '야키'의 땅이므로 즉 라사(拉薩)가 되는 것이다. 이러한 이유에서 새 왕성에 '라사'라는 이름을 붙이게 된 것이다.

워탕의 사원 신축공사는 2년의 시공을 거쳐 웅장한 사원이 건립됐으니 이것이 바로 지금까지 향불이 끊어지지 않은 따자오스(大昭

寺)다.

그리고 많은 역사의 기록에 근거하면, 따자오스를 건설하는 동시에 워탕 서북면 모래땅 위에 장안에서 불려온 장인들이 당나라의 격식을 완전히 모방한 사원을 지었으니 곧 샤오자오스(小昭寺)이다.

이렇게 하여 서기 648년, 웅장한 따자오스(大昭寺)와 샤오자오스(小昭寺)가 완성되었다. 그 사원 정문 앞에는 문성공주와 숭찬칸부, 두 사람이 기념으로 버드나무 한 그루를 심었다. 이어 장안에서 가지고 온 불상을 따자오스에 봉안하고 적존공주가 가지고 온 불상은 샤오자오스에 안치했다. 그 석가상을 참배하기 위해 원근에서 수많은 불교신도들이 라사로 몰려왔다.

7세기 말부터 그들 사원 가까운 곳에 많은 여관이 생기고 민가가 모여들었다. 그리고 따자오스 앞에서부터 빠쟈오졔(八角街)라는 환상로(環狀路)가 생기고 이곳은 옛 거리로 유명해졌다. 그때부터 라사는 더욱 번창하게 된 것이다.

문성공주는 독실한 불교신자이므로 숭찬칸부왕도 감화되어 각지에 4백여 개의 사원을 세웠다. 그리고 사람이 출생하면 한 집에 한 사람은 출가시켜 승려를 배출했다.

그 후 불교는 더욱 융성하여 멀리 천축, 네팔 등지에서 불 화상을 만드는 공예가를 불러들이고 고승들을 청하여 설법과 불경 번역을 제창했다. 이로부터 당나라와 천축과의 교역이 발전하기 시작했다. 공주는 각 지역에 쌀보리를 심게 하고, 수력을 이용한 방앗간을 만들어 양식을 빻아 분말로 만들어 식사하는 법을 가르치고, 장족 부녀자들에게 음악·방직·자수·카펫 등 기술을 가르쳤다.

이런 과정들을 통해 라사는 성지로 유명해졌으며, 1,300여 년

간의 유구한 역사 속에서 눈부시게 발전하여 온 것이다. 이와 같이 문성공주는 티베트인에게, 장족과 한족의 우의의 사자로 티베트의 경제·문화에 지울 수 없는 공적을 남겼다.

나는 공주의 방을 나와 다시 어둡고 침침한 복도를 지나 중앙계단을 걸어 내려왔다. 이어 넓은 광장으로 나오니, 이곳을 평대(平台)라 하였다. 평대는 옛날 달라이라마가 무도회를 관람하던 옥상 무도회장이다. 평대 양쪽으로 목조 2층 건물이 있는데 승려와 관리들의 관람석이 있고 달라이라마는 중앙계단 앞에 앉아 관람했다고 한다.

포탈라궁의 내부로 가려면 다시 중앙계단을 올라가야 한다. 계단은 세 개가 있는데 중앙계단은 달라이라마의 전용계단이고 양쪽 계단은 승려와 관리들이 다니던 곳이다. 이 계단을 올라 한 층 더 올라가면 남쪽 벽의 유리관 속에 수형(手形)이 하나 있었다. 안내원의 이야기로는 17세기 중엽 제5대 달라이라마가 포탈라궁을 대규모로 중건할 때 남겨 놓은 유적이라고 한다. 당시 달라이라마는 나이가 많아 정치에 참여하지 못하고 정사를 디바상제(第巴桑結)에게 위임했다. 그러나 디바상제의 명망이 높지 않아 사람들이 따르지 않자 부처님의 수형을 이용해 명령을 내리게 되었다 한다. 즉 수형을 따라 대신 행사하라는 표시로 승려와 관리들은 반드시 디바의 명을 따르게 했다.

이렇게 부처님의 수형은 역사적인 가치로 후대에까지 보존되고 있었다. 안내원은 또 한 가지 흥미로운 이야기를 들려주었다. 제5대 달라이라마가 건축 도중 죽게 되자 공사가 중단될 위기에 처하게 되었다. 그러자 달라이라마의 사망을 비밀에 부치고 달라이라마가 중병에 걸려 외부 접촉을 끊고 참선에 들어갔다고 발표했다. 이와 같은 속임수는 왕궁이 완공될 때까지 10년 간이나 계속되었다고 한다.

그리고 이곳 벽에는 숭찬칸부가 당나라에 대신들을 보내어 당 태종에게 혼인관계를 청해 문성공주가 티베트로 들어오는 벽화가 있고, 북쪽 벽에는 공주가 라사에 도착했을 때 성대하게 환영받는 장면이 그려져 있다.

서기 643년, 문성공주가 티베트에 들어온 이후 당 중종(中宗) 경룡(景龍) 3년에 토번 왕의 요청으로 계속해서 또 한 명의 당나라 금성(金城)공주가 라사에 들어왔는데, 그녀의 사적은 포탈라궁의 추어무인샤(措木飮厦) 동쪽 벽에 그려져 있다. 추어무인샤는 포탈라궁의 최대 궁전이며 이를 백궁(白宮)이라고 한다. 이곳은 후에 달라이라마가 정치와 종교활동을 하던 곳이다.

궁전 안에는 청나라 순치황제가 5대 달라이라마를 책봉할 때 하사한 '서천대선자재불소령천하석교보통와라항라달뢰라마(西川大善自在佛所領天下釋敎普通瓦喇恒喇達賴喇嘛)'의 금책(金冊)과 금인(金印)이 장식되어 있었다.

우리 일행은 백궁을 따라 제일 높은 곳으로 올라갔다. 그곳은 남향이 모두 유리 창문으로 되어 있어 아침부터 저녁까지 햇빛이 찬란하게 비쳤다. 이곳을 동쪽의 일광전, 서쪽의 일광전이라고 부르며 달라이라마의 침실은 여기에 마련되어 있다. 실내에는 진주·산호·청옥 등 귀중한 보석이 휘황찬란하게 빛나고, 궁전에서 사용하던 식기와 옥으로 만든 주발, 비단과 장식품들이 눈을 어지럽게 했다. 궁전을 건너오면 바로 발코니인데 이곳에 서니 라사 시내의 전경이 한눈에 들어왔다.

남쪽으로 라사강이 흐르고 뒤에는 삼면이 나무 한 포기 없는 바위산이 둘러 있다. 멀리 5~6km 떨어진 우측 산밑으로 큰 사찰이 있어 물어보니 티베트의 3대 사찰의 하나인 서라스(色拉寺)라고 한다. 옛날에는 7천5백 명의 승려가 있었던 큰절이었다고 한다.

라사 시내는 푸른 버드나무와 백양나무가 듬성듬성 숲을 이루고, 그 사이에 높은 건물들이 우뚝우뚝 서 있다. 마치 중세기와 현대가 공존하는 고도(古都) 같았다.


### ● ── 달라이라마의 영탑 ●

포탈라궁의 홍궁에는 달라이라마의 영탑과 불당이 있다. 이곳에는 5대 달라이라마를 시작으로 역대 달라이라마의 시신들이 미라로 만들어져 그 영탑 속에 보존되어 있다.

이곳에 있는 영탑은 모두 8개이며 마치 묘지와 같은 곳이다. 그러나 영탑의 구조는 기본적으로 같지만 규모는 같지 않았다. 그 중 5대 달라이라마와 13대 달라이라마의 영탑은 최대의 금탑으로, 탑의 높이는 14m 85cm이며 은으로 된 탑신을 황금으로 싸고 있다. 5대 달라이라마 영탑은 황금 11만 냥을 입혔고, 13대 달라이라마의 영탑에는 황금 18만 냥이 들어갔다고 한다. 이밖에 탑과 탑대에는 무수한 보석들이 부착되어 있는데 그 가치는 황금의 10배 이상이 된다고 하니 놀라지 않을 수 없었다. 그리고 항상 향을 피우고 봉헌용 야크기름 등잔이 24시간 꺼지지 않고 있다.

티베트에는 네 가지 장례의식이 있다. 앞에서도 언급했지만 사람이 죽으면 대부분 천장을 하고 수장 · 토장 · 화장을 하는 경우도 있다. 그러나 달라이라마가 죽으면 의식은 매우 정중하게 거행된다. 먼저 며칠 동안 사람들로 하여금 조문하게 하고 금은보화를 제단에 바치게 한다. 그런 연후에 시체를 소금물에 담그고 오랫동안 절여 수분을 완전히 빠지게 한 후 말린다. 이어 방부제를 바르고 승복을 입힌 후 화가를 불러 생전의 모습으로 복원한다. 다음으로 영탑이 완성된 후에 시신을 커다란 금으로 된 좌대에 옮겨 탑 안에 넣는다. 이것이 탑장이다.

그러나 티베트에서 탑장을 할 수 있는 신분은 달라이라마와 판첸라마, 그리고 명성이 아주 높은 고승 라마만이 할 수 있다. 그 외에 일반 승려와 관리들은 탑장은 할 수 없다.

나는 안내원에게 숭찬칸부의 영탑은 어디 있느냐고 물었다. 그는 숭찬칸부가 서기 650년에 사망하자, 라사에서 동남쪽으로 충제센(琼結縣) 남쪽 38km의 야룽허(雅隆河)의 무러산(木惹山)에 왕릉을 만들고, 680년 문성공주가 죽은 후 숭찬칸부 능에 합장하고 적존공주도 합릉하였다고 하였다.


## 포탈라궁의 진주탑

포탈라궁은 세상에서 가장 신비한 궁전으로 거대한 박물관과 같은 곳이다. 사실 포탈라궁에 소장되어 있는 보물과 골동품은 엄청나며, 그 중에서도 진주탑은 탑 전체에 20여 만 개의 진주가 반짝이는 찬란함을 자랑한다. 세계에서 포탈라궁에서만 볼 수 있는 보물탑이라 할 수 있다. 이밖에 궁전 지하에는 많은 토굴들이 있는데 그것은 아득한 옛날 화산작용으로 인해 생긴 것들이라고 한다.

우리는 불전의 몇 군데를 대충대충 둘러보고 동문으로 나왔다. 시계를 보니 벌써 오후 2시였다. 나는 긴 시간 동안 꿈속의 미로에서 헤매다가 깨어난 듯 무한한 역사의 흔적에 흠뻑 취해 있었다.

### ● —— 따자오스(大昭寺, 죠캉사원) ●

라사에서 3일 묵는 동안 첫날은 포탈라궁을 구경하고, 다음 날에는 문성공주가 천문관상을 보고 절터를 정했다는 따자오스로 갔다. 당시 이곳은 늪지대였다. 공주는 늪지대를 흉터라고 하여 흙을 메우고 절을 지었는데 그 절이 따자오스(大昭寺)이다.

따자오스는 티베트어로 '쥐에캉(覺康)'이라고 불리는데, 그 의미는 석가모니를 모신 절이라는 뜻이다. 긴 세월 동안 역대 왕조가 내려오면서 보수하고 확장하여 오늘날의 거대한 모습의 사찰이 되었다.

따자오스의 면적은 2만 평이고, 20여 개의 건물이 있다. 주요 건물로는 높이 4층으로 된 건물이 있는데, 꼭대기 부분이 금빛을 띠고 있다. 건물 안에는 수많은 진귀한 문물이 소장되어 있으며, 문성공주가 티베트에 들어올 때 들여온 석가모니 금불상이 가장 유명하다.

중국의 보통 사찰의 정문은 남향이다. 그런데 따자오스의 정문은 서향이다. 불교를 독실하게 믿은 문성공주가 서역에 가서 경전을 얻었다고 하여 따자오스의 정문을 서쪽, 즉 성지를 향하도록 설계하였다고 한다.

참으로 역사는 후대에 많은 증거를 남기는 것일까? 이곳에는 지금도 하루에 수천 명의 예불하는 사람이 찾아오는 유서깊은 곳이 되었다.

따자오스는 오랜 세월을 지나며 고창한 모습으로 변했다. 목조 건물의 대문은 큰 빗장이 굳게 잠겨져 있고, 그 앞에 대리석으로 만든 예불대가 깔려 있는데 불공드리는 사람들이 그 예불대를 하나씩 차지하고 오체투지예를 하고 있었다.

손에는 나무에 철판이 붙은 장갑을, 또는 가죽에 나무를 댄 장갑을 끼고 양피 앞치마를 두르고 장딴지를 끈으로 꽁꽁 묶고 규범에 맞추어서 오체투지예를 하고 있었다. 바닥에 엎드려 배를 미는 '슷슷' 하는 소리와 쇠장갑이 닿는 소리가 들렸다. 얼마나 많은 사람들이 불공을 드렸으면 그 단단한 대리석이 움푹 패이도록 닳았을까?

예불자 가운데 외국인 비구니 한 분이 예불을 하고 있었는데 그도 종아리에 끈을 묶고 있어 관심이 끌려 사진을 찍으려고 하니 한 마디로 'No'라고 거절한다.

예불하는 방법도 다양하였다. 어떤 사람은 대문에 매달려 조아리고, 혹은 대형 마니듕규르를 돌리는가 하면, 잠시 발걸음을 멈추고 반듯한 자세로 서서 소망을 간절히 기원하는 행객의 모습도 볼 수 있다.

나는 2층으로 올라갔다. 거기에는 금으로 도금한 경동(經幢)과 법륜(法輪)이 우뚝 서 있고 그 너머로 멀리 포탈라궁이 위치하고 있었다.

주전(主殿) 건물의 중앙에는 문성공주가 장안에서 가져온 석가모니 금불상을 모시고 있는데, 양쪽에는 사존역사(四尊力士)의 조각상이 있었다. 모습이 모두 다른 그 장식은 당대 한인의 모습과 같았다. 문헌에 따르면 그 사존역사는 문성공주가 불상을 가져올 때 함

● ────── 따자오스(大昭寺, 일명 조캉사원이라고 함) 정문 앞에서 오체투지예 하는 신도들

따자오스 옥상에 있는 경동(經幢)

께 온 역사라고 한다.

대웅전의 서쪽에는 숭찬칸부와 문성공주, 네팔의 적존공주의 동상이 있고, 숭찬칸부의 조각상 왼쪽 손가락에는 총옥 반지를 끼고 있다. 이것은 문성공주와 결혼할 당시의 기념품으로 티베트족과 한족의 우애를 상징하는 것이라고 한다.

따자오스의 서쪽 벽에는 길이가 1,000m 가까이 되는 벽화가 그려져 있는데, 그 색채가 매우 화려하고 풍부하여 모양이 진짜와 흡사하다. 벽화에는 문성공주의 진장도가 있고, 티베트 사신이 장안에 가서 공주를 만나고, 공주가 라사에 도착하여 나루터를 건너는 상황, 그리고 절을 짓고 숭찬칸부가 공주와 결혼하는 장면이 그려져 있었다. 또 다른 한 폭의 따자오스 수건도 그림에는 따자오스 건축 과정을 그렸는데, 진귀한 역사적 가치가 있다고 생각했다.

그리고 대웅전 바깥의 본생도(本生圖) 그림은 화랑의 중앙에서 시작하여 108개의 그림으로 되어 있다. 25번째 그림은 석가모니가 탄생한 이야기를 묘사하고, 26번째 그림은 수행의 길, 27번째는 석가의 가족을 소개하고 있다.

따자오스에 현존하는 본생도 벽화는 총 길이가 1,555.61m이고 높이는 2.4m이다. 이 본생도에서 고대 티베트족의 의식주, 수렵, 농업 등의 생활모습을 볼 수가 있어 민속사 연구에 중요한 자료가 된다.

건물의 천장에는 용이 비천하는 그림이 붙어 있었다. 처마가 겹치는 사이에는 사람 얼굴에 사자 몸을 가진 짐승의 조각이 처마를 받치고 있는데, 적 · 황 · 청 · 백 · 흑의 다섯 가지 색으로 그려져 화려하고 생동감이 넘치고 있었다. 건물 안에는 골동품도 많았다. 그 중에 수를 놓아 만든 '승락불'이라는 탕카(唐卡)는 계명영악 황제의 하사품이라고 한다.

주전 건물을 두루 돌아보고 다시 아래층으로 내려오니 꽤 넓은 정원이 있고, 그곳에는 잘 다듬어진 돌들이 깔려 있었다. 얼마나 많은 사람들이 딛고 다녔는지 불룩 튀어나온 돌들이 닳아서 반들반들했다. 그리고 정원 왼쪽에 오래된 우물이 하나 있는데, 순례자들이 와서 성수라고 하며 손으로 받아 마시고 머리를 적시기도 하였다.

정원 안쪽에는 수천 개의 봉헌용 야크기름 등잔에 불을 밝히고 있는데, 불이 꺼지면 승려가 등잔을 교체하거나 숟가락으로 기름을 떠 넣어 항상 불전을 밝히고 있었다. 안내원의 이야기로는, 이곳의 등불은 따자오스 창건 당시 점화된 것으로 1,300여 년 동안 한 번도 꺼지지 않고 타고 있다고 한다. 이렇게 등을 밝히는 것은 죽은 사람의 영혼이 데와첸(Dewachen)으로 가게 해 달라고 기원하는 뜻이라고 한다.

순례자들은 등잔불이 진열한 복도를 바쁜 걸음으로 가면서 왼손으로는 염주를 돌리고 오른손으로 마니차를 돌렸다. 또 어떤 사람은 등잔불을 들고 극락왕생을 기원하며 어디론지 가고 있었다.

### ●————— 당번회맹비(唐蕃會盟碑) ●

따자오스 정문 앞 건너편에 큰 석비가 하나 있었다. 이 비석은 '생구화회맹비(甥舅和會盟碑)' 또는 '장경회맹비(長慶會盟碑)'라고도 불린다. 그 비석 뒤에 또 하나의 역사 깊은 버드나무 한 그루가 있고 비석과 나무는 울타리를 쳐서 보호하고 있었다.

역사의 기록에 의하면 서기 641년, 당 태종이 파견한 사신이 문성공주를 호송하여 티베트에 들어왔고, 숭찬과의 결혼으로 티베트족과 한족 간의 결속이 더욱더 견고해졌다고 한다. 그 후 토번은 당을 섬기고 자신들을 생(甥)이라고 불렀다.

서기 821년, 토번은 사신 퉈나루어(佗納羅)를 장안으로 보내어 맹약을 청하고, 당나라는 즉시 대리경 류위안딩(劉元鼎)을 사신으로 보내어 맹약을 맺었다. 라사에서는 서기 823년 2월 24일, 맹약을 맺은 후 1년 만에 따자오스 앞에 이 비석을 세웠다. 비석의 높이는 3.42m이고 가로 1m, 두께는 0.3m이다. 현재 비면은 풍화로 닳았으나 문자는 판별이 가능하다. 비문의 내용은 다음과 같다.

'외삼촌, 조카 두 임금은 국가 대계에 대해 의견이 일치하여 평화 맹약을 체결하고 영원히 변치 않는다…. 백성을 편안하게 할 생각을 갖고 오랜 선행을 이루었으며 옛날의 우정을 이어 받든다…. 서로 적이 되지 아니하고 전쟁을 하지 않으며 서로 침공하지 않는다.…(舅甥二主, 商議社稷如一, 結立大和盟約, 永無渝替…, 務令百姓安泰所思如一, 成久远大善, 再續舊親之情, 重申令好之…, 彼此不爲寇敵, 不擧兵革, 不相侵謨封鏡….'

이외에도 비문에는 당과 토번이 맹약을 맺는 과정과 비석이 세워진 해, 맹약을 맺을 때 관원의 명단이 씌어져 있다.

나는 비문을 보고 나서 울타리 왼쪽으로 돌아와 1,300년 전에 문성공주와 숭찬칸부 왕이 따자오스 준공기념으로 손수 심었다는 버드나무를 보았다. 석비 바로 뒤에 있는 이 버드나무는 이미 고목이 되고 그 뿌리에서 새싹이 나와 무성하게 자라고 있었다. 당시를 아는 것은 이 고목뿐, 라사 시민들은 이 나무를 탕류(唐柳) 혹은 궁주류(公主柳)라고 부르며 이곳에 오면 합장하고 경모한 뒤 지나간다.

나도 이곳을 돌아보며 이 유서깊은 나무가 역사와 더불어 오래도록 살아주기를 기원하였다.


### ● ──── 빠쟈오졔(八角街) ●

빠쟈오졔 거리는 빠랑졔(八廓街)라고 불리기도 하는데 라사의 중심지에 있으며, 라사에 오면 반드시 들러보는 곳이다.

빠쟈오졔 거리는 거리의 모양을 따 이름을 붙인 것이 아니라, 티베트인 '파랑(帕廓)'의 음역이며 따자오스를 두르고 있는 거리라는 뜻을 갖고 있다. 따자오스의 중심에 있는 이 거리를 한 바퀴 도는 것은 따자오스 내에 있는 석가모니를 알현하고 공경한다는 의미이다.

순례자들은 따자오스를 둘러싸고 있는 빠쟈오졔를 시계방향으로 한 번 순회하는 데 그치지 않고 몇 차례씩 돌고 돈다.

빠쟈오졔 시장은 길이가 약 2km이다. 타원형으로 되어 있는 좁은 길 양쪽에는 2~3층의 티베트식 건물들이 빽빽하게 들어서 있었다. 사람들은 2층에 거주하고 아래층은 상점이다. 노점상도 매우 많이 오가는 사람들로 붐볐다. 행인들 대부분이 티베트족이고, 그밖에 캄파 장족, 러파족, 먼파족, 회족, 한족도 있었다. 검은 실타래를 두른 사람, 붉은 옷을 걸친 라마승, 긴 칼을 차고 무사처럼 활보하는 유목민, 머리에 보석으로 장식한 여인들, 머리카락을 108가닥으로 땋아 길게 늘어트린 여자들, 머리를 여자처럼 길게 기른 유목민 등으로 각양각색이었다. 모두 시계방향으로 물밀듯이 걸어가고 있었다.

안내원에게 "머리를 복잡하게 108가닥으로 땋은 이유가 무엇이냐?"고 물었더니, 그의 대답은 108번뇌를 씻기 위해서라고 한다. 그러면 티베트 여자는 출생할 때부터 108고뇌를 짊어지고 태어났단 말인가. 인생 5욕(慾) 7정(情)도 성현이 아니고서는 벗어날 수 없는데, 어떻게 108번뇌를 씻을 수 있단 말인가? 하는 생각이 들었다.

안내원은 계속해서 짐을 잔뜩 지고 가는 한 무리의 여자 순례자들을 가리키며, "저 사람들은 칭하이성 위수에서 온 사람들로 불공을 끝내고 빠쟈오제를 돌고 있다."고 한다. 그들은 무거운 짐을 지고 붐비는 거리를 서로 부딪치지 않고 지나가고 있었다. 나는 위수가 이곳에서 얼마나 되느냐고 물었더니, 여기서 3천 리가 된다고 한다. 그곳까지 가려면 중간에 탕구라라는 높은 산맥이 있어, 부지런히 걸어가도 추운 겨울에나 고향에 도착하게 될 것이라고 하였다.

저 큰 보따리 속에는 무엇이 들어 있느냐고 물었더니, 그 속에는 장포(藏袍)와 식량, 연료가 들어 있는데, 가다가 날이 저물면 고원에 장포를 깔고 잔다고 한다. 그리고 양 똥으로 불을 피워 수유차를 끓여 마시고 쨤바를 먹는다고 하였다.

이와 같이 위수에서 온 수행자들은 적어도 3천 리를 수개월 동안 걸어와서 잠시 따자오스에 예불하고 다시 3천 리를 걸어간다니, 이것은 예삿일이 아니었다. 그들만이 지닌 정례심(頂禮心)이라고 생각하니 존경스럽기도 하거니와 측은한 생각마저 들었다.

빠쟈오졔 거리는 모두가 이색적인 풍경이었다. 어떤 수행자들은 노상에 앉아서 양산을 받쳐 들고 법명을 부르며, 한 손에는 마니차를 돌리고 있었다. 지나가는 순례자들 중에는 적선하는 사람도 있었다. 나는 마니차 돌리는 모습이 신기해서 사진을 찍으려고 하니, 수행자는 내가 외국인인 줄 알고 힘차게 손을 내밀어 적선을 요구하는 것이었다.

아무튼 티베트인들 대부분이 항상 손에 들고 수차(水車)처럼 빙빙 돌리고 있는 마니차의 점술의 의미는 무엇일까?

마니차는 티베트인들의 신앙생활의 유일한 법칙이며 신격적 존재이다. 마니차 속에는 부처의 가르침인 경전이 들어 있는 종이 두루마리가 있다. 경전의 글은 '네와를' 글자로서, 옴마니반메훔(唵嘛呢叭咪吽)이다.

안내원의 말에 의하면 마니차를 한 번 돌리면 염주 108개를 열 번 돌리는 것과 같은 효과가 있으며, 마니차 108번을 돌리면 마니둥규르를 한 번 돌리는 것과 같다고 한다. 즉 마니차를 돌리는 의미는 영혼을 윤회 전생으로 인도해 주는 것으로 믿고 있다. 그러므로 많이 돌릴수록 독경을 많이 한 셈이 된다.

티베트인들은 내세를 믿고 있다. 죽는 것은 다른 사람으로 태어나기 위한 과정이며, 영혼은 육신 속에 있다가 육신이 죽으면 육신에서 빠져나와 영의 세계로 돌아가고 때가 되면 다른 환경 속에 다시 태어나 환생한다고 믿는다.

이와 같이 티베트인들은 내세관이 확실하기 때문에 죽음을 두려워하지 않는다. 그들은 이러한 불교사상을 바탕으로 하늘과 땅에 감사하며 이생에서 이상세계를 추구하고 있는 것이다.




빠쟈오졔 상점에서 자주 볼 수 있는 상품은 기름, 치즈, 쇠고기, 비단, 카펫, 앞치마(幇典), 신발, 티베트 모자, 하다(哈達), 경서, 목기, 보석, 불구, 골동품 등이다. 보석은 주로 금·청옥·숭스(松石) 등인데, 숭스는 티베트에서 대량으로 생산되며 티베트인들이 좋아하는 보석의 하나이다. 이는 티베트인들의 부(富)를 상징하는 물건으로 여성들은 머리에 주렁주렁 달고 다닌다. 골동품으로는 토번국 시대의 불상과 악기, 백동으로 만든 쟘바 담는 통, 명·청시대의 자기류 등이 있다.

시장을 한 바퀴 돌아 끝나는 지점에 이르니 따쟈오스가 바로 가까이 보이는 곳에 하다 파는 상인들이 눈과 같이 하얀 하다를 걸어놓고 있는데 어찌나 많은지 주변이 온통 환했다. 나는 네팔에서 산행할 때나 탐험길에 나설 때마다 현지인들이 하다를 목에 걸어주곤 했다. 그러면 이곳에서 하다의 의미는 무엇일까?

하다란 장문(藏文)의 음역이다. 하다는 실크로 만들며 원래 티베트족 몽고족이 예물로 사용하던 것이다. 『서장풍토기』에 의하면 하다는 한족이 발명하여 원조(元朝) 때 티베트에 전해져 들어왔다. 당시의 하다 윗면에는 '길상여의(吉詳如意)'라는 한자가 씌어져 있었다.

하다의 길이는 보통 길이 2m, 넓이 30cm이며, 대부분은 흰색의 견직물이다. 흰색은 깨끗함을 표시하며 길상의 상징이다.

하다 중에는 홍색, 황색, 옅은 파랑색도 있다. 채색한 하다는 고급직물로 윗면에 불상과 연화 등의 도안이 있다. 이것은 결혼이나 중요한 의식이 있을 때 축하의 표시로 사용된다고 한다.


## ● ── 소상타(燒香塔) ●

나는 하다 노점을 돌아보고 다시 빠쟈오제가 끝나는 지점으로 나와 30~40m쯤 앞으로 가니 탑 모양으로 만든 굴뚝이 두 개가 있었다.

안내원은 이를 '소상타'라고 했다. 그는 이어 이곳은 악령을 추방하고 가정의 안녕을 빌며, 자기들의 영혼을 윤회 전생으로 인도해 주는 곳으로 신성시하는 곳이라고 설명해 주고 있었다. 그래서 티베트인들은 이곳에 올 때 반드시 제물을 들고 와서 참배한다고 한다.

오늘도 많은 순례자들이 줄을 이어서 참배하는데, 어떤 사람은 말의 그림이 그려져 있는 수백 장의 부적을 하늘 높이 뿌리며 '끼끼 수수라수라(革革素素拉素拉)'라고 주문을 외웠다. 나는 안내원에게 그게 무슨 소리냐고 물었더니, 자기의 소원을 기원하는 주문이라고 했다. 어떤 사람은 소상타 화구에 향을 태우기도 하고, 쑥과 진달래, 노간주 나무를 태우며 우유를 뿌리는 사람도 있었다. 그래서 소상타 굴뚝에서는 연기가 하늘로 치솟고 향내가 주위에 가득했다.

티베트인들의 삶의 의미는 종교가 생활의 반을 차지한다고 해도 과언이 아닐 것이다.

나는 소상타를 보고 광장 한쪽을 나오는데 어디선가 가냘픈 여자 노랫소리가 들려 바라보니 넓은 광장 한쪽에 사람들이 모여 있어

소상타(燒香塔)에 향을 태우며 자기의 소원을 기원하는 신도들

무슨 구경거리가 있는가 하여 가까이 가보니 한 무리의 아가씨들이 노래를 부르며 춤을 추고 있었다.

안내원은 "노자가 떨어진 순례자 아가씨들이 즉석 무도회를 하고 있다."고 하였다.

그들은 8~9명쯤 되어 보이는데, 어떤 아가씨는 보따리를 짊어진 채 춤을 추기도 하였다. 춤은 원을 그린 채 빙빙 도는 단조로운 춤이었으나 매우 애수를 띤 유목민의 노랫가락에 맞추어 추고 있었다.

춤이 계속되는 동안 구경꾼이 백여 명 모이고 춤이 끝나자 관객들은 한푼씩 노자를 마련하여 주고 있었다. 참으로 이곳에서나 볼 수 있는 소박한 풍경이었다. 나도 한푼 보태주고 호텔로 돌아가는 길에 인력거를 탔다.

인력거는 구 시가를 지나가는데 주위의 건물들이 너무나 고색창연하여 마치 중세기의 거리를 지나는 듯했다.

# 지도의 공백지대를 가다

"자네, 드디어 왔군. 한국인은 처음이야."
이날은 나에게 영원히 기록될 날이다. 나는 꿈만 같아 차에서 내려 주위를 살펴보았다. 그러나 그토록 기대하고 찾아온 수양후의 첫인상은 적막한 풍경이었다. 땅은 메마르고 새싹이 돋아난 풀밭은 아직도 누런색의 풀이 주종을 이루고, 그 사이에 목초가 드문드문 돋아 있는데 짧아서 바람이 불어도 흔들리지 않는다. 마을로 들어가니 눈에 보이는 것은 몇 채 안 되는 허름한 연립주택이 있을 뿐 인간의 온기는 없는 것 같았다.

# 지도의 공백지대를 가다

1997년 6월 2일, 이날의 내 일기에는 이렇게 적혀 있다.

'인생은 미지에 대한 도전!

나는 또 미지를 찾아 머나먼 수앙후(雙湖)로 간다.' 라고.

미지, 도대체 무엇이기에 그렇게 많은 탐험가들이 목숨을 걸게 만드는가.

아직도 지구상에는 인류의 발길이 닿지 않은 지역이 많이 남아 있다. 그리고 탐험가와 등산가들은 이 미지의 세계에 매혹되어 끊임없이 고난을 무릅쓰고 도전한다. 인류의 역사가 계속되는 한.

티베트 창탕(羌塘) 북부고원도 이런 곳이다. 광대한 땅덩어리는 자그마치 60만km²나 되어 티베트의 반을 차지하여 예로부터 베일에 가려져 온 신비의 땅이다. 평균 고도는 해발 4,500m로 지표에서 굉장히 높이 솟아 있어 공기가 엷고 기후변화가 심해 겨울에는 영하 30~40도로 내려가 오줌을 누면 땅에 떨어지기도 전에 얼음기둥이 생기는 곳이다. 그리고 4월이면 타클라마칸사막의 모래바람이 천지를 혼돈케 하는, 사람의 자취를 찾을 수 없는 곳이다.

통상적으로 말하는 무인구는 신장성 남부와 칭하이성 서남부, 아리 동북부를 가리키는데, 사람들은 무인구를 일컬어 금생부주 내세불투(今生不住 來世不投, 지금도 살지 않고 내세에도 뛰어들지 않는다)라고 하며, 옛날 가사 정부 때는 죄수를 유배하는 곳으로 삼았다. 최근 장북(藏北) 고원을 개발하기 위해 새로 현급 행정구를 신설했다. 이것이 수앙후(雙湖) 특별구다.

나는 이곳을 탐험하기 위해 오랫동안 티베트의 한 여행사와 연락을 하던 중, 1997년 3월 11일 그 여행사로부터 다음과 같은 팩스를 받았다.

"안녕하십니까. 귀하께서 말씀하신 코스에 대해서 말씀드리겠습니다. 선택은 귀하께서 하십시오. 귀하께서 말씀하신 382철교 수앙후, 서우깡, 허텐(和田) 코스는 지형과 지질을 아는 사람도 매우 적고 위험한 곳입니다. 특히 이곳을 가려고 하는 사람은 없으며, 만약에 그 코스에 간다고 해도 많은 차량과 인원이 동원되어야 하고 경비도 많이 듭니다. 그리고 고집이 있고 그 지역을 파악하고 있는 운전사와 안내원이 필요합니다. 달리 말하면 가이드 비용이 높은 것은 물론이고 갈 사람을 구하기가 힘듭니다. 그쪽은 사람이 들어가기 힘든 동토이므로 그쪽을 택하지 않는 것이 좋겠습니다."

나는 편지를 받고 나서 이곳이야말로 지구상에서 마지막 남은 미지의 영역임을 다시 확인하고 어떠한 어려움이 있다 할지라도 기필코 가보겠다고 다짐했다. 그러나 문제는 경비와 대원이다. 예산은 어떻게 마련하며 어느 누가 감히 목숨을 걸고 도전할 대원이 있겠는가! 여러 가지로 생각하던 중에 이번에는 범위를 줄여서 수앙후까지만 가기로 했다.

마침내 탐험대가 구성되었다. 곽귀훈(등산가), 이지열(버섯연구가), 이병도(사업가), 그리고 본인까지 네 명이었다. 곽귀훈 씨는 헝뚜안산맥의 지리를 연구하고, 이지열 씨는 티베트의 버섯을, 나의 연구과제는 식물이다. 결과는 후에 평가할 일이지만 연구과제를 가지고 가는 것은 매우 뜻 있는 일이다. 코스는 쓰촨성 청두(四川省成都)에서 라사까지는 같이 행동하고, 라사에서 먼저 네팔로 넘어가는 팀을 A팀으로 하고 나는 혼자 수앙후로 가기로 했다.

탐험 준비를 그럭저럭 끝낸 5월 하순, 딸과 사위가 외손자를 탐험대에 끼워 달라고 했다. 이제 겨우 열한 살, 초등학교 4학년 어린이에게는 너무 위험한 탐험길이다. 만일 사고라도 생기는 경우 히말라야에서는 도중에 산을 내려갈 수도 있지만, 일단 티베트의 북부고원으로 들어가면 라사까지 오는 데만도 4~5일이 족히 걸리기 때문이다. 그러나 이 소식을 들은 신덕영(탐험가) 씨가 초등학교 5학년짜리 자기 아들을 데리고 갈 것을 간청하여 결국 우리 팀은 어른 네 명에 어린이 두 명, 모두 여섯 명으로 꾸려졌다.

### ● ─── 여인국을 찾아서 ●

6월 5일, 드디어 김포공항을 출발해 상해를 경유, 당일 오후 8시 30분에 청두(成都)에 도착했다.

청두에서 라사로 가는 항공편은 매일 아침에 1회씩 운행되고 있다. 육로로 가는 길은 북쪽으로 촨장공로(川藏公路)가 있고, 중부지역에서는 리탕(理唐)과 망캉(芒康)을 거쳐 가는 길이 있으며, 남쪽으로는 시창(西昌), 리장(麗江)을 돌아 뎬장공로(滇藏公路)를 따라 라사로 갈 수 있다.

우리가 후자를 택한 것은 여인국을 보기 위해서였다. 그러나 시창에는 인공위성 발사 기지가 있다고 해서 그곳을 피해서 가야만 했다. 청두(成都)에서 융닝즌(永寧鎭)까지의 거리는 약 1,200km. 청두를 출발한 지 3일 만에 6월 8일 윈난성(雲南省) 루구후(瀘沽湖)에 도착했다. 호반 입구에 커다란 중국식 문이 있는데 기둥에 여인국이라는 글자가 씌어 있어 한눈에 여인국임을 알 수 있었다.

바라보니 넓은 호수에 물에 떠 있는 듯한 낮은 산들이 면면이 이어져 있고, 호수 끝에 와서는 커다란 바위산이 튀어올라와 우뚝 서 있어 풍광이 매우 수려했다. 안내원에게 호수의 면적을 물으니, 12.33만 평으로 수심이 제일 깊은 곳이 92m라고 하였다.

우리는 호반 로지에 숙소를 정하고 융닝즌으로 향했다. 이곳에서 융닝즌까지는 20km. 나는 차창 밖으로 펼쳐지는 호수를 바라보며, 20세기에 남아 있는 수수께끼와 같은 여인국? 여왕은 어떤 모습일까? 하고 이상향 같은 것을 그려보기도 했다.

이런 생각은 나 혼자뿐 아니라 같이 가는 모두의 관심이었을 것이다. 더욱이 어린 남 군과 신 군도 관심이 있는 듯 여인국에 대한 호기심으로 들뜬 표정이었다.

드디어 융닝즌(永寧鎭)에 도착했다. 마을은 생각보다 컸다. 호수는 약 4백여 호, 인종은 '마사족'이란 소수민족이며 전체 인구는 약 1만 명이지만 이곳에 사는 마사족은 2천 명 정도라고 한다.

나는 안내원에게 여인국의 토착된 문화에 대해서 물어보았다. 그는 말하기를, "옛날에는 모계사회로 번영한 때도 있었으나 문화혁명 이후 그 풍습이 사라져 지금은 이 지역의 특색 있는 자랑거리로

명맥을 이어 오고 있는 실정이다."고 한다.

여인국 사회에서도 결혼은 하지만 한 집에서 남자와 같이 살지 않으며, 남자가 필요할 때면 자기 집으로 남자를 불러들인다. 호주는 여자가 되고 재산도 여자가 관리한다. 출생한 자녀는 모(母)의 성을 따르며, 여자가 출생하면 여인국 여자가 된다고 한다. 이와 같이 여인국은 다른 지역과 달리 이채로운 풍습을 가지고 있었다.

우리는 안내원을 따라 자메이스(扎美寺) 사원을 돌아보고, 마을 변두리에 있는 여인국의 여자를 대표하는 한 가정집을 방문했다. 안내원이 먼저 들어갔다 나오더니 허락을 받았다고 하면서 들어오라고 하였다. 그런데 대문 안으로 들어가 보니, 집은 일반 농가와 같고 부엌에서 얼굴이 검게 탄 50대 중반의 늙은 부인이 그녀가 낳은 듯한 갓난아이를 옆구리에 끼고 나왔다. 우리가 상상했던 여인국의 미인은 아니었다.

안내원은 "이 분이 여인국의 전통을 이어 오고 있는 마사족 여자"라고 소개하였다. 그는 약간 겸연쩍은 듯 수줍은 태도로 인사를 한다. 그동안 상상하던 여인국의 기대에 어긋났던지 일행은 물론 어린 신 군과 남 군도 실망의 눈빛을 감추지 못하는 듯했다.

가옥은 2층집으로 앞마당 마구간에는 조랑말 한 필과 십여 마리의 닭과 오리가 있고 보리짚을 쌓아둔 헛간도 있었다. 2층 난간에는 야크 머리가 걸려 있기에 이유를 물었더니, "티베트의 토속종교에서 유래된 풍습으로 저것을 집안에 걸어두면 악귀가 범접하지 못한다."고 한다.

안내원은 이곳에서 여인국의 특별한 면모를 보여주지 못했음이 아쉬웠던지 또 다른 집을 안내하겠다고 하기에 그만두라고 당부하

고 밤에 열리는 마사족 민속춤을 보기 위해 급히 숙소로 돌아와 무
도회장으로 갔다.

무도회장에는 벌써 50여 명의 여인국 젊은 무희들이 모여 출연
준비를 하고 있었다. 무희들은 꽃으로 장식한 둥근 가발을 쓰고 울
긋불긋한 민속의상을 입고 준비하고 있는 모습이 모두 미인으로 보
였다. 조금 전 융닝즌에서 보지 못한 미인을 이곳에서 만난 셈이다.
그들이 깔깔대고 웃는 모습이 무척 밝고 명랑해 보였다. 그리고 남
자들은 청바지에 카우보이 모자를 쓴 사람도 있었다.

잠시 후 지휘자 같은 청년이 피리를 들고 무도장 가운데로 등장
하자 무희들은 타원형으로 둘러서서 손을 잡았다. 그리고 나서 피리
소리를 신호로 일제히 춤을 추기 시작했다. 선두에는 남자 5명이 서
서 리드를 하고 그 뒤로 여자, 남자의 순서로 줄을 지어 피리소리에
맞추어 춤을 추는데 동작이 아주 경쾌하였다. 무희들은 발로 바닥을
세 번 탁탁 차고 나서 몇 발자국 나가다가 한 바퀴 빙그르 돌고, 다
시 발로 바닥을 구르며 "야야, 얏!" 하고 큰 소리로 외친다. 그들은
똑같은 스텝을 반복하면서 춤을 추는데, 피리소리가 높아지고 분위
기가 고조되면 발로 탕탕 구르는 소리도 더 커지고 "야야, 얏" 소리
도 더 높아 흥겨운 춤이 이어졌다.

우리는 특별대우로 따로 마련된 자리에서 맥주를 마시며 관람했
다. 나는 한 무희에게 지금 추고 있는 춤이 무슨 춤인지 물어 보았더
니, 그녀는 잘 모르는지 "따토오"라고 한다.

여하간 단순한 것 같으면서도 박력이 있어, 옛날 출정하는 병사
들에게 힘과 용기를 주는 의미 같은 것을 느끼게 했다.

6월 9일, 우리는 루구후(瀘沽湖)를 뒤로하고 윈난성(雲南省)으로 들어갔다. 이 지역은 산세가 갑자기 높아져 단번에 1,000m를 올라갔다가 내려오는가 하면 다시 올라가는 험준하기 그지없는 지대의 연속이었다.

이 험한 산악지대에 이족이란 소수민족이 살고 있다. 전체 총 인구는 6백50만 명(1990년)에 이르고, 쓰촨성(四川省)·윈난성·꾸웨이저우성(貴州省) 등지에 광범위하게 분포되어 살고 있는 그들은 고대부터 전승된 고유한 문화와 상형문자의 일종을 사용하고 있으며, 농업과 목축을 주업으로 비교적 풍부한 생활을 하고 있다.

매년 8월 11일, 량산(凉山) 이족 자치주에서는 전통 축제인 '훠바제(火把節)'가 열린다.

여자들은 어깨에서부터 색채가 풍부한 실로 짠 보라색을 바탕으로 한 상의를 입고 그 밑에 긴치마를 입는다. 머리에는 검은색으로 네모진 모자를 쓴 사람과 지역에 따라서는 붉은색 두건을 쓰는 곳도 있다.

이곳 산악지대의 이족은 경제적 기반이 있는 사람은 산아래 평지에 거주하거나 도시로 나가 살지만, 산간에 사는 사람은 산림을 벌채하며 밭을 일구고 소와 양을 기르며 고유한 문화를 지키면서 자급자족하며 살아가고 있었다.

리장(麗江)에는 오후 8시 40분에 도착, 전에 숙박했던 리장빈관(麗江賓館)에 여장을 풀었다.

6월 10일, 리장(麗江)을 출발 후토오샤(虎跳峽)와 메이리산(梅里山)을 거쳐 6월 12일 8시에 망캉(忘康)에 도착했다. 망캉에는 티베트 여행사에서 계약한 지프가 와서 대기하고 있었다.

초대소에 짐을 풀고 식당으로 갔다. 아이들은 고산증에 시달린데다 식사 때가 되면 기름기 있는 누린내 나는 음식이 맞지 않은지 잘 먹지 못했다. 그러다 보니 체중이 현저하게 줄어들고 있었다. 철없는 두 아이들이지만 어려움을 잘 참고 따라주는 것이 고마웠다.

6월 13일 오전 8시. 아침식사를 라면으로 하고 둥다라산(東達拉山, 해발 5,008m)을 향해 출발했다.

나는 1995년 구거(古格)왕국을 갈 때, 티베트의 아름다운 강남을 보면서 노래를 읊은 적이 있다. 더욱이 둥다라산 지역에서는 다른 곳에서 찾지 못한 기묘한 식물을 발견했었다. 이번에 이 산에서의 과제는 홍색 메코노프시스(Meconopsis)를 찾아보는 일이다. 만약 이 꽃을 찾게 된다면 이번 탐험도 대체로 끝나는 셈이 될 것이다.

그러므로 둥다라산에 대한 나의 기대는 매우 컸다.

산밑에 이르러 멀찍이 바라보니 둥다라산 산줄기 연봉에 예년보다 눈(雪)이 많이 쌓여 있다. 영상을 중심으로 우측은 육산과 돌산이 섞여 있고 좌측은 능선으로 줄바위군을 형성하고 있는데, 그 산 사이에 넓고 깊은 계곡이 드리우고 있어 마치 한국의 외설악 쌍천에서 저항령을 바라보는 것 같은 향수의 정을 느끼게 하였다.

티베트 어느 곳에 버릴 자연이 있으랴만, 어느 곳에서 보나 티베트의 산수는 참으로 아름다웠다. 우리는 산을 배경으로 사진을 찍고 계곡 개천을 끼고 영로로 들어섰다. 눈은 올라갈수록 깊었으나 차들이 지나다닌 자국이 있어 굽이굽이 돌아 올라가는데 어느 곳에도 식물은 보이지 않고 은빛 같은 눈부신 설산만 이어졌다.

그런데 귀한 꽃은 눈 속에서 핀다던가! 설원뿐이던 고갯길 해발 4,900m 지점에 이르렀을 때, 돌연 우측 산비탈 돌더미에 꽃 한 포기가 눈에 확 들어왔다. 나는 반가움에 헐떡이며 달려 올라가 꽃을 보는 순간, 나도 모르게 '아!' 하고 소리쳤다. 생명력이란 너무나 신비하였다. 어쩌면 이렇게 아름다운 꽃이 이 높은 고산 한랭한 눈 속에 피어 있단 말인가?

숨이 찬 가슴을 진정하고 주변을 살펴보니 군데군데 꽃무더기가 눈 속에 덮인 채 꽃송이가 눈 위에 뾰족뾰족 나와 있는 것이 마치 눈이 자홍색으로 물들어 있는 것 같았다. 사진을 찍고 눈으로 뒤덮인 꽃을 헤치면서 보니, 대궁 밑이 큰 것으로 보아 여러 해 식물이며 꽃포기는 지대에 따라 원형 또는 타원형 등 가지각색이었다. 포기의 둘레가 2m가 넘는 것도 있었다. 뿌리가 발달하여 팔뚝같이 굵은 뿌리에서 꽃대가 적게는 100개, 많은 것은 5백~6백 개 나와 있었다. 꽃 줄기는 20cm 안팎이고 꽃대궁은 검은 주홍색이며 잎은 타원형인 녹색이고 포옆으로 겹쳐 있다. 꽃은 자홍색으로 여러 개의 꽃이 밑에서부터 어긋나게 붙어서 피어 있다.

학명은 훗날에 라사의 서장경제식물연구소(西藏經濟植物研究所)에서 알았는데, '로디올라 부플레우로이데스(Rhodiola bupleu-roides, 돌나물과)'라고 하며, 중국명은 '차이후홍징텐(柴胡紅景天)'이다. 티베트에는 홍징텐(紅景天) 종류가 7속 59종이 있는데 이 종류는 해발 4,800m 이상 5,100m 지대에 자생하며 꽃이 매우 아름답고 그 뿌리는 귀한 약재로 사용한다고 한다.

약효로는 고혈압, 피로회복, 노화억제, 폐결핵, 고산병, 심혈관병, 관능증에 효과가 있다고 하는데, 특히 청나라 때는 공물로 바치던 귀한 약재였다고 한다. 최근 중국에서는 항암 효과가 크다고 하여 연구중이라고 한다. 나는 희귀한 식물이기에 눈을 털고 돌 위에 엉켜 있는 뿌리를 뽑았는데, 직경 2~10cm 정도이고 굵은 것은 4cm 가량 되는 것도 있었다. 색깔은 검은색, 육질부는 황토색이며 향기가 있고, 맛은 쌉쌀했다.

능선 사면을 가로질러 올라가는데 영상을 거의 다 올라간 해발 4,960m 지대에서 이번에는 메코노프시스 인테그리폴리아(Meconopsis integrifolia)의 꽃밭을 만났다. 전에도 이 산에서 본 적이 있었지만 이번에는 눈 속에서 군락지를 만났다.

이 꽃의 색깔은 부드러운 황색의 털이 있어 줄기가 노랗고 잎도 황색이다. 꽃 몽우리는 아기 주먹만한 것이 크고 복스러웠다. 모두 눈뿐인 설원에 황색의 꽃밭! 너무나 싱그럽고 눈이 부시도록 화사하였다.

대자연은 실로 심오하여 풀 한 포기에도 큰 뜻이 담겨 있거늘, 어리석은 인간이 놀라운 경지에 서서 새로운 교훈을 받으며 또 받으며 둥다라산을 넘었다. 그러나 기대했던 홍색 메코노프시스는 끝내 찾지 못했다.

이렇게 둥다라산을 넘어 란우(然鳥)를 거쳐 퍼미빈관(波密賓館)에 도착하니 전에 보던 주인이 반갑게 맞아 주었다.

그의 이야기로는 그동안 비가 많이 와서 린즈 방면 가는 길이 세 곳이나 유실되었다고 한다. 우리는 어쩔 수 없이 이곳에서 길이 뚫릴 때까지 기다리기로 했다.

중국은 최근에 와서 개방이 본격화되어 하루하루 성장속도가 급속도로 빨라지면서 이 산간오지 퍼미에도 많은 변화가 일어나고 있었다. 큰 여관이 생기고 전자오락실까지 생겨 그 날이 마침 전자오락실 개관일이어서 구경꾼들이 줄을 잇고 있었다.

우리는 저녁을 먹기 위해 식당으로 들어가 원탁 테이블에 둘러앉았다. 그동안 남 군과 신 군이 티베트 음식이 맞지 않아 식사를 못하고 있었기 때문에 특별히 기름기 없는 음식을 주문하여 놓고 차를 마시면서 앞으로의 일정을 의논했다. 그러던 중 바로 가까운 창 밖에서 갑자기 "탕!" 하고 총소리가 났다. 그 소리가 어찌나 요란하였는지 모두 눈이 휘둥그레져 있는데, 이번에는 "탕, 탕, 탕…" 하고 기관총 수십 발이 연발로 발사되는 소리가 들렸다. 무심히 앉아 있던 우리 일행은 갑작스런 총소리에 당황하지 않을 수 없었다. 점잖게 앉아 있던 이지열 씨가 벌떡 일어서, "아이구!" 하고 외마디 소리를 지르더니 재빨리 땅바닥에 납작 엎드려 기어서 복도 쪽으로 나갔다. 동시에 다른 사람들도 식탁 밑으로 몸을 숨기는 등 모두 민첩하게 몸을 피하고 있었다. 그런데 그 기관총 소리는 차차 멀어지는 듯하더니 갑자기 멎었다. 그제서야 그것이 전자오락실 개장식 축전 폭죽소리임을 알고 모두 한바탕 웃었다.

나는 외국에 갈 때마다 항상 대원들에게 다음과 같은 주의를 상기시키곤 한다.

첫째, 해외에 나가서 국익에 손상되는 일을 해서는 안 되며,

둘째, 그 나라의 규범을 지켜야 하며,

셋째, 예절을 잘 지키고,

넷째, 그 나라의 좋은 점을 배워 가지고 오라고 했다.

특히 티베트는 국내 상황이 불안한 곳이므로 언행에 특별히 조심해야 함은 두말할 필요가 없다. 그런데 오늘의 상황은 티베트의 환경 속에서 항상 긴장하고 있었기 때문에 갑작스런 총소리에 모두 과민한 반응을 보였던 것이다.

## ● —— 다시 라사로 ●

6월 19일 오전 6시 40분. 우리는 린즈(林芝)를 출발, 라사로 향했다. 린즈에서 라사까지의 거리는 446km, 그러나 그 루트는 대대적으로 도로 보수공사를 하고 있기 때문에 남쪽 코스를 택하기로 했다.

남쪽 코스의 총 길이는 686km. 이곳 역시 차도 보수작업으로 시간이 더디어 라사의 홀리데이호텔에 도착한 것은 20일 새벽 3시 40분이었다. 모두 지쳐 곧 취침하고, 나는 채집한 식물을 정리하고 나니 날이 밝았다.

내가 라사에 온 것은 벌써 10번째이다. 티베트에 올 때마다 라사에 들르게 되는 이유는 라사는 사통팔달과 같은 곳이므로 어느 곳에서 입장(入藏)하든지 라사에 와서 다시 준비하고 떠나는 출발점과 같은 곳이기 때문이다.

나는 티베트에 온 목표가 있으니, 그것은 누구도 들어가지 않은 전인미답의 영역을 가기 위함이다. 그러기에 한번 지나간 곳은 경유지를 제외하고는 늘 새로운 지역을 선택한다. 그래서 이번에는 수앙후를 택한 것이다. 수앙후는 아직까지 누구도 들어가지 않은 무구무도한 곳이기에 나의 마음은 끝없이 설레고 있었다. 이제 지금 나는 그 문턱 라사에 와서 수앙후의 일정을 준비하고 있는 것이 아닌가.

　나는 우선 여행 허가를 받기 위해 지난 3월 11일에 팩스를 보내 준 충라(琼啦)라는 안내원을 만났다. 그는 티베트가 개방되면서 관광사업의 필요성을 인식하고 북경대학에 가서 관광교육을 받은 엘리트 여성이다. 그의 남편은 탱화를 그리는 화가이며 라사에 있는 그의 가정은 중류 이상의 생활을 하고 있다. 우리가 그들과 인연이 된 것은 1994년 아리(阿里) 1만km를 탐험할 때 같이 동행했으며, 티베트에 올 때마다 안내를 맡아 주었다. 나는 그를 마담 '충라'라고 부른다.

　"마담 충라—, 이번에 한 팀은 딩그리를 경유해 네팔로 가고, 나는 수앙후로 가는데 도와주어야 하겠어!" 하고 부탁했다.

　그녀는 두말없이 오후에 수속을 다 끝내고 통행허가증을 가지고 왔다.

　티베트인들은 종교의 심성 때문인지 성품이 솔직하고 꾸밈이 없다. 비록 가난하긴 하지만 속임수를 모르고 믿을 수 있는 순수한 마음을 가진 사람들이라고 할 수 있다. 그리고 그들은 대체로 친절하였다.

　언젠가 신덕영 씨가 그 집에 가서 김치 담그는 방법을 가르쳐 주었더니 우리가 갈 때마다 배추김치를 담아 가지고 온다. 티베트고원에서 새로 담근 신선한 배추김치를 먹는 것은 최상의 별미다. 그뿐인가? 거기다가 돼지고기를 넣고 고추장을 풀어 김치찌개를 부글부글 끓여 내놓으면 지친 여로에 새 기운을 되찾는다.

　이 무렵 서울에서 신덕영 씨가 와서 합류, 대원은 7명이 되었다.

　라사에 처음 오는 사람은 먼저 포탈라궁에 가게 되므로 5명은 그곳으로 가고 이지열 씨와 나는 서장고원식물연구소를 방문했다.

방문목적은 티베트 고산식물에 대한 자료를 수집하기 위함이었다.

연구소 소장을 만나 방문의 뜻을 밝혔더니 그로부터 『서장경제식물(西藏經濟植物)』이라는 책 한 권을 기증 받았다. 돌아와서 내용을 보니, 티베트 식물 중 약재가 되는 식물, 식용, 향유, 전분 등 경제성 있는 특정식물에 대한 자원을 수록한 문헌이어서 귀중한 자료가 되었다.

오후에는 출발준비에 바빴다. 트럭 한 대를 수배하고 천막, 침구, 쌀, 채소 등을 산 다음 그곳에는 기름도 없다기에 휘발유 8드럼을 구입했다.

저녁에는 호텔에서 식사를 하는데 곽귀훈 씨가 혼자 떠나는 나의 행로가 염려되어 아무쪼록 무사히 다녀오기를 기원하는 인사말이 있었고, 남도현 군도 "할아버지, 많이 드시고 기운을 내세요."라며 염려를 해주었다. 밤이 되었는데 도무지 잠이 오지 않았다. 침대에 누워 뒤적거리고 있는데, 돌연 손자놈이 내가 혼자 가는 것이 못내 걱정이 되었는지,

"할아버지 어디로 가요?"

"세상에서 누구도 가지 않은 곳으로 간단다."

"누구와 같이 가요?"

"안내원과 운전사와 같이 간단다."

"안 가면 안 되나요!"

할아버지는 목적한 곳이 있어 혼자라도 가야 함을 이해시켰더니, 그동안 하나만 먹고 네 개가 남은 우황청심원을 꺼내 놓으며 가져가시라고 한다. 히말라야 등산이나 티베트 탐험에서 고산병에 시달릴 때 또는 호흡이 곤란할 때 우황청심원은 중요한 필수품이다.

나는 서울을 떠날 때 너무 바빠서 우황청심원도 고추장도 준비 못했다. 그런데 외손자가 그것을 알고 우황청심원을 주는 것이 아닌가!

"그래 고맙다. 네가 한 개를 비상용으로 갖고 있고 내가 세 개를 쓰마."

나는 그것을 받으니 오지로 향하는 마음이 다소 든든해짐을 느꼈다.




### ● ── 무인구(無人區)로 떠나다 ●

6월 21일 아침 8시, 모두 호텔 식당에 모였다.

이지열 씨가 돌연 우리 같이 기도를 드리자고 제의해 모두 머리를 숙였다.

"하나님, 저희들에게 일할 소망을 주시고, 이곳까지 인도하여 주신 것 감사드립니다. 이 탐험 길에 하나님의 그 크신 섭리를 깨닫게 하여 주시고, 특별히 간구하옵는 것은 머나먼 무인구로 혼자 떠나는 박 교수님의 안전입니다. 가는 길이 험하오니 고통 당할 때 큰 힘을 주시고 그 길을 인도하여 주시옵소서. 그리고 돌아가는 저희들도 무사히 돌아갈 수 있도록 지켜 주시옵소서, 아멘."

기도는 끝났다. 기도를 마치고 나니 마음이 한결 평온해짐을 느꼈다. 식사를 마치고 밖에 나와 보니, 벌써 차 세 대와 기사들이 대기하고 있었다.

그동안 동행했던 안내원 펑씨가 지프 운전사와 트럭 운전사 그리고 쿡을 소개한다. 안내원을 제외하고는 모두 티베트인인데 한결같이 착하게 보였다. 이렇게 하여 우리 일행은 5명이 됐다.

우리는 어차피 헤어지고 떠나는 길이기에 서둘러 짐을 실었다. 나는 네팔로 가는 팀에게 서울서 만나자고 인사를 하면서 먼저 출발하라고 했다. 그들은 내가 먼저 떠나는 것을 보고 가겠다고 한다. 나는 혼자 떠나는 외로움을 참고 차에 올라 손을 흔들었다. 봉고차에서는 외손자(남 군)의 손이 더 힘차게 흔들고 있었다.

라사에서 나취(那曲)까지는 약 324km. 그러나 나의 여정은 수앙후에 그치지 않고 창탕고원을 돌아 네팔까지 가야 한다. 그 거리는 약 4,000km. 머나먼 길이지만 그 길은 내가 택한 길이다. 마음을 가다듬고 황막한 고원을 달렸다. 야크떼가 풀을 뜯고 소녀들이 양털실을 꼬면서 양떼를 몰고 지나간다. 신선하고 아름다운 고원 풍경이다. 끝없이 펼쳐지는 고원 속에서 달리고 또 달려 어느덧 녠칭탕구라산(念靑唐古拉山) 산맥에 이르렀다.

마침 순례자 두 사람이 오체투지예를 하면서 이 높은 산맥을 넘어 오고 있었다.

"수고합니다. 어디서 오십니까?"

"위수(玉樹)에서 옵니다."

"위수는 어느 곳에 있습니까?"

"칭하이성(靑海省)에 위수라는 곳이 있습니다."

"여기까지 오는데 얼마나 걸렸습니까?"

"작년 10월에 위수를 떠났는데 여기까지 오는데 8개월이 걸렸습니다."

"어디로 갑니까?"

"라사의 따자오스(大昭寺)로 갑니다."

"라사까지는 얼마나 걸립니까?"

"앞으로 5개월이 더 걸립니다."

그들의 목표는 오직 따자오스에 있었다. 따자오스에 가서 예불하는 것이 그들의 소망인 것이다. 그들이 8개월 전에 고향을 떠났다고 하면 그동안 엄동의 고원에서, 그리고 그 높은 녠칭탕구라산맥을 넘으면서 얼마나 고통이 컸으랴! 그들은 아직도 라사까지 5개월을 더 간다고 한다. 걸어가기도 힘든 곳을 반드시 '오체투지예'를 하며 가야 하다니 영원을 준비하는 그들의 수도 모습은 세속을 초탈한 것 같았다.

작년 이맘때 일이다. 창탕고원을 가면서 이 지역을 지난 적이 있다. 그때 20여 명이 집단으로 오체투지예를 하면서 이동하고 있었는데, 그 중에는 15, 16세의 앳된 소녀도 있었다. 20여 명이 앞뒤에 서서 엎드렸다 일어섰다 하고 마치 물결치듯 힘차게 밀려가는 모습을 보면서, 티베트인들의 삶의 의미는 무엇일까? 하고 생각해 본 적이 있다.

티베트인들은 이상세계를 종교에서 추구하고 있다. 즉 세속의 고통을 참으며 선행하고 수도하면 죽어서 또다시 좋은 인간으로 환생한다고 믿고 있다.

영혼은 잠시 육신 속에 거처하고 있다가 육신이 죽으면 영의 세계로 돌아가고 윤회의 수레같이 돌고 돌다가 다른 환경 속에서 다시 태어난다는 것이다. 그러므로 오체투지예는 내세를 위한 고행이 된다.

나취(那曲)에는 오후 6시 20분에 도착, 낯익은 나취빈관으로 갔다.

## 382 철교에서

6월 22일, 오늘은 쟈충으로 가는 날이다. 나취에서 쟈충까지는 약 260km, 안두어(安多)까지는 아스팔트길로 차로가 좋았지만 안두어부터는 차가 흙탕에 빠지고 길이 좋지 않아 쟈충에는 오후 8시에 도착했다. 이곳의 고도는 해발 4,700m. 유전이 발견되면서 알려진 곳으로 인가는 없고, 초원에 천막이 여기저기 들어서 있고 시추기 몇 대가 작업을 하고 있었다. 일행들은 차에서 자고 나는 천막을 치고 슬리핑백을 깔고 밤을 지냈다.

그 다음날 아침 쟈충을 출발, 지름길로 약 40km를 달려 8시 30분에 쟈장부강(加藏布江)에 이르렀다. 이 강은 탕구라산에서 발원하여 서린쵸(色林錯)로 흘러가는 강이다. 강폭이 약 70m나 되며 황색 흙탕물이 세차게 흐르고, 강 위에는 교각이 철기둥으로 된 철교가 놓여 있다. 다리 상판에는 구멍이 뚫린 철판을 깔아 놓아, 강의 규모에 비해 다리가 허술하여 임시로 가설한 것같이 보였다.

다리 바로 옆에 검문소가 있는데 이곳에서 수양후 출입을 체크하고 있었다. 그 뒤에는 공안원들의 주거용 천막 한 동이 있고 거기서 좀 떨어진 곳에 움막 같은 토담집이 하나 있을 뿐, 사방을 둘러봐도 인근에 인가라고는 없었다.

우리가 다리에 도착하자 공안원 세 명이 천막에서 나왔다. 안내원이 여행증을 보여주자 그들은 무엇을 지적하는데, 내 생각에 무인구로 가려면 라사의 특별허가증이 있어야 하는데 수속과정에서 문제가 있었던 것 같았다. 현지에서 해결할 수 없어 라사에 가서 다시 수속을 밟을 수밖에 없었다.

이곳에서 라사까지의 왕복 거리는 약 1,400km. 주야로 달려도 이틀이 걸린다. 그러나 어쩔 수 없이 다시 갔다오는 수밖에 도리가 없었다. 이렇게 하여 안내원은 라사로 떠나고 나는 안내원이 돌아올 때까지 이곳에서 기다려야만 했다.

일이 이렇게 되고 보니 공안원들이 미안해하면서 움막집을 소개해 주었다. 그 집에는 티베트인 젊은 내외가 살고 있는데 그들은 중국어가 전혀 통하지 않아 대화를 할 수 없었다. 나는 방문 선물로 부인에게 화장품과 거울을 전했다.

이곳은 해발 4,700m로 한낮의 햇빛이 몹시 따가웠다. 갈 곳도 없어 강변을 돌아보았으나 풀 한 포기 없는 황막한 곳이었다. 오후 1시가 조금 지나서 처음으로 트럭 한 대가 왔다. 트럭에는 티베트인과 위구르족 12명이 타고 있었는데, 공안원들이 검문하던 중 네 명한테서 사금(砂金)이 나왔다. 공안원들은 국법을 위반했다며 벌금 2천 위안을 그들에게 부과했다.

그들은 자기들이 직접 체취한 것이라며 불법이 아니라고 맞섰다. 쌍방의 소리가 높아지자 공안원은 천막에서 소총을 들고 나와 총머리로 항의하는 사람들을 사정없이 내리쳤다. 그리고 모두 땅바닥에 무릎을 꿇게 하고 총으로 위협했다. 그들은 꼼짝 못하고 몇 시간을 앉아 있었다.

나는 그들과 함께 있으면서 이 광경을 지켜보고 있었는데 공안원이 외국인인 나를 의식해서인지 내게로 와서 "저 사람들은 금을 가지고 있어요. 국법을 위반하고 있습니다. 벌금을 부과했는데 안 내겠대요."라며 나쁜 사람들이라고 비난한다.

나는 금이 얼마나 되느냐고 물었더니 70g이라고 한다. 70g이라면 얼마 되지도 않은 양이지만 법은 엄한 것 같았다. 결국은 벌금 2

천 위안을 내고 오후 6시 내가 왔던 길로 가버렸다. 그들이 가고 나니 382 철교는 다시 고요해졌다.

나는 움막집으로 가서 서울서 가지고 온 쌀로 저녁준비를 하고 있는데 집주인 남자가 숫돌에 칼을 갈고 있었다. 그때까지도 별로 관심을 갖지 않았으나 식사 후에 다시 칼을 가는 것이 왠지 석연찮게 생각되었다. 혹시 아침에 부인에게 선물을 준 것이 오해를 불러일으킨 것이 아닌가 하는 생각이 들자 도저히 이곳에서 잠이 오지 않을 것 같았다. 과민한 생각일 수도 있겠으나 그들과 밤을 같이 지낸다는 것이 불안했다. 그래서 지체하지 않고 슬리핑백을 들고 나와 초소 공안원 천막으로 가서 양해를 구하고 공안원들과 같이 자기로 했다.

그 날은 마침 달이 밝아 천막 속을 환하게 비쳐 들어 잠이 오지 않아 밖으로 나왔다.

지구상에서 가장 오지인 이곳에서 바라보는 밤하늘! 밝은 달이 검은 하늘의 중천에 걸려 있고 온 하늘에는 수억만 개의 별들이 보석을 박은 듯 꽉 차 있었다. 그 중에 금성은 유달리 가깝고 커서 티베트 북쪽 하늘이 특이하게 빛났다. 잠깐 동안이지마는 길게 빛을 남기고 사라져 가는 유성들! 참으로 신비스러운 밤이었다. 나는 일찍이 이토록 찬란한 별빛이 쏟아져 내리는 것을 처음 보았다.

태고의 밤도 이러했겠지! 나는 마치 원시의 밤을 소요하고 있는 듯 멋진 밤을 보냈다.

6월 24일 새벽 6시 10분쯤, 공안원의 큰소리가 들려왔다. 급히 밖에 나가 보니 우리 지프가 멀리서 먼지를 일으키면서 달려오고 있었다. 지프에 탄 안내원 펑씨가 손을 흔드는 모습으로 보아 갔던 일이 원만히 해결됐다는 신호 같아 마음이 놓였다.

잠시 후 차가 도착하고 서류도 완비되었다.

나는 어떻게 빨리 돌아올 수 있었느냐고 물었더니, 그의 말에 따르면 나취 공안국에서 라사 당국에 직통전화를 걸어 신속히 처리할 수 있었다고 한다. 나는 그분들과 작별 인사를 하고 드디어 382 철교를 건널 수 있었다. 이때가 6시 30분이었다.

이곳에서 수앙후까지는 약 262km, 다리를 건너서 달리는데 고원은 어느덧 파릇파릇한 새싹이 돋아난 풀밭으로 변하고 있으나 아직도 시든 누런 풀밭이 주조를 이루고 있었다.

무엇과도 비교할 수 없는 광활하고 더럽히지 않은 깨끗한 이곳의 경관은 모두가 독특하고 청신하기만 하다.

서울에서 수앙후를 상상하며 동경했을 때 그곳은 아득히 먼 세상에서 단절된 끝없이 넓고 황량한 눈바람이 마구 불어대는 궁벽한 곳으로만 상상했다. 그러나 실제 무인구에 들어와 보니 호수가 있고 강이 흐르고 목초가 있고 꽃이 피고 야생 짐승들이 뛰노는 평화로운 땅이었다. 이곳에 서식하는 동물들은 야생 당나귀와 황양, 영양들로 이들은 차가 지나가도 조금도 두려워하지 않는다. 하기야 이곳에는 몇 주일에 한 번씩, 긴 겨울에는 몇 달에 한 번씩 차가 다닐 정도이니 짐승들이 차를 두려워할 리 없다. 나는 마치 새로운 천지에 들어선 듯 가도 가도 끝없는 초원을 감동에 젖어 달리다가 한 언덕을 넘어서니 왼쪽으로 그리 크지 않은 호수가 하나 보였다. 호반에는 유목민의 집 한 채가 있고 지붕에서 파란 연기가 솟아오르고 있었다. 호숫가 저쪽에는 목이 검은 학들이 노는 아름다운 곳이었다.

그대로 지나칠 수 없어 차를 몰고 언덕 밑으로 내려갔다. 차가 집앞으로 다가가자 유목민 가족이 우르르 몰려나왔다. 가족은 어린이까지 합쳐서 7명인데, 그들은 모두 머리가 흐트러져서 자연인의 모습이었다. 모처럼 만난 유목민 가족에게 "닌 하오(您好, 안녕하십니까)" 하고 인사를 하니 그들은 어리둥절해 했다. 옆에 있던 안내원이 "저 분은 한국인인데 중국말을 잘합니다."라고 소개하였다. 나는 고국을 떠날 때 크라운제과에서 선물로 준 초콜릿을 그들 가족에게 주었다. 그들은 그것을 받고 어린아이처럼 반가워했다.

티베트는 고도가 높기 때문에 평지보다 자외선이 15% 정도가 강하다. 그들은 자외선에 타고 때가 긴 얼굴이지만 눈빛은 맑았다. 그리고 순수한 성품은 어디서 만나도 정이 가고 격의 없이 가까이 할 수 있어 좋다.

소년은 벌써 과자봉지를 뜯어먹는데 아마도 생전 처음 먹어보는지 신기한 듯 맛있게 먹고 있었다. 그들은 나를 집으로 안내하였다. 티베트인의 가옥은 일반적으로 2층집이다. 그러나 유목민들의 가옥은 평옥이다. 돌과 흙벽돌을 쌓아 짓고, 지붕은 나무 또는 나뭇가지를 깔고 그 위에 흙을 덮는다. 그리고 가옥의 방향은 남쪽 또는 동남쪽을 향하고 서쪽으로는 하지 않는다. 이런 점은 한국과 공통점이 있다. 방에 들어가면 벽쪽으로 나름대로의 방식으로 ㄷ자 또는 ㄱ자로 된 침실이 있고 그 침실에는 카펫이 깔려 있다. 침실 가까운 곳에는 난로가 있고 그 앞에 가장의 의자가 놓여 있다. 난로에는 항상 야크 똥으로 불을 피우고, 그 위에 수유차를 만들기 위해 물을 끓이는 주전자와 냄비가 놓여 있다. 방의 측면에는 장롱이 놓여 있고 선반에는 놋쇠그릇과 주발, 주걱 등 식기류와 구석에는 수유를 만드는 쉐퉁(雪筒)과 퉁무가 놓여 있다. 실내 중앙에는 경단이 위치하고 그 위에는 공양물이 놓여 있다. 경단 뒤의 벽에는 티베트인들이 심벌처럼 섬기는 '캉린보체(Kangrenbotse)'의 사진이 걸려 있다. 그리고 야크기름 등잔이 항상 불을 밝히고 있다.

그들은 나를 윗자리로 안내하였다. 이어 안주인이 수유차를 따라 주었다. 수유차 먹는 데 익숙해진 내가 한 잔을 다 마시니 그들은 다시 찻잔에 가득 채워 주었다.

티베트인들이 일상생활에서 즐겨 먹는 차는 수유차로서 이 차는 티베트인들에게 없어서는 안 되는 음료이다.

수유차를 만드는 방법은 우선 야크나 양의 젖을 받은 후 양가죽 자루에 넣어 하룻밤을 삭힌다. 그리고 쉐퉁이라는 나무통 속에 넣고 쟈루어(甲羅)라는 작대기로 수백 번 휘젓는다. 그러고 나면 물과 기름이 분리되어 위에는 한 겹의 황색 지방질이 떠오르게 되는데, 그것을 걷어서 가죽자루에 넣고 냉각시킨 뒤 노랗게 굳어진 것을 '수유(酥油)'라고 한다. 그런 다음 밑에 가라앉은 덩어리를 부숴 태양에 말리면 치즈가 된다. 수유를 다시 수유차로 만드는 방법은 차(茶잎을 쪄서 벽돌 모양으로 굳힌 것)를 한줌 물에 넣고 끓이면 진한 차수가 되는데 그 찻물을 퉁무에 넣고 수유와 식염을 넣어 쟈루어로 잘 섞이도록 아래위로 휘저어서 다시 주전자에 넣어 끓이면 맛있는 베이지색의 수유차가 된다.

수유차는 수유가 들어 있기 때문에 열량이 높다. 단백질과 미량의 금속원소도 함유되어 있어 마시면 건강에도 유익하고 추위를 쫓을 수 있어 한랭한 지역에서는 적합한 음료가 아닐 수 없다.

티베트인들이 수유차를 마시는 데는 일련의 규칙이 있다. 일반적으로 단숨에 다 마시지 않고 조금씩 마시면서 첨잔(添盞)을 한다. 그러면 주인은 언제나 잔에 꽉 차게 채워준다. 그러나 마시고 싶지 않을 때는 그대로 두어도 된다. 만일 먹던 잔에 주인이 다시 차를 채워 놓았다면 그냥 두었다가 헤어질 때 다 마시고 잔을 비워주는 것이 티베트인의 차 예의이다.

티베트인들은 매일 아침에 반드시 몇 잔의 수유차를 마시고 하루에 평균 30잔 정도를 든다. 이와 같이 수유차는 티베트인에게 일상생활에서 없어서는 안 되는 주요한 차이다.

그런데 차를 나르는 여인의 치마폭에서 짤랑짤랑 방울소리가 울렸다. 자세히 보니 치마 앞자락 양쪽에 작은 방울이 10개씩 달려 있는데 걸을 때마다 방울소리가 울린다.

티베트 여인이 방울을 달고 다니는 이유는 무엇일까? 그것은 첫째 멋스러움이다. 예쁜 아가씨들이 고운 옷을 입고 초원에서 방울소리를 울리며 춤을 춘다면 얼마나 멋있을까! 하고 생각해 보았다. 그런가 하면 방울은 고원에서 자기 위치를 알리는 신호이기도 하고 사나운 짐승이 접근 못하게 하는 경고음 같은 역할을 하기도 한다.

여하튼 차를 나르는 아가씨의 치마에서 짤랑짤랑 울리는 방울소리는 듣기도 좋고 정취가 있었다.

나는 유목민 집을 나와 호숫가로 내려갔다. 호반에는 키가 작은 파란색과 노란색의 아이리스 꽃들이 무수히 피어 있었고 맑은 물속에는 물고기들이 떼지어 다니는 모습이 훤히 보였다.

다시 길을 떠나 천상과 같은 초원을 달리는데 얼마 안 가서 우측 산밑에 유목민 집이 또 한 채 보였다. 아침 운무가 자욱한 초원에 양 떼들이 흩어져 풀을 뜯고 있는 모습은 한 폭의 그림이었다. 연속 감탄을 하면서 한 시간쯤 달려 뚜어마(多瑪)라는 마을에 도착하니, 이곳에는 인가가 20여 호 자리하고 상점도 한 군데 있었다. 앞으로는 인가도 없는 무인구라고 하기에 이곳에서 라면을 끓여 먹고 수앙후로 향했다.



수앙후 지역에는 세계적으로 희귀한 동물들이 군집해 살고 있었다. 이곳의 주요한 동물로는 티베트 야생 당나귀, 야생 야크, 티베트 영양이 있다. 이들 동물을 일컬어 무인구의 3대 3족이라 한다. 그리고 사슴, 산양, 여우, 곰, 늑대, 시라소니, 노루, 치비(토끼보다 약간 크고 꼬리가 길고 황색임) 등의 야생 동물이 서식한다.

382 철교를 건너서 수앙후까지 가는 동안에 야생 동물들을 자주 만나게 되었는데 자주 출현하는 동물은 야생 당나귀와 엉덩이가 흰 황양, 여우, 늑대, 치비 등이다.

그 중 가장 준수한 동물은 티베트 야생 당나귀로서 말보다 풍채가 더 뛰어나 유목민들은 야생마라고도 부른다. 그러나 티베트에서는 실제 야생마가 발견된 적이 없다.

귀가 약간 긴 야생 당나귀는 전신이 회갈색으로 복부와 네 다리가 새하얘서 마치 흰 복대를 두르고 흰 양말을 신은 것 같다. 네 발굽으로 달릴 때면 꼬리가 약간 위로 들려서 전신이 유선형으로 경쾌

수앙후(雙湖)로 가는 길

'94 1 4

천상과 같은 수앙후(雙湖)로 가는 길. 아침 운무가 자욱한 초원에서 양들이 풀을 뜯고 있다. 해발 4,800m

자외선 예방으로 얼굴에 검은색을 바른 창탕고원(羌塘高原) 우라 마을의 유목민

창탕고원(羌塘高原) 너르바띠 마을의 유목민

하고 풍채가 강인해 보였다. 야생 당나귀는 보통 10여 마리씩 무리를 지어 다니기도 하고 70, 80마리씩 떼지어 몰려다닌다.

티베트인들은 야생 당나귀를 사냥하지 않지만 안두어센(安多縣)의 마야족은 가장 즐겨 먹는 육식이 야생 당나귀 고기이다. 고기 맛이 좋고 향도 있고 달콤한 맛이 난다고 한다. 그래서 야생 당나귀는 '마야족의 흑설탕'이라고도 불린다.

두어마를 떠나니 아득한 설산(雪山)만 계속될 뿐 초원에는 양치는 목동도 야크를 방목하는 사람도 없다. 참으로 하늘도 넓고 땅도 넓었다. 가도가도 끝이 없는 고원에 풀이 짧게 자란 초원에는 황양과 당나귀들이 무리 지어 뾰족뾰족 돋아난 풀을 뜯고 있었다. 이 동물은 선택성이 강해서 물이 있고 풀이 있는 곳이면 어디서나 볼 수 있다. 아리지구의 황양은 차소리만 나도 도망을 가는데 이곳에서는 차가 지나가도 목을 길게 빼고 쳐다보다가 차 경적을 울리면 그때서야 도망을 친다. 그 속도는 대단히 빨라 족히 시속 60km는 되는 것 같았다.

토끼와 꼬리가 없는 들쥐도 많이 볼 수 있었고 가끔 늑대도 나타났다. 운전사가 "랑", "랑"이라고 부르는데 우리 눈에는 못생기고 사나운 큰 개같이 보였다. 그러나 힐끔힐끔 돌아보는 눈은 늑대답게 날카로웠다. 여우도 있는데 그 놈은 약아서 적어도 200m 이상 떨어진 곳에서 목격되었다.

그리고 죽은 짐승의 뼈가 여기저기 흩어져 있고, 그 중에 꾸불꾸불한 야크의 뿔과 앙상한 흰 갈비뼈가 널려 있었다.

6월 24일 오후 3시 10분, 드디어 수앙후에 도착했다. 382 철교에서 약 9시간 동안 262km를 달려온 것이다.

그러면 수앙후는 어떠한 곳인가? 전에도 잠깐 언급했지만 수앙후는 원래 수앙후 반스추(雙湖辦事處)라고 한다. 최근에 와서 티베트 당국은 무인구를 개발하기 위해 새로 현급으로 수앙후 특별구를 신설하였다.

총 면적은 10만km²이고, 인구는 8천여 명이다. 수앙후는 티베트어로는 두 개의 호수라는 뜻이며, 평균 해발 4,800m. 북으로는 쿤룬산맥과 커커시리(可可西里) 산맥, 그리고 신비의 산 서우강르(色烏崗日, 6,100m)와 장서강르(藏色崗日, 6,460m)가 있고, 호분지대가 많다. 그 중에 메이르체쵸(美日切錯) 호수는 호면의 고도가 5,400m이다. 기후는 8월 말부터 땅이 얼기 시작하면 겨울이 길고 여름은 없다. 지하자원(사금, 소금, 옥석)이 풍부하며 야생 동물의 낙원이라 할 수 있다. 도로는 이곳까지 새로 생긴 간이도로 하나가 있을 뿐, 수앙후 이원(以遠)은 사람도 살지 않는 지도의 공백지대이다.

그토록 그리던 수앙후, 그 멀고 먼길을 갖은 고생을 하면서 달려온 수앙후가 아닌가? 수앙후(雙湖)는 나에게 이렇게 이야기하고 있는 것 같았다.

"자네, 드디어 왔군. 한국인은 처음이야."

이날은 나에게 영원히 기록될 날이다. 나는 꿈만 같아 차에서 내려 주위를 살펴보았다. 그러나 그토록 기대하고 찾아온 수앙후의 첫인상은 적막한 풍경이었다. 땅은 메마르고 새싹이 돋아난 풀밭은 아직도 누런색의 풀이 주종을 이루고, 그 사이에 목초가 드문드문 돋아 있는데 짧아서 바람이 불어도 흔들리지 않는다. 마을로 들어가니 눈에 보이는 것은 몇 채 안 되는 허름한 연립주택이 있을 뿐 인간의 온기는 없는 것 같았다. 골목을 나오니 두툼한 양털 외투를 입은 한 여인이 양지바른 흙 담장 밑에 앉아서 야크 털실을 고르고 있는 모습이 마치 원시의 풍모를 보는 것 같았다.

우선 숙소부터 정하고 안내원과 같이 이 지역의 행정책임자(區長)를 예방했다. 그러나 구장은 출타중이고 집에 없었다. 다음날 다시 오기로 하고 이곳에 하나밖에 없는 식당에 가서 식사를 시키고 있는데 어떻게 알았는지 공안원이 찾아왔다. 여권을 보여주고 내가 이곳에 온 목적을 이야기하며 어디로 가면 쉐렌화(雪蓮花)를 볼 수 있느냐고 물었다. 그는 안어산(安峨山)으로 가라고 했다.

우리는 식사를 마치고 트럭과 쿡을 숙소에 남겨둔 뒤 안내원 펑 씨와 지프 운전사 그리고 트럭 운전사를 데리고 지프를 타고 북쪽 고원으로 달렸다. 이곳은 해발 5,000m로 정말 망망한 고원이다. 고원에는 군데군데 녹지 않은 빙설이 있고 차가 다니던 길이 있었다. 안내원에게 무슨 길이냐고 물으니 그것은 이곳 사람들이 야생 야크를 잡느라고 다니던 길이라고 한다. 길을 따라 얼마를 가다 마침 양떼를 몰고 오는 유목민을 만나 안어산이 어디냐고 물었다. 그는 손을 들어 저 산 너머에 있다고 가르쳐 주었다. 바라보니 안어산은 보이지 않고 2km쯤 떨어진 곳에 돔같이 생긴 두 개의 봉우리가 있는데 산세가 완만하여 산행하기에 별 어려움이 없어 보였다. 우리는 차를 몰고 올라갈 수 있는 데까지 올라갔다. 그러나 올라갈수록 땅에 습도가 많아 적당한 곳에 차를 세웠다. 해발고도는 족히 5,200m는 되는 것 같았다. 우리는 지프 운전사를 두고 산행을 시작했다. 이

때가 오후 5시가 좀 지났는데 빙설이 녹아 흐르는 물줄기를 따라 약 4, 50분쯤 걸어 설원에 이르렀다.

바라보니 돔 같은 봉우리는 석양의 빛을 받아 유난히 빛났다. 우리는 오른편 산밑으로 갔다. 거기는 양지바르고 굵은 바윗덩어리들이 있었다. 바윗돌들이 바람을 막아주고 온기를 품고 있어 그런지 주위에는 눈 녹은 곳이 있는데 그곳에서 희귀한 식물을 볼 수 있었다.

이곳은 사계절 눈이 내린다. 겨울에는 영하 30도의 혹한이 몰아치는 곳이다. 모든 식물은 비옥하고 따스한 바람이 부는 곳에 정착하는데 하필이면 이 식물은 영구히 얼어붙은 동토에 존재하는가? 나는 식물을 찬찬히 들여다보았다. 키는 6cm 정도 되고 두상화서로 꽃이 피었는데 화륜의 지름이 3cm이고 꽃 색깔은 회색 꽃잎에 아주 연한 주홍색이 들어 있었다.

형태는 마치 백일홍처럼 생겼으며 그렇게 아름답지는 않으나 항한성이 강한 식물같이 보였다. 안내원에게 무슨 꽃이냐고 물어보았더니 쉐렌화라고 한다. 쉐렌이라면 긴 풀솜털이 있을 것이라 생각했는데 솜털은 없고 언뜻 알아보기 어려울 정도의 아주 미세한 풀솜털이 덮여 있었다.

### ● ─── 안어산(安峨山)의 시련 ●

그러면 쉐렌화는 어떤 식물인가? 티베트에는 쉐렌화 종류가 20여 종 있다. 외형적으로 그 자태가 고고하고 매우 아름다울 뿐만 아니라 한약재로서도 특수한 질병을 치료하는 높은 약용 가치를 갖고 있다. 그러므로 티베트에서는 쉐렌화(雪蓮花)를 설산의 삼보(三寶)라고 한다.

형태는 고도와 지역에 따라 다르다. 대개는 원형이고 몇 종류는 타원형도 있다. 크기는 24cm 되는 것이 있으며 어떤 종류는 솔방울 정도로 작은 것도 있다. 원형으로 된 쉐렌은 화두에 20~30개의 꽃방이 구성되어 있고, 타원형의 쉐렌은 화서(花序)에 약 20~30개의 꽃방이 있다. 꽃 색깔은 고운 자홍색, 홍색, 엷은 황색, 분홍색, 흰색 등 다섯 가지 색으로 구성되어 아름답게 조화를 이루고 있다. 쉐렌의 특징은 흰풀 솜털이다. 온몸에 풀솜털이 솜뭉치처럼 빽빽하게 감싸고 있어 생기가 넘치고 유연한 자태를 지니고 있다. 솜털은 낮에는 따뜻한 햇볕을 받아들이기 위하여 퍼지고, 밤에는 닫히면서 수분과 온기의 증발을 막고 자기 보호하는 역할을 한다.

꽃은 8월 중순에 피고 종자는 9월 하순에 결실되며 종자에 관모가 있는데 바람에 날려 먼곳으로 날아가 정착한다. 그러나 이 식물은 높은 곳이라고 해서 아무 곳에나 존재하지 않는 것이 쉐렌의 특징이라고 하겠다.

티베트 유목민들은 이 꽃을 '메이토우강라(梅朵岡拉)'라고 하는데 이는 설신(雪神)의 꽃이라는 뜻이다.

나는 이곳에서 세 개를 채집했다. 해발 5,400m, 내가 지금까지 채집한 식물 중에서 제일 높은 곳에서 채집한 셈이다.

그렇게 하는 동안 어느새 구름이 덮이기 시작하고 눈발이 날려 나는 안내원에게 이제 내려가자고 했다. 그들은 이왕 이곳까지 왔으니 좀더 캐 가지고 가겠다고 하기에 혼자 먼저 내려왔다. 이때가 오후 7시 50분이었다. 그런데 9시가 되어도 두 사람은 감감무소식이다. 나는 은근히 걱정이 되기 시작했다. 아침에 두어마(多瑪)에서 검은고양이가 길을 끊고 건너 불길한 생각이 들었는데 그 일이 생각났다. 기사도 가슴을 태우며 산언덕을 돌아보고 왔다. 나는 시간이 갈수록 내려올 때 같이 오지 않은 것이 후회스러웠다. 차안에 앉아 있을 수도 없어 다시 구릉지대로 올라가 야호! 야호! 하고 크게 외쳐 보았으나 그 소리는 이상하게도 어디로 빨려가듯 짧게 소멸되어 갔다. 날은 이미 어둑어둑하여 방한복을 입고 있어도 한기가 살 속으로 파고들어 산등성이에 서 있을 수가 없었다. 차에 돌아와 시계를 보니 벌써 10시가 지났다.

이제는 불길한 생각마저 들어 그들이 영영 돌아오지 않으면 어떻게 할 것인가? 하는 불안이 더욱 고조되었다. 별의별 상상을 다하였다. 만약 그들이 조난당했다면 장례는 어떻게 치를 것이며, 위자료는 어떻게 처리할 것인가? 그리고 서울의 각 신문에서 '박철암, 티베트 꽃을 찾아다니다가 사람 죽이다' 라고 대서특필할 것을 생각하니 눈앞이 캄캄해졌다.

참을 수 없는 불안이 엄습해 왔다. 나는 내 마음을 어찌할 수 없어 차안에 들어가 하나님께 간절히 기도를 드렸다.

"하나님, 제 불찰로 티베트인 두 사람을 산에 두고 왔습니다. 그들의 길을 인도하여 살려서 돌아올 수 있게 해 주옵소서."

기도를 드리고 나서 산언덕 좀더 높은 곳으로 헐떡이며 올라가 다시 야호! 야호! 하고 부르짖었으나 그 소리는 빨려가는 듯 찰나에 소멸되고 메아리로 사라져갈 뿐 대답이 없었다. 나는 극도의 불안이 몰려와 또다시 안어산 쪽을 향하여 "하나님, 그들을 살려보내 주옵소서." 하고 안타깝게 부르짖었으나 아무 대답은 없고 날은 이미 어두워 다시 산으로 올라갈 수도 없었다. 나는 지프 운전사와 의논했다. 그들이 혹시 방향을 잃고 헤맬 수도 있으니 차가 올라갈 수 있는 곳까지 올라가 라이트 불을 켜놓고 기다리자고 했다. 그래서 우리는 산등성이로 차를 몰고 올라가서 안어산 쪽으로 라이트 불을 켜 놓았다. 그들이 방향을 잃고 있었다면 이 불빛을 보고 찾아오리라고 믿었다.

밤은 점점 깊어가고 아무 소식이 없어 이곳에 온 것이 후회스러웠다. 이제나저제나 하며 살을 깎는 듯한 시간이 얼마나 지났을까! 갑자기 라이트 불 저쪽 끝에서 물체가 나타났다. 우리 안내원이 틀림없었다. "저기 우리 대원이 온다."라고 소리쳤다. 운전사도 달려나갔다. 그때 그 순간의 기쁨을 어떻게 표현할 수 있으랴! 나는 먼저 하나님께 감사드렸다. "하나님 감사합니다. 정말 감사합니다."라고 큰 소리로 외쳤다.

그 날의 나의 수첩에는 다음과 같이 기록하고 있다.

"나는 그들이 돌아온 것이 너무 기쁘고 고마워 그들을 위해서 무엇이라도 해주리라."

그리고 나서 10여 일 후 티베트를 떠날 때 나는 감사의 표시로 안내원 펑씨에게는 비디오 카메라를, 그리고 트럭 운전사와 지프 운전사에게는 비디오 카메라에 해당하는 사례를 했다.

그들은 쉐렌화를 캐느라고 늦었다고 한다. 그리고 지프의 불을 보고 하산하는 데 도움이 되었다고 하였다. 이렇듯 안어산은 나에게 커다란 시련을 퍼부었던 것이다. 그러나 이 비범한 몇 시간의 경험은 나로 하여금 평생 잊을 수 없는 특별한 추억이 될 것이다.

6월 25일, 일찍 일어나 식사를 하고 수앙후 구장댁을 방문했다. 체격이 좋은 그는 만면에 미소를 띠며 반갑게 맞아주었다. 그리고 온화한 인상이 소탈해 보였다. 나는 선물도 떨어져서 볼펜 두 개를 드렸다.

"索巴先生, 您家裏有孩子吧! 這是小意思, 送給孩子." 하고 드렸다.

그는 자기 이름을 어떻게 아느냐고 묻는다. 나는 안내원으로부터 존함을 들어 알고 있었다고 했다. 그는 어디로 가느냐고 묻기에 니마(尼瑪)로 간다고 했더니, 자기도 오늘 니마로 출장가는데, 박 선생이 어제 왔던 길로 니마까지 가려면 600km가 넘어 하루에 갈 수가 없다고 한다. 그가 가는 지름길은 지도에도 없는 곳이라고 했다.

나에게는 뜻밖의 행운이 아닐 수 없었다. 이리하여 수앙후에서 미지의 지역을 탐사할 수가 있었다.

정각 8시 수바(索巴) 구장은 작업복 차림으로 나왔다. 모자는 캡을 썼는데 풍채가 돋보였다. 수바는 일제 신형 도요다를 가지고 있었다. 잠바를 입은 운전사는 구장보다 키가 크고 우락부락하게 생겼다. 수바 구장은 차에 오르며 우리 차 운전사에게 따라오라고 이른 뒤 출발했다.

수앙후의 아침은 청명하였다. 아침해가 떠오르면서 설산들이 모두 연한 붉은색으로 물들기 시작했다. 어제 하루 동안에 일어났던 일들이 주마등처럼 뇌리를 스친다.

나는 수앙후를 떠나면서 고별의 인사를 하지 않을 수 없었다.

"수앙후여, 오늘 또 너의 깊은 품안으로 들어가게 되었어!

두 팔을 벌리고 나를 안아주렴.

나는 너를 결코 잊지 못할 거야.

잊을 수 없지. 고마웠어. 잘 있어!"

우리는 어떤 방향으로 가는지도 모르고 앞차를 따라 호젓한 초원의 작은 길을 달리고 있었다. 태고의 정적이 밀려왔다. 나는 무엇 때문에 미지의 고원을 달리고 있는가? 갑자기 마음이 울적해졌다. 운전기사에게 음악을 듣고 싶다고 했다. 나는 티베트에서 가끔 듣고 싶은 노래가 있다. 잠시 후 이미자의 목소리가 카세트에서 흘러나왔다. 내가 좋아하는 '황성 옛터'이다. 티베트에서 외롭고 고독할 때면 이 노래를 듣는다.

지금으로부터 55년 전의 일이다. 나는 일제가 지배하던 암울한 고난의 시대에 청년기를 보냈다. 일제가 패전하기 3년 전, 나는 독립단을 찾아 만주로 먼길을 떠난 적이 있다. 만주 넓은 땅에서 독립단을 찾아 헤매던 그 시절, 만주의 허허벌판에 우뚝 서 '황성 옛터'를 부르며 얼마나 조국을 그리며 만주 땅을 울고 헤매었던가.

그런데 50년 후 지금 황막한 수앙후 고원에서 왜 또 이 노래를 들으며 눈물을 흘리는지! 젊은 시절이나 지금이나 내가 걸어온 길을 후회해 본 적이 없으나 나도 모르게 흐르는 눈물을 자제할 수 없었다.


### ● —— 야생 야크를 만나다 ●

이곳 미지의 길은 천상의 고원을 가는 것 같았다. 가도 가도 사람이 사는 곳은 한곳도 없고 짙푸른 초원에는 형형색색의 꽃들이 피어 있었다. 나는 가끔 차를 세우고 꽃을 수록했다. 꽃을 찍으려면 4, 5분씩 걸리므로 그때마다 구장 차는 차를 세우고 기다려 주었다.

어디론지 넓은 산협을 지나가는데 선두 차가 갑자기 차로를 바꾸어 길 없는 초원을 달려갔다. 수바 구장이 무엇인가를 발견한 것 같았다. 우리도 그 뒤를 따랐다.

앞차는 얼마쯤 가더니 산비탈 가까운 곳에 이르러 차를 멈추었다. 시력이 좋은 수바 구장이 차에서 내리더니 산비탈을 보면서 무엇인가를 응시하고 있었다. 무엇이 있느냐고 물었더니,

"박 선생님 저기 산비탈을 보세요. 소 한 마리가 누워 있지요. 저놈이 야생 야크입니다. 매우 큰데요, 체중이 1,000kg은 될 것 같습니다."라고 말한다.

나는 티베트에 올 때마다 야생 야크 만나기를 원했는데 오늘 이곳에서 만나게 되다니 몹시 반가웠다. 수바 구장과 나는 야크가 공격해 오면 피할 것까지 염두에 두고 100m까지 접근했다. 야크는 우리가 다가가자 갑자기 일어서서 우리를 노려보고 있었다. 일어선 체구가 대단히 커 보였다. 전신은 검은 털이 덮여 있고 복부의 털은 땅에 끌리도록 드리우고 있었다. 특히 머리의 뿔이 커서 사납고 당당하게 보이는 체구였다. 수바 구장은 "저놈은 수놈인데."라고 말한다. 나는 급히 사진 두 장을 찍었다.

수바 구장은 "박 선생님은 행운이십니다. 우리들도 잘 보기 어려운 야생 야크를 보았으니……"라고 하면서 계속 말을 잇는다. 그의 말에 의하면 야생 야크는 티베트어로 '중(仲)'이라고 한다. 생김새는 가축으로 기르는 야크와 조금도 다른 점이 없지만 단지 골격과 키가 크며 뿔이 크다. 고기가 향기롭고 맛있다. 털은 천막이나 밧줄

을 만드는 데 사용하고, 가죽으로는 천막을 만든다. 특히 야크 천막은 방풍과 보온이 잘 되어, 눈 녹은 물도 스며들지 않는 최고로 좋은 천막이 된다고 한다. 또 가죽으로는 구두창을 만들고, 왼쪽 뿔로는 양이나 야크 젖을 받아 담는 용기로 사용한다. 뿔에 육자진언을 새기면 그들이 섬기는 숭배물이 되기도 하고 여인들은 야생 야크 쓸개로 머리를 감으면 머릿결이 까맣고 윤기가 난다고 한다.

야생 야크는 일년 내내 산비탈에서 살며 '빵자초(邦扎草)'라는 연한 풀을 즐겨 먹는다. 여름에는 이빨로 뜯어 먹고 겨울에는 건초가 따로 없고 마른 풀을 강한 혀를 핥아먹는다.

야생 야크의 혓바닥은 강철로 만든 빗과 같아서 혀로 한번 핥으면 피부가 벗겨지고 뼈만 앙상하게 남는다. 야생 야크의 공격 방법은 세 가지가 있는데, 첫째는 뿔로 받고 두 번째는 발로 차고 세 번째는 혓바닥으로 핥는다. 사람을 공격할 때 사람이 움푹 파진 구덩이에 숨으면 뿔로 받을 수도 없어 철판 같은 발굽으로 짓밟고 혀로 핥는다. 한 번 사람의 머리를 핥으면 머리털이 다 벗겨져 해골처럼 된다고 한다.

이와 같은 야크의 혀에는 강철과 같은 단단한 가시가 있어, 유목민 여자들은 야생 야크를 잡으면 혀를 잘라서 말린 후에 머리 빗으로 사용한다.

그러나 야생 야크는 사나운 짐승이며 일단 돌진해 오면 도망가야지 당해낼 방법이 없다고 한다.

수바 구장의 이야기로는 확실한 숫자는 아니지만 현재 창탕고원에 약 2천~3천 마리가 있는데 밀렵꾼들이 몰래 총으로 잡고 있어 그 숫자는 날로 줄어들고 있다고 한다.

우리가 더욱 가까이 접근하려고 하자 이쪽을 경계하고 있던 야생 야크는 갑자기 뛰기 시작해 산 너머로 도망쳐 가고 다시는 볼 수 없었다.

### ● ──── 야생 당나귀 ●

차는 다시 대초원을 질주하고 있었다. 이번에는 야생 당나귀 무리를 만났다. 30마리가 넘는 당나귀가 떼지어 모여 있는데, 그놈들은 원래 흥미가 많은 동물로 차가 지나가도 태연하게 쳐다보고 있다가 그 중 무리에서 벗어난 한 마리가 거리낌없이 차 바로 옆으로 달려와 차와 같이 뛰기 시작했다. 그놈은 마치 달리기 경주라도 하듯 차와 평행선을 유지하며 경쾌하게 뛴다.

우리 차는 일제 도요다 차로 그때 속도가 약 40~50km로 달리는데 당나귀도 같은 속도로 뛰고 있었다. 우리가 속도를 좀 늦추면 그놈도 따라서 늦추고 빨리 가면 빨리 뛴다. 숨도 차지 않은 듯 약 100m를 같이 달리다가 차의 속도가 좀 떨어지는 듯하면 잽싸게 차 앞을 가로지른다. 그런 지프를 쳐다보는 모습은 "내가 너보다 빠르지." 하고 승리감에 만족해하는 것 같았다. 그러고 나면 어디선가 또 한 마리가 나타나서 차와 경주를 하는데 야생 당나귀는 승부욕이 강한 것 같았다.

나는 운전사 보고 당나귀를 추격하라고 했다. 차가 속력을 내서 10m까지 바싹 다가가서 당나귀 엉덩이를 사진찍으며 쫓아갔다. 당나귀는 그제서야 어쩔 줄 모르고 도망쳐 갔다. 정말 이곳은 야생 동물들이 자유로이 뛰노는 동물의 낙원이었다.

수앙후(雙湖) 지역의 야생 당나귀

우리는 인가도 없는 황무한 지역을 몇 시간을 달렸다. 어느 한곳에 이르니 멀리 나지막한 설산들이 둘러 있고 그 안에 분지처럼 생긴 곳이 있었다. 토질은 적황색이고 풀은 드문드문 나 있었다. 고도는 해발 4,800m는 될 듯싶었다. 그런데 그 넓은 분지 같은 곳에서 안개 같기도 하고 백기 같기도 한 운무가 깔려 있었다.

운무 같으면 높은 곳도 있고 낮은 곳이 있을 터인데 그 기(氣)는 높고 낮음이 없이 유동도 하지 않고 지면에서 3m쯤 차분하게 덮여 있었다. 차에서 내려서 걸었다. 사람이 지나가면 갈라지고 흩어졌다. 그 기(氣) 속을 10여 분 간 차를 몰고 빠져나와 뒤를 돌아보니 그 기는 차분하게 넓은 고원을 덮고 있었다.

도대체 안개 같기도 하고 백기 같기도 한 물체가 무엇인가 아무리 생각해도 불가사의하기만 하다.


● —— **여기는 선경(仙境)** ●

나는 미지의 무인구 지역에 있었다.

몇천 몇만 년 해와 달이 흘러갔어도 아직 원시적 숨결이 그대로 숨쉬고 있는 곳이다. 세상 어느 곳이나 아름다움이 있으면 상대적으로 모자란 곳이 있기 마련인데 이곳은 갈수록 아름다움이 무궁무진한 곳이다.

차는 고원의 정적을 뚫고 남으로 달리는데 멀리 남쪽으로 커다란 설산이 보이기 시작했다. 산 가까이 가보니 높이가 비슷한 연봉들이 남서로 뻗어내려 산세가 험하지는 않으나 신설이 내려 산 전체가 눈에 덮여 있었다. 그 산 바로 밑에는 푸른 호수가 산줄기를 따라 10여 km에 걸쳐 길게 누워 있다. 아마도 빙설이 녹아 내린 물이 고여 자연호수가 된 것 같았다. 그리고 쪽빛 하늘에 아름다운 설산(雪山)의 그림이 청록색의 호수에 드리우고, 또한 호반 언덕에는 유목민의 집이 한 채 있는데 누가 이곳에 터를 잡았는지 그 집은 꼭 있어야 할 곳에 자리잡고 있어 더욱 조화로웠다.

짙푸른 호수와 호반의 난만한 꽃밭! 그곳에 흰 양떼들이 흩어져 풀을 뜯고 있는 모습은 참으로 환상적이었다.

옛날 중국 진(晉)나라 때 무릉인이 물고기를 잡으러 갔다가 길을 잃고 헤매던 중, 산중에서 마침 작은 길목이 있어 배를 두고 길을 따라 들어갔다가 갑자기 별천지 같은 곳을 만났다고 한다. 그곳엔 기름진 토지가 있고 아름다운 꽃과 연못, 복숭아나무가 우거지고 젊은이들은 밭을 갈고 노인과 아이들이 행복하게 살고 있었다고 한다.

그들은 스스로 이르기를 진나라 때 난을 피하여 바깥세상을 모르고 살아온 사람들이었다고 한다. 어부는 며칠을 지체하는 동안 융숭한 환대를 받았다. 어부가 떠날 때 그들이 말하기를, "집으로 돌아가거든 외부인에게 아무 말도 하지 말아달라."고 부탁하더라는 것이다.

어부는 그곳을 나와서 배를 타고 곳곳에 표시를 하고 돌아와서 태수(大守)에게 고했다. 태수는 즉시 사람을 보내어 그곳을 찾아보았으나 찾지 못했다고 한다. 당시 남양(南陽)에 류자기(劉子驥)란 선비가 있었다. 그는 이 소식을 듣고 그곳을 찾아 나섰다가 오래지 않아 병들어 죽었다. 그 후에는 그곳에 가는 길을 묻는 사람조차 없었다고 한다. 이것이 도원기의 요지이다.

일찍이 영국의 한 지질학자가 티베트를 보고 티베트 어느 곳에 '샹그리라'가 있을 것 같다고 말하기도 했다. '샹그리라'는 무릉도원과 같은 의미를 담고 있다.

나는 란우(然烏)의 산수를 항주의 서호에 비유했다. 마팡윙쵸(瑪旁雍錯)를 보고 성호라고 했다. 드넓은 수앙후의 북방 동토지역을 지도의 공백지대라고 했다. 그러면 이곳은 과연 어떤 곳인가?

나는 지금 수앙후 특별구의 일부 지역을 가고 있다. 그러나 그것은 극히 부분적이다. 이곳에서 들은 바에 의하면 무인구에는 불가사의한 곳이 있으니 그곳은 모든 물건이 기능을 잃게 되는데, 시계가 정지되고 자동차도 시동이 걸리지 않는단다. 도대체 어떤 물질이 있어 작용하는 것일까? 이 일련의 현상은 여전히 하나의 미스테리이다. 그리고 더욱더 아름답고 신비한 미지의 세계가 있음을 나는 알고 있다.

그런데 고요한 호반의 집에 갑자기 세 대의 차가 나타났으니 유목민들은 놀라는 표정들이었다. 어린아이들은 겁이 나서 자기 어머니 뒤에 숨어서 머리만 내놓고 있었다. 그러나 수바 구장이 오신 것을 알고는 긴장이 풀어져 떠들기 시작했다.

여자들이 "어서 오십시오." 하며 정중히 인사를 하고 방으로 안내를 하였다.

이 집에는 30대 부부와 20대 부부 두 세대가 살고 있는데 한 가정에 아이들이 하나씩 있었다. 두 여자는 다섯 가지 색이 들어 있는 색동 장포를 입고 머리에 붉은색 스카프를 두르고 허리에는 '훠도오(火刀)'를 차고 있었다. 훠도오는 부싯돌을 말하는데 유목민은 누구나 휴대하는 필수품이다. 두 여인 모두 구김살이라고는 찾아볼 수 없는 천진한 모습이었다.

티베트 유목민의 가옥은 보통 창문이 없거나 작아서 실내는 항상 어둡고 침침하다.

그런데 그 집은 실내가 넓고 큰 유리 창문이 남향으로 나 있어서 밝은 햇살이 따스하게 들어오고, 난로에는 차수(茶水)가 끓고 실내는 수유차 차향이 감돌고 있었다. 부인들은 새 카펫을 깔고 수바 구장을 윗자리로 모신 뒤 풍성한 대접을 하기 시작했다.

티베트인들은 보통 때는 절약하며 생활하지만 손님을 대접할 때는 인색하지 않고 정성스러움으로 대접한다. 그들 두 부인은 수유차를 만들어 내오고 인공적으로 말린 양다리 두 개를 가져왔다. 수바 구장은 허리춤에 차고 있던 칼로 양다리의 살점을 도려서 먼저 나에게 주었다. 티베트에서는 손님에게 가장 좋고 맛있는 부위를 먼저 나누어주는 것이 예의로 되어 있다. 그래서 나는 양고기 중에서도 제일 맛있는 부분을 먹을 수 있었다. 그 맛은 누린내도 없고 향긋했다.

수바 구장과 유목민 사이에는 주로 목축에 관한 이야기들이 오고 갔다. 야크가 금년에 새끼를 몇 마리 생산하고, 양은 200마리가 넘는다고 했다. 특히 금년에는 비가 적당히 와서 목초가 풍성했고 수유생산을 많이 하게 되어 방목이 끝나면 라사의 시장에 내다 팔아 높은 수익을 올릴 수 있다고 한다. 그래서 차와 식량, 옷, 그리고 가전제품을 살 수 있다는 이야기들을 주고받고 있었다.

나는 그들의 대화에서 "금년에는 비가 알맞게 와서"라는 말에 관심이 컸다.

이곳의 연평균 강우량은 150mm 정도이다. 관개시설도 할 수 없는 이곳에서는 천수(天水)를 기다려야 한다. 비가 오지 않으면 목

무인구(無人區)의 풍경

수앙후(雙湖) 지역에서 방목하는 양떼들

초지가 없어지고 멀리 설산이 있는 산골짜기로 양떼를 몰고 가야 한다. 그러나 그것은 한정되어 있다. 어떻게 그 많은 양과 야크를 먹일 수 있겠는가? 그러므로 비는 생명을 지켜주는 생명선과 같은 것이라고 할 수 있다.

나는 그들이 내놓은 양고기와 모모(물만두)를 많이 먹었다. 이제 떠날 시간이 되었다. 이곳의 호수의 이름을 물었더니 '노쵸'라고 하였다. 문득 유우석(劉禹錫)의 시 한 수가 생각났다.

"산은 높은 데 있지 않고 신선이 있으면 명산이다.
(山不在高, 有仙則名)"

참으로 이곳은 선경이며 탈속한 신선이 머무는 곳 같았다. 나는 출발하기 전에 이곳을 기념하기 위해 수바 구장과 사진을 찍고 유목민 가족들과도 사진을 찍었다.

차는 다시 고원을 달려 얼마를 가다보니 그제서야 초원에 인가 한두 집이 보이기 시작했다. 그러나 미로가 있어서 가끔 길을 잃고 분명치 않을 때는 그 자리에 서서 기다리면 선두 차가 돌아와서 인도해 주었다.

이렇게 고원을 달리고 산을 넘으면서 앞차 뒤에서 치솟는 먼지를 따라가는데 어느 구릉 같은 산등성이에 이르렀다. 앞차는 벌써 와 있었는데 우리가 도착하자, 수바 구장이 차에서 내려서 천천히 걸어오고 있었다. 나도 차에서 내렸다. 그는 나의 손을 잡으며,

"여기서 작별 인사를 드립니다. 이곳은 니마(尼瑪)로 가는 외길입니다. 이 길을 따라가면 니마에 도착할 수 있습니다. 우연히 한국

사람을 만나게 된 것을 기쁘게 생각합니다. 다시 수앙후로 오십시오." 하고 언제 준비하였는지 '하다(哈達)'를 나의 목에 걸어주면서 "一路平安" 하고 인사를 한다. 나도 "나는 영원히 수앙후를 잊을 수 없습니다. 참으로 감사합니다(我永遠不能忘記雙湖, 眞是感謝)." 하고 인사를 했다.

생각하면 인연이란 묘했다. 사실 그를 만나지 못했다면 어찌 이 지역을 탐사할 수 있었으랴! 나는 덕분에 세계 역사상 누구도 들어가지 못한 미지의 영역을 탐험하였다.

나는 수바 구장에게 감사의 뜻으로 다시 "짜이지엔(再見)" 하고 인사를 드리고 영로를 내려섰다.

니마에는 오후 9시 20분에 도착했다. 니마는 현청 소재지이다. 강을 끼고 두 마을이 있는데, 강북에 소재지가 있고, 강 이남은 주막집들이 모여 있다. 주변에 큰 금광이 있고 신장공로(新藏公路)의 요충지이다.

1996년 6월, 나는 운부샹(文部鄕)으로 갈 때 이곳 주막집에서 자고 간 적이 있어 그 집으로 찾아갔다. 집으로 들어가니 그들은 매우 반가워했다. 두 자녀가 있는데 여자는 초등학교에 다니고 아들은 내년에 북경대학으로 진학한다고 한다. 그들은 내가 교수임을 알고 숙제를 가지고 왔다. 여학생은 산수 문제를 물어왔고, 남학생은 중국 고금 문학인 중에서 누가 유명하느냐고 묻는다.

"그야 당연히 토오웬밍(陶淵明)을 첫째로 꼽지만 그와 비견할 수 있는 사람은 취웬(屈原)이지! 그리고 송대의 리칭시(李淸照)·우양슈(歐陽修)·수우스(蘇軾), 청조에는 첸첸이(錢謙益)가 있고, 청말에는 캉유웨이(康有爲)·후띠(胡適)·루쉰(魯迅)이지."

나는 주즈칭(朱自清)에 대해서도 이야기해 주었다. 특히 감정이 풍부한 학생시절이니 독서를 많이 하라고 주문했다.

이런 것이 인연이 되어서 그들 가족은 나와 쉽게 어우러졌다. 저녁식사는 모처럼 서울서 가지고 온 쌀로 밥을 짓고 김치에 이곳 돼지고기를 넣어 부글부글 끓였다. 역시 김치찌개는 최고의 음식이었다. 또 미역국도 끓여 먹었다.

그들은 내 잠자리에 대하여 각별히 신경을 쓰고 있었다. 카펫을 새것으로 바꾸고 이불도 새것을 내놓았다. 밤중에 지프 손님이 왔으나 거절하고 돌려보냈다. 이토록 특별히 배려를 해주어서 나는 모처럼 편안히 잠을 잘 수 있었다.

그 이튿날 아침 두 학생이 등교하면서 나의 목에 하다를 걸어 주었을 때, 나는 두 학생에게 "인생이란 큰 포부를 가지고 값지게 살아야 되는 것이니 훌륭한 사람이 되라."고 격려해 주었다.


●———— **가이저(改則)의 밤** ●

앞으로 남은 중요한 일정은 가이저(改則), 루구(魯谷), 카일라스와 푸란(普蘭)을 거쳐 사가(薩嘎), 니라무, 네팔로 가는 일이다.

니마에서 가이저까지는 343km. 주막집에서 학생들과 헤어지면서 곧 가이저로 향했다. 신장공로는 비포장이지만 아스팔트길과 같이 좋은 길이었다. 이따금 고원에는 7차선, 8차선의 차로가 나타나는데 이 길은 운전사들이 넓은 초원을 제멋대로 질주하면서 생긴 길이다. 이쪽 언덕에서 멀리 저쪽 언덕으로 이어지는 8차선 직선 차로들! 통쾌하게 달려 언덕을 넘어서면 다시 나타나는 8차선 차로! 휘

파람이라도 불며 가고 싶은 경쾌한 도로이다. 물론 이런 길이 전부는 아니다. 때로는 산협을 돌기도 하고 하천을 끼고 갈 때도 있고 사계절 내내 눈에 덮인 산을 쳐다보며 전진하기도 한다.

그리고 길가에는 아름다운 꽃밭도 있었다. 학명은 후에 알았지만 '데르모프시스 알피나(Thermopsis alpina)'라는 노란색 꽃이었다. 이런 저런 꽃들이 길가에 만개해 이곳의 아름다운 풍치를 더해 주었다.

가이저에는 오후 8시에 도착했다. 가이저는 현청 소재지며 신장 공로와 루구로 가는 길목이었다. 해발 4,600m로 풍사가 심하여 사람들은 항상 마스크를 하고 있었다.

우리는 초대소에서 겨우 작은 방 하나를 얻어 일행 5명이 같이 자기로 했다. 그런데 오늘밤은 웬일인지 가슴이 더 답답하고 심신이 피로했다. 그리고 가이저의 밤은 추웠다. 그러나 추운 것은 견딜 수 있어도 가슴이 답답한 것은 참을 수 없었다. 그것은 낮보다 밤이 더 심하다는 것을 체험했다. 지금 나에게 필요한 것은 산소이다. 그러나 산소통도 없으며, 빨리 새벽이 오기를 기다릴 뿐이다.

거기에다가 그동안 쌓인 피로 때문인지 오늘은 체력도 한계에 이른 것 같았다. 갑자기 마음이 서글퍼졌다.

이러다가 어느 골짜기에서 쓰러지게 되면 어떻게 되는 것일까? 이런 상태로 고국으로 돌아가 그리운 가족들을 만날 수 있을까? 외로움이 엄습해 왔다. 빨리 돌아가야지! 무사히 돌아가는 것이 지금의 소원이었다.

언제나 어려울 때면 하나님께 매달렸듯이 오늘도 나는 하나님께 기도를 드렸다.

"하나님, 다시는 티베트에 오지 않겠습니다. 제가 집으로 돌아갈 수 있도록 건강을 주시옵소서."

그리고 혼자 불을 지피고 앉아서 곰곰이 생각했다. 이런 상태로 북향하여 루구로 가는 것이 무리라고 생각하고 안내원 펑씨를 깨웠다. 차를 마시면서 루구(魯谷)로 가는 계획을 취소하고 스첸허(獅泉河)로 간다고 통고했다. 참으로 가슴 아픈 일이었다. 나의 계획은 루구(魯谷)로 가서 다시 북상하여 장서강르산(藏色崗日山)을 탐사하려고 했는데 체력의 손실이 커 사정이 부득이해졌다.

안내원 펑씨도 루구 행을 취소하니 좋아했다. 이렇게 하여 루구 행은 중지되었다.

### ● ─── 다시 보는 카일라스산 ●

가이저에서 스첸허(獅泉河)까지는 498km. 하루 일정으로는 먼 길이다.

나는 지난 밤 한잠도 자지 못했다. 시계를 보니 4시였다. 어차피 가야 하는 길. 날이 밝기 전에 서둘러 준비하고 가이저를 출발했다. 오전 10시 엔후(塩湖)에 도착, 아침식사를 하고 다시 끝없는 신장공로를 달리고 또 달려 스첸허에는 8시 30분에 도착했다.

이곳의 해발고도는 4,300m. 티베트 서부에서는 제일 큰 현청 소재지이다. 교육 · 행정기관 등 기본시설은 모두 갖추고 있으며, 호텔과 문화시설도 있다. 가까운 장래에 이곳에 비행장이 건설된다고 하니 그렇게 되면 카일라스산 가는 길이 더욱 단축될 것이다.

나는 스첸허 호텔에 여장을 풀었다. 그러나 숙박자는 나 한 사람

뿐으로 썰렁했다.

　시내 네거리로 가서 한 식당에서 음식을 주문하고 앉아 있는데, 어떻게 알았는지 공안원이 찾아왔다. 그는 이곳 공안국에 근무하고 있다며, 업무관계로 타르첸(Tarchen)으로 가야 하는데 며칠째 차편이 없어 기다리고 있으니 동승할 수 없겠느냐고 부탁했다. 나는 쾌히 승낙을 했다. 이 오지에서 경찰과 같이 있으면 더욱 안전할 것 같았다. 내일 아침 5시 30분 출발할 예정이니 일찍 오라고 약속하고 호텔로 돌아와 그대로 잠이 들었다.

　6월 28일 아침 5시 30분, 공안원과 같이 스첸허를 출발했다. 이곳에서 타르첸까지는 약 331km, 가능하면 푸란(普蘭)까지 갈 예정이었으나 도중 길이 울퉁불퉁하고 트럭이 습지에 빠져 시간이 많이 지체되었다. 타르첸에 있는 강디스빈관(崗底斯賓館)에는 해가 질 무렵에야 도착했는데 운전사가 초행길을 야간에 가는 것은 무리라고 하여 빈관에서 자기로 했다. 이곳은 해발 4,675m로 전에도 언급했지만 티베트인과 인도인들이 숭배하는 신령한 카일라스산과 성스러운 마팡윙쵸(瑪旁雍錯, 마나사로바르) 호수와 라앙쵸(拉昻錯, 범어로는 락사스탈이라고 함) 호수가 있다.

　마침 호수 서쪽으로 해가 저물어 노을이 붉게 물들고 있었다. 그 노을은 아주 짙은 자주색에서 차차 붉은 장미색으로 변하더니 최후에는 휘황찬란한 금색으로 변하고 있었다. 그리고 노을 속 어떤 부분은 검은색으로 엉켜 있는가 하면 연한 노을이 서천(西天)을 은은하게 덮고 있었다. 그리고 자연히 눈길을 끄는 것은 빈관 뒤로 우뚝 솟은 카일라스산이다. 억겁의 세월 동안 쌓인 만년설은 석양의 빛을 받아 분홍빛을 띤 수정색으로 반짝이고, 산허리에 흰구름 띠가 두둠

성산(聖山) 카일라스(6,714m). 1995. 6.

하고 뚜렷하게 걸치고 있는 모습은 마치 선계 같았다.

잠시 후 황혼은 산밑에서 위로 뒤덮여 타는 듯한 노을이 서서히 바래지고, 카일라스의 석양은 검은 구름으로 변했다. 지금 이곳에 밀교도가 있었다면 그들은 각각 다른 상징으로 표현할 것이다. 밀교에서는 이곳을 밀교의 본존을 모신 '승락륜궁(勝樂輪宮)'으로, 힌두교도는 인류를 위한 생명수가 발원하는 천계의 무량궁(無量宮)이 있는 장소로 보았을 것이다. 그리고 불교도가 이곳에 왔다면 "아, 수미산!" 하고 소리쳤을 것이다.

이와 같이 산이 수려하고 신령한 곳에는 감격 속에 상상적으로 나타나는 전설이 있기 마련이다. 나는 다시 보는 카일라스산과 마팡윙쵸 호수의 석양이 펼치는 조화 속에서 나도 모르게 숙연해짐을 금할 수 없었다.


### ● ─── 푸란(普蘭) ●

6월 29일, 날씨는 쾌청했다. 오전 7시 타르첸을 뒤로하고 푸란으로 떠났다. 내가 푸란에 흥미를 갖게 된 이유는, 첫째 그곳에 핀 꽃을 보기 위함이요, 두 번째는 푸란인의 희귀성 있는 민속문화를 보기 위해서다. 타르첸에서 내리막길을 따라가면 바가(巴噶) 마을에 이르고 거기서 우측으로 꺾어져서 가면, 이곳에도 7차선 차로가 있어 상쾌하게 고원을 질주할 수 있다.

어느덧 7차선 길은 사라지고, 구릉으로 이어지는 산등성이를 내려가다가 호수가 보이는 언덕으로 올라섰다. 거기에는 아주 오래된 마니탑이 하나 서 있는데, 바람에 시달리고 비에 씻겨져 표면은 거칠었다. 그러나 이곳에서는 이렇게 고창한 것이 더 어울렸다.

언덕에서 바라보는 마니탑이 수려해 보인다. 바로 앞으로는 장엄한 마팡윙쵸(마나사로바르)의 검푸른 호수가 펼쳐지고, 그 호수 저편으로 나무나니봉이 우뚝 솟아 있었다. 고개를 돌리면 고원 저쪽에 카일라스산이 중천에 솟아 있어 어쩌면 이같이 전망이 좋은 곳에 마니탑이 서 있는지 명소 중의 명소였다.

호수를 바라보니 물가에는 황색오리가 무리를 지어 앉아 있는데 안내원이 설명하기를, "저 오리는 황야(黃鴨)이며 저 새가 날아가는 곳은 풍년이 드는 길조(吉鳥)."라고 한다. 그리고 저 오리는 정이 어찌나 좋은지 두 마리 중 한 마리가 죽으면 남은 한 마리는 짝을 그리다 죽는다고 하였다. 나는 그 말을 들으면서, 문득 저 새들이 후조가 되어 세계를 날아다니며 길조가 되어 주었으면 하는 생각이 들었다.

다시 길을 재촉하면서 라앙쵸로 갔다. 나는 지난 1995년 7월 서역 탐사에 나서 이승원·신덕영·고창호 씨 등과 라앙쵸를 탐사한 적이 있지만, 오늘 푸란 가는 길에 다시 보고 싶었다. 전설에 따르면 이 호수는 악마의 호수로 전해오고 있다.

옛날에는 라앙쵸에 독이 있어서 그 물을 마신 사람은 죽었다고 한다. 물고기를 호수에 놓아주면 곧 죽어버리고 야크도 그 물을 먹으면 죽었다고 한다. 이렇게 사람이 죽고 동물이 죽게 되자 사람들은 라앙쵸를 악마의 호수로 부르게 되었다.

그러나 오랜 세월이 흐르면서 마팡윙쵸의 성어(聖魚)들이 기어나와 두 호수 사이에 있는 4km의 지협(地峽)을 뛰어넘었다. 그 이후로는 라앙쵸의 물이 감미로워졌다는 것이다.

나는 거울같이 맑은 물에 손을 넣으니 섭씨 15도쯤 될 듯 싶었다. 물맛도 시원하려니와 물속에는 마팡윙쵸호와 같이 성어들이 와 글와글했다.

그런데 라앙쵸에서 바라보는 카일라스산은 더욱 신령하게 보였다. 돔과 같이 둥글게 생긴 백설의 봉우리가 맑은 호수에 비치고 있는 모습은, 과연 비경이었다.

나는 물결이 잔잔히 이는 백사장을 걸었다. 언제 다시 이곳을 걸을 수 있을는지! 그저 걷고만 싶었다. 문득 초원을 바라보니 황양의 무리가 목을 길게 빼고 나를 쳐다보고 있었다. 그것도 잠시 무엇에 놀랐는지 잽싸게 도망쳐 갔다. 그들이 뛰는 보폭거리는 4~5m는 되어 보였다. 황양은 꼬리가 없고 엉덩이 전체가 흰털이 있어서 엉덩이가 커 보이고 껑충껑충 솟구쳐 뛰는 모습이 특이했다.

우리는 호수를 뒤로하고 두 호수를 잇는 지협을 따라가다 보니 다시 라앙쵸가 나타났다. 지형상 조금 전까지는 표주박의 잘록한 주둥이에 해당하는 지점에 있었는데 지금은 표주박 밑의 둥근 부분에 와 있는 셈이다. 이곳 호반은 유난히 넓고 햇볕이 강렬하여 돌밭이 깨끗하다. 그리고 돌밭에는 '데르모프시스(Thermopsis)' 꽃이 만발하여 싱그러웠다.

우리는 호반 길을 가다가 좌측 산길로 들어서서 한 고개를 넘어 옛날 빙하가 흘러간 커다란 하상(河床)으로 들어섰다. 하상에는 퇴석이 무수히 깔려 있어 길이 고르지 않고 차가 몹시 흔들렸다. 왼편으로 나무나니봉의 후면 절벽이 보이는 곳에서 차를 세웠다. 고개를 들고 쳐다보는 나무나니봉의 거대한 수직 절벽! 그것은 매우 매력적이었다. 훗날 산악인들의 웅지를 견줄 만한 곳이라 생각되었다.

다시 내리막길을 따라가는데 길가에 낯익은 '키르시움 에리오

포로이터움(Cirosium eriophoroidum)' 꽃이 피어 있었다. 이 꽃은 1990년 니라무에서 처음 발견한 꽃으로 이번이 두 번째이다. 꽃은 두상화서로 피고 꽃 몽우리는 솜뭉치 같으며 화색은 선홍색이다. 이 꽃의 특징은 전신에 강한 가시가 있다. 당시 나는 이 꽃이 너무 아름다워 종자를 채집, 번식을 시도해 보았으나 2년을 기다려도 발아하지 않았다.

한번은 해발 5,000m에서 채종한 쉐렌 종자를 2월에 파종했는데 2주 만에 발아하여 5월초까지 자라고 있어 매일 낙으로 삼으며 가꾸었다. 그런데 6월이 되면서 시름시름 모두 죽어갔다. 또 한번은 티베트의 진달래 종자를 채집, 봄에 파종을 하였는데 발아는 잘 되었으나 날씨가 더워지면서 모조리 죽었다. 이밖에 티베트에 갈 때마다 새로운 식물을 채집하여 심어보았으나 해발 3,000m 이상의 지대에서 채집한 식물은 하나도 살려내지 못했다.

이와 같이 티베트의 항한성(抗寒性)에 의하여 생존하는 식물은 고도, 토질, 습도, 기후에 이르기까지 환경과 밀접한 관계가 있으므로 저지대에서는 생육이 불가능함을 알았다.

이때는 6월 하순 좋은 계절이었다. 산을 헤치고 한곳을 빠져 나오니 좁은 골짜기에 두어 집 농가가 있었다. 밀·보리는 아직 싹이 나오지 않았으나 그동안 삭막한 황토 산만 보아오다 짙푸른 보리밭을 보니 사람이 사는 곳 같았다. 푸란인들이 김을 매다가 일손을 놓고 나를 쳐다보고 있는데 피부색이 거무스레하고 골격이 큰 것으로 보아 아마도 인도의 영향을 받은 것 같았다.

푸란에는 오후 2시에 도착했다. 푸란은 해발 3,700m, 현청 소재지로 네팔 히말라야 서북쪽 깊은 산협에 자리하고 있다. 거리에는 도로 양쪽으로 상점과 음식점이 있고 상품의 대부분은 흙설탕, 커피, 장식품들이었다.

현재 티베트의 서부 변방에 출입국관리소가 설치되어 있는 곳은 장무이다. 장무를 통해서 출입국과 교역이 이루어지고 있다. 이밖에 야둥(亞東)과 푸란(普蘭)이 있으나 외국인에게는 개방되지 않은 국경지대이다. 그러나 인도와 네팔의 순례자들은 예나 다름없이 이곳 리프렉 령(嶺)을 넘어 푸란으로 들어올 수 있다.

나는 거리의 중심지에 있는 한 식당에서 우연히 이야기가 되어 그 집 2층에서 민박을 하게 되었다. 하루 숙박비는 30위안이다. 집 주인에게 쉐렌화에 대해서 물어보니 그는 약재로 쓰기 위해서 여러 번 산에 캐러 간 적이 있는데, 길이 멀어 갔다 오려면 하루가 걸린다고 한다. 그가 하는 말을 새겨 들어보니 화구가 작은 것으로 보아 '샤오구어(小果)' 쉐렌인 것 같았다. 나도 한번 가고 싶었으나 외국인이 국경의 산을 오르는 것이 마음이 내키지 않아 그만두었다. 그리고 내가 관심을 가지고 찾아봤던 푸란인들의 민속의상은 축제 때 이외에는 볼 수 없어서 유감스러웠다.

점심을 먹고 사원으로 갔다. 다리를 건너니 산세의 기복에 따라 산등성이에 절을 지었는데 규모가 매우 컸다. 안내원의 이야기로는 서쪽에 있는 것이 사캬(薩迦) 교파의 사원이고, 동쪽에 있는 것이 거루(格魯)파 시기의 샹바이린스(香柏林寺) 유적으로 두 절의 대전 건축물이 매우 웅장하였다.

밤이 얼마나 지났는지 빗소리에 잠을 깼다. 창 밖을 내다보니 거리는 캄캄한데 비는 거세게 내리고 있었다. 이번 여정에서 처음 듣는 국경에서의 밤비 소리는 행인의 마음을 촉촉이 적시고 있었다.

돌이켜보면 수앙후에서 수바 선생을 만나게 된 것도 인연이려니와, 그로 인해 뜻밖의 미지의 지역을 탐험할 수 있었음은 이번 여정의 큰 소득이었다. 그리고 선경을 헤매던 일, 희박한 공기 속에서 고통스럽던 일들이 연연히 주마등처럼 스치고 지나갔다. 언제 다시 이 국경 마을에 올 일이 있으랴. 이곳에서 듣는 쉼없이 내리는 빗소리! 슬프다 못해 처량함마저 가져다 주었다.

### ● 그리고 국경에서 ●

6월 30일, 오늘은 파양(帕羊)으로 가는 날이다. 그리고 귀국길이다. 이곳에서 파양까지는 381km, 거기서 사가(薩嘎)까지 252km, 사가에서 니라무까지 지름길로 243km, 니라무에서 장무(樟木)까지 30km이다. 아무리 빨리 가도 4, 5일이 더 걸린다. 그러나 예정한 일정대로 5일 만에 무사히 장무에 도착했다.

7월 5일, 드디어 티베트를 떠나는 날이다. 나는 출발하기 전 생사를 같이 했던 안내원 펑씨에게 안어산에서 약속한 대로 내가 사용하던 비디오 카메라를 기념으로 선사하고 지프 운전사와 트럭 운전사에게도 후하게 사례를 했다. 사실 가진 것이 없어서 안타까울 뿐, 있는 것은 무엇이든지 다 주고 싶었다.

장무 출입국관리소에서 통관이 끝나고 출국을 하는데 그들은 작별하기를 아쉬워하며 거기서 2km 떨어진 네팔 국경의 우의교까지 따라왔다. 그리고 내가 다리를 무사히 건너는 것을 보고 그들은 손을 흔들었다. 나도 눈물이 나오는 것을 참을 수 없었다.

# 서역 8천km

풀 한 포기 없는 황갈색의 광활한 고원에 황토로 빚어진 흙기둥이 몇백, 몇천 개인지 수를 알 수 없이 즐비하게 서 있다. 그 흙기둥의 높이는 15~30m이고 둘레는 40~50m씩 되었는데 흙을 아무렇게 빚어 쌓아올린 것 같았다. 형상도 다양해서 사람 모양을 한 것도 있고 짐승 모양을 한 것도 있고 어떤 것은 부인이 다소곳이 앉아 있는 모습 같았다. 이것은 대자연이 연출한 놀라운 대작품이었다.

# 서역 8천km

머나먼 지구의 한 끝에서 문명을 등지고 고유한 풍습과 전통을 지켜온 순수의 땅 서역과 티베트는 문명을 추구하다 지친 현대인들에게 꿈과 향수를 불러일으키는 땅이라 할 수 있다.

그곳에 펼쳐진 천혜의 아름다운 자연과 천진하게 살아가는 민족! 그리고 그곳 고원에 피어 있는 청초한 고산초화는 세계 어디에서도 찾아볼 수 없는 진귀한 풍경들이다.

티베트고원에는 세계 고산식물 중에서 제일 아름다운 꽃의 여왕 '메코노프시스(Meconopsis)'란 꽃이 있다.

티베트를 탐사하던 중, 1990년 통라파스에서 이곳 고산초화에 매료되어 꽃을 찾아다닌 지도 어언 3년. 이번에는 꽃의 여왕 메코노프시스를 찾아내리라는 결심은 더욱더 내 발걸음을 강렬하게 끌어당겼다.

7월은 특히 히말라야 일대가 몬순기에 접어드는 시기이지만, 우기를 택한 것은 이 시기에 티베트고원에는 희귀한 꽃들이 피기 때문이다.

이번 탐사의 또 다른 목적은 바닷길로 인도에 들어가 부처님의 가르침을 깨우쳤다는 신라의 고승 혜초스님에 대한 사료를 연구하는 것이라 할 수 있다.

결국 이번 일정에서 그의 발자취를 직접 확인하게 되었고 이 일은 금번 탐험의 큰 수확이라고 할 수 있다. 이와 함께 서역의 옛 왕도 미란(米蘭), 꼬오창(高昌), 고성 등 서역 8,000km에 걸쳐 있는 유적지를 두루 훑어보게 되었으며, 이 일 또한 국내에 처음 소개되는 자료이므로 후학들의 학술연구에 조금이라도 도움이 되기를 기대한다.



1993년 6월 21일, 우리는 서울을 출발, 상하이(上海), 시안(西安)을 거쳐 실크로드의 길목인 우루무치(烏魯木齊)에 도착했다. 대원은 필자와 임태평(원예가), 이승원(탐험가), 신덕영(탐험가) 씨 등 네 명이다.

우루무치는 신장성(新疆省)의 성도이지만 아직도 우리나라 60년대의 도시를 연상케 할 정도로 낙후되어 있었다. 그러나 자원이 풍부한 이곳은 서서히 발전하고 있어 변모하는 모습이 도처에서 역력하게 보였다.

이곳에는 유일하게 석유대학(石油大學)이 있다. 길이 800km, 폭이 400km나 되는 타클라마칸(塔克拉馬干)사막에 석유가 무진장으로 매장되어 있어 차세대 자원을 개발하기 위해서 석유대학을 세운 것이다. 그리고 텐츠(天池)와 같은 아름다운 관광풍치지구가 있고, 투루판(吐魯番), 둔황(敦煌)과 천 개의 불상벽화로 유명한 천불동, 그리고 옛 도읍지 꼬오창, 고성을 관광지로 개발하고 있다.

우리는 먼저 뻐거다(博格達, 5,445km) 산을 등반하기로 했다. 그 산을 택한 것은 그곳에서만 자생하는 쉐렌화(雪蓮花)라는 희귀한 식물을 보기 위해서다.

어떤 학자는 뻐거다산맥이 텐산산맥의 일부라고 하는 사람도 있으나 지형상으로 보아서 우리의 눈에는 하나의 독립된 산맥 같았다. 뻐거다산맥의 길이는 300km이며 폭은 70~80km에 이른다. 주봉은 서쪽에 위치하고, 5,000m 이상의 봉우리가 7개 있는데 산은 낮지만 산맥이 북쪽에 위치하고 있어 항상 눈이 쌓여 있다. 북쪽 사면은 구배가 완만하고 습지가 많아 여름에는 많은 계곡물이 흘러 '투루판' 분지로 진입한다.

6월 24일, 시내의 철인 시장에서 식량 일부를 구입하고 봉고차로 황토 흙길을 3시간 30분 달려 텐츠에 도착했다. 텐츠는 '창길 회교자치구 부강현(昌吉回敎自治區阜康縣)'에 있는 고산 호수로 해발 1,980m이다. 최대 길이는 3.4km이고 가장 넓은 곳이 1,500m이고 수심은 깊은 곳이 100m가량 된다고 한다.

우리나라 백두산(白頭山)의 천지와 한자 지명까지 같은데, 하늘에서 내려오는 첫 호수라고 해서 그런 이름이 붙은 모양이다. 우리나라 백두산 천지는 분화구 속에서 샘물이 용출되고 있으나 이곳은 뻐거다산맥의 빙설 녹은 물이 흘러 큰 호수를 만들고 있었다.

나는 텐츠 호숫가 언덕에 올라 뻐거다산맥을 바라보니 호숫가에는 갖가지 야생화가 피어 있고, 산기슭에는 우리나라 마가목보다도 더 순백색인 마가목 꽃이 피어 있었다. 바윗돌 틈에는 '홍징텐(紅景

天)' 종류가 있었다. 호수 뒤로는 뻐거다산까지 깊은 계곡들이 첩첩이 이어지고, 그 넓은 계곡에 검푸른 수림이 덮여 군데군데 준봉들이 솟아 있는데 짙은 운해가 피어오르는 모습이 맑은 호수에 은(銀)의 거울처럼 비쳤다.

전설에 의하면, 3,000년 전 불로불사의 영약을 가지고 있는 '서왕모(西王母)'가 이곳에서 살았다고 한다. 그는 이 호수의 물을 화장용으로 사용했다는 전설이 있다. 그리고 당나라의 현장법사가 인도로 가는 도중 이곳에 들러 땀을 씻고 갔다고 한다. 문득 당대의 시인 이백(李白)이 이곳에 와 읊은 시 한 구절이 생각났다.

'명월은 천산의 창망한 운해에서 떠오른다.
(明月天山出, 蒼茫雲海間)'


참으로 뻐거다산의 풍경은 천변만화의 극치를 이루고 있었다.

우리는 호수가 잘 내려다보이는 가문비나무 숲이 우거진 언덕에 자리하고 있는 하사커(哈薩克)족의 파오(包) 하나를 빌렸다. 하루 사용료가 100위안(우리 돈으로 1만 6천원)이니 값도 싸려니와 파오에서 하룻밤 자는 것도 정취가 있을 것 같아 모두 좋아했다.

파오는 하사커족의 가옥으로 주거에 편리하도록 만들어졌다. 긴 말뚝을 둥그렇게 기둥으로 세우고 끈으로 단단히 얽혀 매고, 그 위에 양가죽과 소가죽을 둘러친다. 출입문은 하나이고, 천막 속에는 화덕이 있는데 항상 우분을 태운다. 텐트 중심부에 경당이 있고 위에는 통풍구가 있다. 카펫은 ㄱ자로 깔려 있으며 취사장은 텐트 입구에 있었다. 그들은 원래 알타이산맥에서 유목을 하던 민족으로 언제부터인지 남하하여 이곳 텐산산맥 일대에 널리 분포되어 있다. 안내원에 의하면 신장성(新疆省)에만 약 110만 명이 살고 있다고 한다. 그들은 동작이 민첩하여 말도 잘 타고 수렵도 잘 하며 키와 얼굴은 황인종과 비슷하지만 눈알이 파란 것이 달랐다.

해가 지면서 비가 오기 시작했다. 파오 천막을 두들기는 빗소리는 그칠 줄 모르고 그 속에서 이어지는 우리들의 산 이야기도 끊일 줄 몰랐다.

### ● ——— 뼈거다산(博格達山) 산행 ●

뼈거다산 산자락 텐츠(天池) 주변에는 찾아오는 관광객으로 호텔과 방갈로가 건설되고 식당과 상점도 많이 들어섰다. 텐츠 주차장 근처 길가에는 하사커족들이 산에서 캐온 약재를 팔고 있었는데 그 중에 쉐렌화가 눈에 띄었다. 나도 이번 산행에서 쉐렌화를 찾아보려고 했으므로 몹시 반가웠다. 어디서 캤느냐고 물으니 손을 들어 뼈거다산을 가리킨다.

이곳 쉐렌화는 뼈거다산에서만 자생하는 희귀한 식물이다. 학명은 '싸우수레아 인볼루크라타(Saussura involucrata)'라고 한다. 약간 습기 있는 곳에서, 즉 빙하의 말단 퇴석지대에서 자라는 식물로서 크기는 높이 17cm 정도이며 화관의 지름은 12cm가량 된다. 꽃잎같이 보이는 것은 포엽이고 그 속에 꽃이 들어 있다. 화색은 연한 자주색, 연노란색, 분홍색, 홍색 등이 섞여 있으며 포엽을 펴면 꽃의 지름이 35cm가량 된다. 개화기는 6월 하순에서 7월 중순으로 유목민은 길상의 상징으로 꽃을 꺾어 파오 속에 걸어두는데 향기가 매우 좋다. 이곳에서는 약재로 활혈, 관절염, 부인병 등에 사용한다.

6월 25일, 우리는 뻐거다산을 등반하기 위하여 하사커족으로부터 말 1필당 우리 돈으로 하루에 1만 3천원씩 모두 8필을 빌렸다. 4필은 대원들이 타고 4필은 장비를 싣고 부슬부슬 내리는 빗속을 뚫고 산행에 나섰다. 그리고 마부는 하사커족 네 명이 고삐를 잡아 주었다.

텐츠에서 뻐거다산 베이스 캠프까지는 걸어서 이틀 거리이다. 원래는 걸어서 갈 예정이었으나 산에는 늪지대가 많아 질척거릴 뿐만 아니라 때로는 발목까지 빠지는 곳이 많다기에 말을 빌린 것이다.

뻐거다산은 쿤룬산맥과 함께 3억 년 전엔 바다였으나 물속에서 갑자기 봉우리가 솟구쳐 올랐다고 한다.

뻐거다산은 수림과 바위산과 설경이 계속 이어져 그 경관이 시시각각으로 변하고 아름다워 그냥 주저앉아 마냥 쉬고 싶은 곳이다. 더욱이 키가 40m가 넘어 하늘을 찌를 듯한 가문비나무로 빽빽하게 메워져 있는 뻐거다산의 수림지대는 그야말로 울울창창한 원시림이다. 숲은 완전히 해를 가려 오히려 답답할 지경이었다.

깊은 계곡 하천을 건너기를 수차례, 말굽이 푹푹 빠지는 진창지대를 겨우 통과하니 갑자기 시야가 툭 트였다. 앞을 바라보니 눈어림으로 수만 평은 됨직한 초원에 온갖 꽃들이 만발해 있었다. 그 많은 꽃 중에 특히 눈길을 끈 것은 민들레꽃이다. 이곳에서 자생하는 종류는 다섯 가지인데, 복숭아꽃 색을 닮은 것은 도색(桃色) 민들레, 주황색, 연분홍색, 황색, 백색 등으로 구분되는데 그 중에 제일 아름다운 것은 도색 민들레였다. 그 꽃은 눈이 사물거릴 정도로 화사했다.

일행 중의 한 사람인 임태평 씨가 몇 그루를 캐고 종자도 채집했다. 서울에 옮겨 심어 요행히 살려내는 데 성공한다면 여러 사람들에게 민들레꽃의 아름다움을 선물할 수 있으리라는 기대에서였다. 그런 생각을 하고 있는데 누군가 아쉬웠는지 "에덴의 동산에서 쫓겨나기 싫다. 이렇게 좋은 곳을 두고 지옥 같은 속세로 돌아가야 하느냐?"고 아쉬운 심정을 토로했다. 우리 일행은 다같이 그 말에 전적으로 동감했다.

고산의 짓궂은 날씨는 엷은 눈을 뿌렸다. 하오 6시쯤 해발 3,000m 지점에 캠프를 쳤다. 일행 중에는 고산증세가 오는 것 같다고 벌써부터 아우성이다. 머리가 아프고 구토를 하고 싶다는 것이다. 고산증! 인간이 고지에서 겪는 시련이 시작되고 있었다.

### ● ─── 뻐거다산에서 후퇴하다 ●

6월 26일 아침, 반갑지 않은 눈발이 날렸다. 산행에는 별 문제가 없을 것 같아 우리는 식사 후 뻐거다산 등반에 나섰다. 그런데 약 7km쯤 전진했을 때 갑자기 하늘이 찌푸려지면서 가느다랗던 눈발이 폭설로 돌변했다. 그리고 그 눈은 제일 귀찮은 습설이었다. 산중의 날씨는 여자의 마음처럼 알 수 없다는 속설 그대로였다. 하사커 마부에게 베이스 캠프까지 얼마나 걸리겠느냐고 물었더니 3시간이 걸린다고 한다.

그때였다. 마부가 돌연 "저길 보라!"며 소리치기에 그가 손짓하는 곳을 바라보니 산양 3마리가 능선에 서서 우리를 신기한 듯 바라보고 있었다. 나는 호기심에서 "우—우—" 하고 소리를 냈더니 산양은 능선너머로 이내 사라졌다.

아쉬움도 잠깐. 설원 눈 속에 야릇한 것이 눈에 띄어 자세히 보니, 그것은 복수초 꽃이었다. 꽃줄기는 눈 속에 파묻혀 있고 꽃송이만 눈 위로 가까스로 보였다. 꽃은 약간 노란색 빛을 띠면서도 푸른 기가 들어 있어 영롱하고 청초한 자태였다. 줄기는 녹색에 가까운 빛깔이었다

해발 3,400m의 눈 속에 피어 오른 복수초! 그 자태는 참으로 고고하기만 했다. 대자연의 위대함에 다시 한번 옷깃을 여미며 서둘러 카메라를 꺼내 들었다.

날씨는 오후가 되어도 개일 것 같지 않았다. 군데군데 피어난 복수초에 반해 눈 속을 휘젓고 다니다보니 신발도 젖고 오슬오슬 한기가 찾아들었다. 눈과 바윗돌이 엉켜 있는 빙하의 퇴적지대에 올라섰다. 멀리 밑에는 살얼음이 얼어붙은 빙천(氷川)이 S자로 흐르고 있었다. 또 한 번 퇴적지대를 넘어 마부에게 얼마나 남았느냐고 물었더니 "이 고개만 넘으면 된다."고 한다. 드디어 다 왔구나 하는 생각에 안도의 한숨이 절로 나왔다.

그러나 바로 그때 상황은 돌변했다. 선두에 섰던 말 세 필이 눈 속에 빠져 허우적거리는 것이 아닌가. 간신히 일어나서 몇 발자국을 걸어가더니 눈이 너무 깊어 다시 푹 빠져 버렸다. 워낙 등짐이 무거운데다 고산을 올라온 탓인지 힘이 다 빠진 말들이 이번에는 억지로 일어나는가 싶더니 갑자기 몸을 좌우로 격렬하게 흔들어 지고 있던 장비를 모두 털어 버렸다. 그리고는 눈 속에 풀썩 주저앉아 버렸다. 잠시 쉬고 나서 다시 짐을 실었으나 말은 여전히 짐을 내던지고 한

발자국도 움직이려 하지 않았다. 마부는 어쩔 수 없는지 우왕좌왕하기만 했다. 말이 움직이지 않는 상황에서 아무래도 베이스 캠프까지 가는 것은 불가능할 것으로 판단되었다. 야영을 생각했으나 이곳은 바람을 안고 있는 지형이어서 야영도 적합하지 않았다. 이런 악조건 속에서 더 이상 행동한다는 것은 무리라는 판단이 앞서 아쉽지만 포기하기로 결정했다. 베이스 캠프를 불과 100여 m 남겨 놓은 지점이었다. 목표를 눈앞에 두고 돌아서게 되니 못내 아쉬움이 남았다. 그러면서도 되도록 빨리 숲 지대로 내려가 모닥불을 피우고 싶은 마음이 간절했다. 옷과 신발이 온통 축축이 젖어 있기 때문이었다.

그런데 하산을 시작한 지 얼마 되지 않아 그렇게 심하게 퍼붓던 눈발이 그쳤다. 그리고 온 산은 안개가 짙게 덮여 있었다. 어딘지도 모르는 수림지대까지 내려와 모닥불을 피우고 야영을 했다.

다음날 아침, 텐트 안을 눈부시게 비치는 햇살에 눈을 떴다. 밖으로 나와보니 놀라운 풍경이 펼쳐져 있었다. 어제 저녁에는 안개 속이라서 시야가 가리워 보이지 않았으나 우리가 잠을 자던 주변 일대가 온통 꽃밭이 아닌가!

우리는 어젯밤 꽃밭 속에서 잠을 잔 것이었다. 일행을 깨우자 부랴부랴 일어나 모두가 사진찍기에 바빴다. 이루 헤아리기 어려운 다양한 종류의 꽃이 점점이 피어 있는 꽃밭에는 약용식물인 고산·당삼·대황 등이 무더기로 자생하고 있었다.

식사 후 하산을 서둘렀다. 누군가가 전날처럼 "꽃동산을 두고 다시 지옥과 같은 속세로 내려가는구나." 하고 아쉬운 한마디를 내뱉었다. 나로서는 쉐렌화(雪蓮花)를 보지 못하고 가는 것이 가슴이 아팠다.

뼈거다산 베이스 캠프로 가는 길. 짐을 지고 가던 말이 눈 속에 빠졌다.

6월 29일, 뻬거다산에서 우루무치로 돌아온 후 문화청에서 여행 수속을 마치고 오후 6시쯤 카슈가르행 비행기에 올랐다. 우루무치에서 남서쪽으로 약 2,000km 떨어진 카슈가르 시(市)도 신장성에 속한다.

신장성의 총면적은 160여 만km². 인구는 1억 4천여 만 명으로 자그마치 47개 소수민족이 살고 있다. 인도, 파키스탄, 러시아 등 여러 나라와 국경을 하고 있는 신장성은 무엇보다 석탄, 석유 등 지하자원의 매장량이 풍부하다.

비행기에서 내려다보니 끝없는 타클라마칸사막이 펼쳐졌다. 저 쓸모없는 땅속이 전부 석유라니! 석유 한 방울 나오지 않는 우리로서는 그저 부럽기만 했다. 모래바람이 살벌하게 휘몰아치는 사막이 보물창고와 다름없다고 생각하니 세상에 불필요한 곳은 한 군데도 없다는 것을 새삼 절감하였다.

밤늦게 카슈가르 시에 도착해 호텔에 여장을 풀었다. 이 도시는 인구 120만 명으로 중국 서역지방에서 가장 크고 수공업 등이 번성한 전형적인 회교 도시다. 주민의 80% 이상이 이슬람교를 믿는 터키족 계통의 위구르족이다.



6월 30일, 우리는 카슈가르 시 근교의 향비묘(香妃墓)를 찾았다. 향비는 지금으로부터 약 250여 년 전인 청나라 건륭 황제 때의 위구르족 여인으로, 절세의 미인인데다 향수를 뿌리지 않아도 몸에서 향기가 물씬 풍겨 나온다고 해서 향비라는 이름이 붙여졌다고 한다.

청나라의 대신 '하나'라는 사람이 청의 속국인 이곳에 들렀다가 아름다운 향비를 보고 그녀를 북경으로 데리고 가서 황제께 바치려고 했다. 그러자 향비는 세 가지 조건을 내걸었는데, 첫째는 자기가 죽으면 고향 카슈가르에 묻어주고, 둘째는 오빠들을 청나라 관리로 등용해 줄 것과, 셋째는 북경에 자신이 살 궁을 지어달라는 것이었다. 그 조건은 다 받아들여졌고 향비는 황제의 총애를 받으며 다복하게 살았다. 그러나 가인(佳人)은 박명이라던가! 북경에 온 지 몇 년 안 되어 그녀는 29세의 꽃 같은 나이에 숨을 거뒀고, 약속한 대로 카슈가르에는 화려한 향비묘가 세워졌다. 규모는 소강당 크기 정도인데 외부 벽을 푸른 대리석으로 장식하여 화려한 느낌이 들었다. 무덤 내부에 들어가 보니 그녀가 영원의 잠을 자고 있는 커다란 나무로 만든 관이 보였다. 그리고 그곳에는 가족들도 함께 안치되어 있었다. 묘당 앞에서 미모가 뛰어난 위구르족 여인을 만났다. 사진 촬영을 제의했더니 고운 미소를 지으며 카메라 앞에 서 주었다. 향비묘에 아주 어울리는 미인이었다.

그 이튿날, 우리는 티베트 라사여행사에서 보내온 봉고차를 타고 서역 남도에 있는 옛 문명의 도시 허텐(和田)으로 향했다. 카슈가르에서 허텐까지는 516km. 하루 일정으로는 먼 거리였다. 그러나 사막의 길은 좋은 편이었다. 광활한 사막을 달리는데 창밖에는 낙타들이 즐겨 먹는 낙타풀이 듬성듬성 나 있고, 타클라마칸사막 먼 곳에서는 돌개바람이 하늘을 덮고 있었다. 돌개바람은 모래를 싣고 빙빙 돌면서 세차게 하늘 높이 상승했다가 모래는 떨어지고 먼지는 바람을 타고 하늘을 뿌옇게 덮고 있었다.

안내원에 따르면 모래바람은 사막의 모래를 조금씩 실어 날라 사막지대가 점점 팽창하고 있어 환경 변화에 큰 걱정이 되고 있다고 말하고 있었다.

우리는 사막 길을 달리고 달려 오후 9시에 허텐빈관(和田賓館)에 도착했다.


### ● ── 사막의 도시 허텐(和田) ●

실크로드 시대의 당나라의 유명한 고성이던 허텐을 현지 주민들은 '이리지(依里薺)'라고도 한다. 한대(漢代)에는 '위텐(于闐)'국이었으며, 당대(唐代)에 와서는 전비사도호부(田比沙都護府)를 설치하고, 청조(淸朝)시대에는 쭈어중탕(左宗棠)에게 평정이 된 후 곧바로 예주(隸州)가 되었으며, 중화민국 이후에는 허텐(和田) 현으로 바뀌었다. 현성(縣城)의 경계는 위룽하스강(玉龍哈什江)과 하라하스강(哈拉哈什江) 두 강을 경계하고 있으며, 신장성에서는 수공업이 제일 발달한 곳이다. 인구는 12만 명으로 대부분 위구르족이다.

허텐은 옛날부터 백옥(白玉)과 청옥(靑玉) 생산지로도 세계적으로 유명한 곳이다. 그래서 위룽하스강을 백옥강(白玉江)이라고 하고, 하라하스강을 흑옥강(黑玉江)이라고 한다. 이 두 강바닥에는 질 좋고 아름다운 많은 양의 옥석이 나온다. 위구르어로 '위룽(玉龍)'은 왕취(往取)라는 뜻이고 '하스(哈什)'는 옥석의 뜻인데, 위룽하스(玉龍哈什)는 지나가면서 옥을 줍는다는 뜻이다. 아마도 옛날에는 옥이 강바닥에 무진장으로 깔려 있었던 것 같다. 그래서 대상들이 지나가면서 한두 개씩 주워가지고 갔던 것 같다.

　지금도 현지 주민들은 매년 장마가 지난 후에 이 강에 들어가서 아름다운 옥을 줍는다. 채취한 옥은 시장에 내다 팔고 상인들은 품질에 따라 각종 반지와 목걸이 식기류 등을 만들어 국내와 전 세계에 수출한다.

　위룽하스강과 하라하스강 두 강은 모두 쿤룬(崑崙)산맥의 대설산(大雪山) 이남에서 발원한다. 위룽하스강 하원에는 커다란 호수가 있고 호수의 물이 흘러나가는 출구 가까운 곳에 품질이 극히 좋은 옥석의 바윗돌이 물속에 있는데 그 크기가 40~50톤이 된다고 한다. 달이 밝은 밤이면 이 옥석에서 영롱한 밝은 빛을 발한다고 한다. 그래서 일찍이 적지 않은 사람들이 그 옥석이 탐이 나서 발굴하려고 물에 들어갔다가 불행하게도 모두 호수에 빠져 한 사람도 살아 돌아온 사람은 없다고 한다. 현지인들은 이로 인해 신령이 수호하는 호수로 생각하고 다시는 옥석을 캐러 가려고 하지 않았다고 한다.

　이와 같이 위룽하스강에는 호수에서부터 광맥처럼 옥석의 맥이 있어 그 돌이 깨지고 떨어져서 오랜 세월 하류에까지 밀려 내려오면서 수마가 되어 하상에 묻혀 있다. 한대(漢代)에서 지금까지 계속 옥석이 출토되고 있으니 백옥강(白玉江)은 옥석의 강이라고 하겠다.


### ● ─── 혜초(慧超)스님과 고선지(高仙芝) 장군의 행적을 더듬으며 ●

　7월 1일, 우리는 허텐 시에서 허텐문물연구소의 사학가 리인빙(李吟屛) 씨를 찾아갔다. 60줄에 접어들어 백발이 희끗희끗한 그는 이름 있는 실크로드 역사 연구가로서 특히 신라의 명승 혜초스님과 고구려 출신인 당나라의 고선지 장군에 대해 아주 깊이있게 연구한 인사이다. 그는 반색을 하면서 멀리 아시아의 동쪽 끝에서 찾아온 손님들을 반가이 맞아주었다.

그는 먼저 고선지 장군의 토번 연운보(連雲堡) 대첩을 설명해 주었다. 때는 당(唐) 개원(開元) 말(末)이었다. 당 현종 때 서북 20여 개국이 토번의 제재로 당에 공헌을 하지 않자, 현종은 크게 분노하고 고선지 장군을 절도사로 삼고 이들 나라를 정벌키로 했다. 고선지 장군은 병마 1만 명을 거느리고 안시(安西)를 출발, 3개월 여를 행군하여 파미르고원을 넘어 소발률국(小勃律國) 등 20여 나라를 평정하고 마침내 '토번 연운보(吐蕃 連雲堡)' 전투에서는 적 9천 명 중 5천 명을 사살하고 1천 명을 생포하였다. 때의 그의 나이는 20여 세라고 말하면서, 오른손 엄지손가락을 치켜 올려 그가 최고라는 뜻을 표하였다.

그는 자신의 저서인 『불국우전(佛國于闐)』이라는 책 한 권을 내놓았다.

그 책은 서역문화에 대해 폭넓게 다뤘는데, 책의 한 부분에 한국의 혜초스님이 등장하고 있었다. 내용을 대충 훑어보니 귀중한 사료가 될 내용이 담겨 있었다. 지금까지는 바닷길로 인도에 이른 혜초가 인도에서 부처님의 설법을 깨닫고 귀국길에 파미르고원을 넘어 서역을 거쳐 돌아왔다는 정도만 알려져 있었는데, 혜초스님의 발자취는 위텐에 와서도 불사에 활약했다는 사실을 알게 되었다.

그 내용을 요약해 옮겨 보면 이렇다.

'중원에서 장대한 신라의 승인 혜초는 해로로 인도에 이르러 오천축을 두루 유력하고 당나라 개원 중에 육로를 취하여 귀국길에 서역 각국의 경로를 밟았다. 그는 친히 위텐에서 한 한족의 불교사원을 보았는데 그 사원의 이름은 용흥사라 하였다. 사원의 주지는 하북의 기주 인사였다. 당시 한족도 이곳에서 불사를 전교하고 있었음을 알 수 있다. 혜초스님에 의하면 위텐에는 사원과 승려가 많았으며 대승불교를 행하고, 육식은 하지 않았다.

(在中原長大的新羅, 僧人慧超也由海路到印度, 歷游五天竺,

于唐開元中取陸路回國, 途經西域各國,

他親眼在于闐看到 一所漢族佛寺, 名龍興寺,

寺院主持是河北冀州人士. 可見當時漢族人也在這里傳敎事佛.

据慧超說, 于闐足寺足僧, 行大乘法, 不食肉也.)'


여기서 선뜻 생각나는 것은 용흥사이다. 나는 그 유서 깊은 사원을 가보고 싶었다. 그래서 리인빙 씨에게 용흥사의 위치를 물었더니, 허텐에서 25km 거리에 있던 용흥사 지역에는 사원이 무려 100여 개소나 몰려 있을 만큼 불교가 번성하던 곳이었으나 오랜 세월 동안 조금씩 이동해 온 타클라마칸사막에 묻혀 없어지고 말았다고 한다.

우리는 이어서 박물관을 관람했다. 규모는 그리 크지 않았으나 문화재가 많이 보존되어 있었다. 그 중 미라가 몇 구 있었는데 거의 손상되지 않았다. 그리고 청동기류와 토기 항아리 등 다양한 골동품이 소장되어 있었다.

그는 떠나기 전에 학술자료에 도움이 될 것이라면서 이곳에 소장되어 있는 골동품 사진 100여 매를 주었다.

연구소에서 발길을 돌리면서 이번 서역 탐사의 가장 큰 성과인 새로운 자료를 얻었다는 기쁨도 컸지만 중국 서역에까지 업적을 떨쳤던 조상들의 이야기는 우리들의 가슴을 뿌듯하게 해주었다. 그들은 용감하였고, 미지의 지역을 탐험한 선각자이시다.

오후에는 당국의 허가를 얻어, 위룽하스강 상류로 올라가 강변에서 탐석을 했으나 옥석은 없었다. 아마도 장마철에나 노출되는 것 같았다.

이렇게 탐석을 하고 있는 동안 마을사람들이 옥석을 들고 와서 1kg당 3백 위안(우리 돈으로 약 4만 8천원)에 사라고 한다. 그들의 공무원 봉급이 월 5백 위안(우리 돈으로 약 8만원)인데 비하면 옥석값은 대단히 비싼 편이었다. 그리고 청색 빛깔이 잘 들어 있는 것은 1천6백 위안 달라는 것도 있었다. 나는 그 중 녹색빛이 들어 있는 옥석 한 개를 3백 위안을 주고 샀는데 지금도 기념으로 가지고 있다.

그들은 여름 장마철에 쿤룬산의 빙하가 녹기 시작하고 큰비가 와서 장마가 일어나면 위룽하스강의 강바닥을 뒤집어 놓기 때문에 운이 좋으면 값나가는 청옥을 캐서 한몫을 잡을 수 있다는 기대감으로 장마철을 기다린다고 한다.


### ● —— 장수 마을 ●

7월 2일, 아침 일찍 허텐 시에서 25km 떨어진 '마리커와터(馬利克瓦特)' 고성으로 갔다. 이 성은 B.C. 206년부터 A.D. 907년까지의 긴 세월 동안 찬란한 서역문화를 활짝 꽃피웠던 곳이다. 그러나 세상의 모든 것은 결국 무너지고 사라지는가! 이곳 역시 위텐의 용흥사처럼 사막의 팽창으로 폐허가 되었고 성루와 성곽 일부분만

이 남아 있을 뿐이었다. 사람이 살던 집터에서 토기 조각과 돌로 만든 손도끼를 발견, 귀중한 자료로 수집했다.

　고성에서 돌아오는 길에 허텐 시 근교에 있는 위룽하스강 강변의 한 마을을 찾았다. 이 마을을 찾은 것은 평균 수명이 80세인 장수마을이기에, 생활습관을 직접 둘러보며 오래 사는 비결을 알아보기 위해서였다. 마을에는 흙벽돌로 지은 집 100여 호가 옹기종기 모여 살고 있었다. 할아버지, 아버지, 아들 3대가 함께 사는 한 민가에 들어가서 방문 목적을 밝히고 가져간 T셔츠를 선물했다. 집주인 노인에게 나이를 물었더니 82세라고 했다. 이곳의 평균 수명이 80세라니까 그는 그리 대단한 고령자 축에는 끼지 못했다.

　노인은 손님대접으로 카펫을 깔고 그곳 특산물인 살구를 따왔다. 국내에서 먹던 것보다 약간 크고 잘 익은 살구는 색깔도 좋고, 과즙이 많고 단내가 물씬 풍겼다.

　노인은 허텐의 장수비결을 말하기를,

　"우리는 쿤룬산(崑崙山)의 얼음 녹은 물이 흘러오는 빠위강(白玉江) 강물을 식수로 합니다. 빙천수(氷川水)에는 인체에 유익한 광물질이 많이 들어 있습니다. 그래서 건강하게 오래 사나 봅니다."

　쿤룬산맥은 카라코람산맥에서 중국 서역까지 3,000km에 걸쳐 뻗어 있는데, 우리의 백두산처럼 중국인들에겐 역사적으로 산지조종의 상징성을 가진 존엄한 산맥이다. 따라서 서역에서 쿤룬산은 어머니의 젖줄과 같은 산이다. 높은 산에 쌓인 눈이 만년설이 됐다가 녹아 흘러 내려온다.

　노인의 말은 근거가 있었다. 후에 빠위강을 소개하는 중국의 문헌을 보니 다음과 같이 적혀 있었다.

허텐(和田)의 마리커와터(馬利克瓦特) 고성

'빠위강 강물은 인체에 유익한 여러 종류의 광물질과 미량의 원소가 함유되어 있다.(含有多種對人體有益的鑛物質和微量元素)'

그렇다면 광물질은 과연 생명수일까? 이로부터 일주일 후 나는 신비의 광천수(鑛泉水)가 땅속에서 솟아 나오는 나츠타이(納赤台)에 들렀다.

신장성 쿤룬산 입구에 있는 나츠타이는 허텐에서 무려 1,500여km 떨어진 곳이었고 지름 1.5m가량 되는 노천 샘이 콸콸 솟고 있었다. 현지인들에 따르면 쿤룬산의 빙하 녹은 물이 땅속으로 스며들어 흘러가다가 이곳에 와서 지상으로 분출한다는 것이었다. 분출되는 수량도 대단히 많았다. 백옥 같은 맑은 물이 지상으로 40cm가량 콸콸 솟구쳐 오르고 그 물은 파이프라인을 통해 인근 생수공장으로 옮겨져서 상품으로 포장되어 중국 전역에 공급되고 있다.

얼굴에 쭈글쭈글한 주름이 깊이 잡힌 노인은 계속해서 장수하는 건강법에 대해 들려줬다. 그들은 특히 살구를 즐겨 먹는다고 한다. 살구가 무르익는 7월 초에 살구를 따서 육질을 말려서 곶감처럼 만든 후 일년 내내 간식으로 먹고 씨는 기름을 짜서 채소와 볶아 먹는다.

그들은 또 아침 일찍 일어나고 낮에는 정원에서 일광욕을 즐기고 식사는 쟘바와 옥수수 등 채식을 위주로 한다고 했다. 노인의 말을 듣고 있으려니까, 파키스탄 북부 훈차지방의 장수 마을과 식생활이 비슷하다는 것을 느꼈다. 훈차 사람들도 육식을 거의 하지 않으면서 미네랄 성분이 많은 살구와 신선한 채소를 섭취한다고 들었다. 그러나 모든 인간이 이렇게 오래 살아 무슨 유익이 있는지는 빨리 답이 나오지 않았다.

현재 중국은 엄청나게 늘어나는 인구를 억제하기 위해 산아제한을 실시, 한족(漢族)은 한 가구에 자식을 한 명밖에 둘 수 없게 규정하고 있다. 그러나 소수민족은 보호한다는 차원에서 예외였고, 허텐 시민의 대다수를 차지하는 위구르족에게는 제한을 두지 않고 있었다. 위구르족들은 17세만 되면 결혼하는 조혼풍습까지 있어 한 가구에 아이들이 보통 6~7명이나 된다. 그 집도 허름한 옷차림을 한 15세 미만의 어린이가 7명이나 있었다.

그런데 대화중 노인은 불쑥 엉뚱한 말을 꺼냈다. 생활이 너무 어려워 아이들을 다 기를 수 없으니 어린아이 한 명을 한국에 데려가서 길러달라는 것이었다. 한국이 부유하게 산다는 것을 알고 있다면서……. 물론 농담이었지만 어처구니없는 일이 벌어졌다. 그 말을 알아들은 아이들이 안 간다고 울고불고 발버둥쳤다. 아무리 농이지만 얼마나 살기가 어려웠으면 자식을 생소한 외국인에게 맡기자고 했을까!

오후에는 사풍이 부는 사막 길을 달려 민휭(民豊)에 도착했다. 거리는 바람은 없었으나 모래먼지가 뿌옇게 가득 차 있었고, 사람들은 마스크를 하고 있었다. 사막의 팽창하는 추이로 보아 이곳도 언젠가는 사막 속으로 사라질 것으로 생각되었다.

### ● 타클라마칸(塔克拉馬于) 사막의 무서운 돌개바람 ●

7월 3일, 오늘도 날씨는 사풍으로 하늘이 온통 뿌옇다. 오전 9시 10분 민휭(民豊)을 출발 체머(且末)로 향했다. 민휭에서 체머까지는 311km, 나는 이곳을 지나면서 천산남도의 녹화사업을 보고 크게 감동했다. 즉 사막을 녹화하는 계획이다.

민횡에서 타클라마칸사막을 가는 동안 도로 연도에 미루나무를 심었는데, 조림지는 길이가 50~60km는 되는 것 같았다. 그 나무들이 벌써 자라서 녹주를 이루어 마을이 생기고 밭을 갈고 있었다. 특히 밭을 갈고 나무에 물을 주기 위하여 관개수로를 개설하고 쿤룬산 빙하 녹은 물을 끌어들이고 있었다.

나는 한 관리에게 "움직이는 사막에 대해 대책이 있느냐고?" 물었더니, 그는 사막을 녹화하는 것이 우리의 임무라고 하며 "우리는 백년대계획으로 나무를 심고 있다."고 자신있게 이야기하였다. 이어서 미루나무는 뿌리가 수분을 찾아서 땅속 깊이 내리는 사막성 나무이고 목질이 굳어서 건축자재로 사용한다고 했다.

우리는 타클라마칸사막 북쪽을 향하여 달리고 있었다. 이날의 낮 기온은 36도까지 올라가 있어 차 속에 있어도 체력이 소모되는 것 같았다. 열사(熱沙)의 사막 길을 달려 어느 한곳에 이르니 도로변에 인가가 20여 호 있는데 차를 세웠더니, 갑자기 10여 명의 여자들이 물통을 들고 와서 시원한 생수를 권했다. 사막에서 목마를 때 물을 나누어주는 사람들이 있으니 얼마나 고마운 일인가! 우리는 주는 대로 실컷 마셨다.

앞에서도 언급했지만 타클라마칸사막은 그 길이가 800km나 된다. 그리고 고비사막과 이어지는 대사막이다. 이곳에는 하루에 어쩌다가 트럭이 한두 대 지나갈 뿐이고 다른 교통편은 전혀 없다. 그러므로 열사의 사막을 지쳐서 달려온 사람들에게 생수를 공급한다는 것은 용기를 주는 것과 다를 바 없다. 그들은 매우 친절하였다. 앞으로 체머까지는 인가가 없으니 물을 많이 먹고 가라는 그들의 말에,

우리는 이곳에서 식사를 하고 가려고 한 작은 식당으로 들어가서 우동을 주문했다. 그런데 주인 아주머니의 우동 만드는 솜씨가 아주 특이했다. 일반적으로 우동 만드는 방법은 수타면 식이 있고, 기계로 뽑는 방법, 칼로 썰어 만드는 국수가 있다. 부인은 부지런히 밀가루 반죽을 하더니 그것을 모지(母指)와 식지(食指) 사이에 넣고 손에 힘을 주어 굵지도 않고 가늘지도 않게 뽑은 후, 그것을 다시 수타면 식으로 흔들어서 우동을 만드는데 그 손동작이 어찌나 빠른지 잠시 동안 4인분의 양을 만들어냈다. 그리고 맛도 쫄깃쫄깃하고 좋았다.

우리는 마을을 떠날 때 생수를 가지고 온 고마운 여자들에게 선물을 나누어주고 체머 길을 재촉했다. 체머에는 하오 6시에 도착했다.

체머는 현청 소재지지만 우리나라 면소재지 같은 작은 곳이다. 이곳은 사풍이 어찌나 심하게 부는지 모든 물체는 황사 먼지 속에 뿌옇게 가려져 있었다. 그 속에서 위구르족들은 모자를 쓰고 마스크를 하고 다니는 그들의 모습은 희미하게 나타났다가 금세 희미하게 사라져가는 먼지 속 인생 같았다. 우리는 4월이 되면 중국에서 날아오는 황사로 야단법석을 하지만 그 사풍의 발원지인 타클라마칸사막에서 살고 있는 사람들을 생각하니 측은한 마음이 들었다.

7월 4일, 오늘도 사풍은 계속되었다. 어제는 가마솥 같은 사막에서 고생을 했기 때문에 출발 전 식수를 챙기고, 수분이 많은 사텐(砂田) 수박을 넉넉히 구입했다. 사텐 수박은 산지가 '횡탕(亨堂)'이라는 곳이어서 일명 횡탕 수박이라고도 불렀다. 사막의 기온이 낮과 밤의 온도차가 극심해서 이곳에서 생산되는 수박은 껍질이 얇고 수분이 많으며 당분이 높다. 게다가 향기까지 좋아서 사텐 수박이라면 중국에서 최고로 치는 품종이다. 이렇게 식수와 과일을 준비하고 9시 30분 체머를 출발, 다음 목적지인 루어창(若羌)으로 향했다.

체머에서 루어창까지는 389km. 체머에서 약 10km쯤 떨어진 곳에 큰 강이 하나 있었다. 다리가 있는데 70m는 족히 넘을 것 같았다. 강의 이름은 아야리커허(阿雅里克河)라 한다. 그런데 다리를 건너면서 무심코 전진하다 차가 모래더미에 빠졌다. 알고 보니 그곳은 평소에 모래바람이 심한 곳이었다. 중국 도로국에서 갈대를 엮어 이중으로 방풍 울타리를 쳐놓았지만 바람에 실린 모래는 방풍 울타리를 넘어 도로 곳곳에 작은 모래더미를 만들고 있었다. 대원 네 명이 약 한 시간 동안 삽으로 모래를 파내고 돌로 차바퀴를 받치고 겨우 통과했다. 그리고 300m쯤 가서 차는 다시 모래 속으로 깊이 빠져 버렸다. 모래를 파내고 돌을 바퀴 밑에 고이면서 약 두 시간 동안 방법을 다 써보아도 차체가 모래에 닿아서 차는 꼼짝하지 않았다. 참으로 큰일이었다. 운전사는 티베트로 꼭 가려거든 다시 카슈가르로 해서 우루무치로 돌아가는 길밖에 없다고 한다. 진퇴양난이었다. 나는 최후 결정을 하기 전에 먼저 정찰을 하기로 했다. 그래서 약 200m 전방까지 가서 살펴보았는데 앞으로 갈수록 도로에 모래가 너무 많이 쌓여 전진이 불가능했다. 돌아와서 대원들에게 사유를 이야기하니 모두 답답해 할 뿐이었다. 방법이 없어 결국 후퇴하기로 결정했다.

이제 우루무치를 돌아 티베트로 가자면 아무리 빨리 가도 일주일이 더 걸린다. 빠듯한 예산에 이번 탐험은 이것으로 끝나는 것 같았다. 그러나 후퇴를 한다 해도 모래더미에 빠진 차를 꺼내야 하지 않는가! 아무리 해도 차는 빠져 나오지를 않았다.

그런데 이때였다. 하루종일 차 한대가 다니지 않은 곳에 트렉터

한 대가 사막 저쪽에서 나타나 다가오고 있는 것이 아닌가! 천우신조라더니, 우리 모두는 두 손을 번쩍 들어 차를 세우고 운전사에게 사정을 호소했다.

트렉터 운전사도 우리의 처지를 인식하고 즉시 트렉터를 돌려 세우고 봉고차를 모래 속에서 끌어올리려고 했다. 신덕영 씨가 3톤 무게에도 견딜 수 있는 카라비너를 봉고차 견인 고리에 걸고 끌었다. 그러나 카라비너가 대번에 부러져 나갈 뿐, 이번에는 카라비너 두 개를 걸고 당겼으나 두 개 모두 부러졌다. 이탈리아제도 힘을 쓰지 못했다. 하는 수없이 와이어 줄을 봉고차 앞 데후에 묶고 끌어올렸더니 그제야 차체가 올라갔다. 우리 대원들은 모두 환성을 울렸다.

그리고 그는 우리 차를 순탄한 길이 나올 때까지 약 7km지점까지 끌어다 주어 다행스럽게도 사막지대의 험로를 빠져나올 수 있었다. 우리는 감사의 표시로 사례를 표시했으나 그는 극구 사양했다. 우리나라 같으면 대가부터 우선 따지고 나중에 별도로 금액을 더 요구할 수도 있지만 그 티베트 운전사는 일이 끝난 후 회오리바람이 부는 사막 속으로 말없이 사라져 갔다. 나는 지금도 그 고마운 운전사를 잊을 수가 없다.

이때가 오후 2시경, 다시 사막을 달리면서 점심 먹을 곳을 찾다가 3년 전 1991년 타클라마칸사막을 탐사할 때 잠시 쉬고 간 적이 있는 낯익은 다리를 발견했다. 반가운 마음으로 개울가로 내려갔더니 그때는 물이 적었는데 금년은 수량이 많은 것으로 보아 쿤룬산의 빙하가 녹기 시작한 모양이었다.

물 색깔은 흡사 우유를 물에 탄 것처럼 연한 우윳빛이고 물속은 수온이 차가워서 더위를 씻기에 충분했다. 우리는 수박을 물에 담궈

놓고 발을 물에 담그고 앉으니 졸졸 흐르는 물소리에 마음까지 시원해지는 것 같았다. 개울물로 라면을 끓여 먹고 수박도 먹었다. 타는 듯한 사막에서 수박 이상 더 좋은 과일이 없었다.

그런데 식사가 끝날 무렵 갑자기 날씨가 험악해졌다. 쿤룬산맥 멀지 않은 곳에서 7~8개의 돌개바람이 일어나더니 하늘높이 솟구쳐 올라가고 있었다. 돌개바람은 어느 곳에서나 마찬가지로 일단 발생하면 빙빙 원을 그리고 하늘로 올라가다가 사라진다. 그러나 이곳 돌개바람은 그 규모가 크고 위력이 대단하다. 황사를 안고 세차게 하늘로 치솟아 올라가는 모습은 마치 사막에 원폭이 터져 모래기둥이 생기는 것 같은 양상으로 변한다. 다만 빙빙 돌아 올라가는 것이 다를 뿐이다.

사막은 순식간에 무서울 정도의 광풍으로 변했다. 이어 그 돌개바람은 진로를 우리 쪽으로 맹렬하게 밀려오고 있었다. 보기에는 장관이었다. 이승원 씨는 이 광경을 앵글에 담으려고 카메라를 꺼내 들었다. 그러나 그때는 이미 광풍이 우리 차를 덮쳤다. 우리는 사진도 제대로 찍지 못하고 서둘러 차에 올라 발진시켰다. 순식간 무엇이 일어날 것 같은 공포 속에 차는 몹시 흔들리고 장대비가 쏟아졌다. 그러나 그것은 장대비가 아니고 돌개바람에 휘말려 하늘에 올라갔던 모래가 다시 떨어지는 것이 소낙비처럼 보인 것이다.

모래바람은 너무나 위력적이었다. 만일 우리가 돌개바람의 중심부에 있었더라면 자동차도 사람도 다 빨려 하늘로 날려갔을 것이다. 한바탕 사풍을 겪고 나서야 문득 민횡에서 만난 한 관리의 말이 생각났다.

그는 타클라마칸사막은 100년에 약 2km씩 팽창하고 있다고 말했다. 그 실례로 과거 당송(唐宋) 시대의 도시국가였던 루란, 미란, 니야 고성 등 수많은 도시국가들이 사막 속으로 묻혀 폐허가 되었다. 앞으로 최소한 수세기를 지나면 지금의 허톈, 민훵, 체머 등 천산남도의 모든 도시가 사막 속으로 사라지게 될 것이라고 우려했다.

해마다 4월이면 타클라마칸사막의 황사는 우리 한반도를 황사로 뒤덮고 있다. 그 사막이 더욱 팽창하여 쿤룬산맥을 넘어 티베트와 칭하이성을 지나 내륙을 위협할 때 그것은 인류의 재앙이 될 것이라고 생각되었다. 그것을 막는 일은 오직 타클라마칸사막에 수로를 만들어 식수를 하는 것이 최상의 방법이라고 생각했다.

오후 늦게 사풍은 잦아지고 멀리 희미하게 백양나무 숲이 보이기 시작했다. 곧 오늘의 목적지인 루어창(若羌)이 다가오고 있었다. 루어창도 역시 사막 속에 잔존한 부락의 하나로 연평균 강우량은 겨우 15mm, 시위난도(西域南道)의 녹주 중에서 제일 건조한 지방이다. 우리는 루어창 빈관에 도착해서 카메라를 점검하니 이승원 씨의 카메라는 미세한 먼지가 카메라에 끼어 셔터를 마비시켰다. 수년이 지난 지금도 카메라에서 서걱서걱 소리가 난다고 한다.

### ● ─── 미란(米蘭) 고성 ●

7월 5일, 우리는 미란(米蘭) 고성으로 향했다. 미란은 한나라 말엽인 서한시대(西漢時代)에 '선선왕국(歡善王國)'이 번성하던 옛 고성이다. 이 고성이 세상에 알려지게 된 것은 1907년 스다인 탐험가에 의해 미란의 유적이 처음 발굴되면서 알려지게 되었다.

당시 미란은 인구 1만 명이 넘던 큰 도시국가였으나 7세기 말경부터 몰락의 길을 걸었다. 토번인의 입거(入據)가 있었으나 생활용수로 쓰이던 로부놀(羅布泊) 호수가 고갈됐기 때문이었다. 옛날 스페인의 탐험가 스벤헤딩 박사가 탐험할 때는 커다란 호수였는데 지금은 사막에 분지 모양으로 움푹 패여 호수의 흔적을 짐작케 할 뿐 물은 전혀 없다.

그러나 로부놀 호수의 생성과정은 참으로 신비로웠다. 앞서 소개했던 위룽하스강과 하라하스강, 그리고 수많은 하천은 타클라마칸사막의 중앙부에 이르러 타림강과 합류되어 강폭 100m, 수심이 4m에 이르는 대하를 이룬다. 타림강은 타림분지를 흐르는 동안 사막의 높은 기온에 의해 더러는 증발하고 더러는 타림분지로 스며들어 자취를 감추고 지하로 흐르다가 예기치 않은 곳에서 되살아났는데, 그것이 바로 로부놀 호수이다. 헤딩 박사는 로부놀 호수의 생성주기설을 주장했다. 그가 당시 현지인들 사이에 전해 내려오는 얘기와 역사 유적을 조사한 바에 의하면 1,600년을 주기로 호수는 만수가 되었다가 조금씩 줄어들어 아예 물이 말라버리고 난 후 다시 물이 생겨난다는 것이었다.

호수에는 또 하나의 신비가 있다. 역사 기록에는 염호(塩湖)라고 씌어 있는데 헤딩 박사가 탐험했을 땐 담수(淡水)였다는 것이다. 그래서 헤딩 박사는 '방황하는 호수'라는 명칭을 지어 놓았다. 하여간 로부놀 호수의 성장과 소멸은 미란과 운명을 같이했다. 호수의 물이 생기면 사람들이 몰려들었고 물이 빠지면 떠나갔던 것이다.

왕도가 폐허가 된 지도 1,300여 년이 흘렀다. 번성기에는 수로를 만들어 농사를 지었다고 하나 지금은 풀 한 포기 없는 황막한 사막 한가운데에 약 5km 간격으로 허물어진 성곽과 성루가 군데군데 남아 있을 뿐이다. 높은 성루에 올라서니 성터가 한눈에 바라다보였고, 고성을 지키는 중국인 안내원이 친절하게 설명해 주었다.

옛것 중에서 유일하게 손상되지 않은 토탑 두 개가 있는데, 하나는 심한 모래바람이 불면 피신처로 쓰던 방풍탑이고 또 하나는 봉화탑이라고 하였다. 젊고 친절한 그 안내원은 원래는 사진촬영이 금지된 구역이지만 멀리 한국에서 오신 분들에게만 사진촬영을 허락한다고 했다.

우리는 미란 고성을 두루 돌아보고 유첸즈(油泉子)로 향했다. 원래는 간슨(甘森)을 경유해서 가려고 했는데, 간슨에 내린 폭우로 도로가 유실되어 부득이 알진(阿爾金)산맥의 비상용 도로를 이용할 수밖에 없었다.

산맥의 협곡지대에 들어섰을 때 차가 노상에 튀어나온 돌을 피하려고 하다가 구덩이에 빠져 대원들이 차바퀴 밑을 파고 돌을 고이고 잭으로 들어 올려 간신히 빠져 나왔다.

오후 5시경, 알진산맥을 넘어 유첸즈를 20km 앞두었을 때는 차가 원인모를 고장이 났다. 운전기사가 고쳐 보려고 몇 시간을 낑낑댔으나 고장 원인조차 찾지 못했다. 사람들은 자연히 운전기사에게 차가 고장났는데 원인도 모르고 있으니 이 사막에서 어떻게 할 것이냐고 불만을 털어 놓았다.

그러나 사막의 밤은 추워오는데 방법은 하나밖에 없었다. 야영을 하면서 내일을 기다리는 수밖에 없었다. 옷을 방한복으로 갈아입고 천막을 치려고 하는데 고원 저쪽 멀리서 차 한 대가 헤드라이트 불빛을 쏟으며 달려오고 있었다. 하루종일 산길과 사막을 달려왔으나 차 한 대도 만날 수 없었는데 마침 이럴 때 나타났으니 얼마나 반가운지 마치 구세주를 만난 것 같았다. 우리는 운전기사에게 사유를 이야기하고 유첸즈까지 예인해 줄 것을 부탁했다. 그는 우리의 요청을 쾌히 들어 주었다. 이때 시계를 보니 새벽 2시 20분이었다. 우리 차는 트럭에 예인되어 새벽 3시 30분에 유첸즈에 도착했는데 모두 지쳐 있었다.

안내원을 따라 어느 여관으로 갔는데 너무 지쳐 있었기 때문에 여관 이름도 모르고 잤다. 그 날은 차도 수리할 겸 이곳에서 하루를 쉬고, 그 이튿날(7월 7일) 다음 목적지인 걸무(格爾木)로 향했다. 이곳에서 걸무까지는 약 680km. 하루 일정으로서는 먼길이다. 이 지역은 지명이 말해 주듯 유전지대이다. 유첸즈를 출발, 얼마 안 가서 유전지대가 보이기 시작했는데 그 규모는 대단했다. 멀리 가까이 평지와 구릉지대에서 갈쿠리같이 생긴 육중한 수많은 시추기가 천천히 작동하고 있는 장면은 서부영화에서 보던 유전 개척기의 모습 그대로였다.

나는 안내원에게 하루 생산량을 물었더니 그는 현재는 시추중이라고 했다. 유전지구를 벗어나 한 고갯길을 오르는데 연도에서 조금 떨어진 골짜기에 검은 물이 질펀하게 도랑을 적시고 있었다. 그런데 그것은 분명히 원유였다.

석유 한 방울 나지 않는 우리로서는 그저 부럽기만 했다.




티베트와 칭하이성에는 크고 작은 호수가 1천5백 개가 있다. 그 대부분이 티베트 북부고원과 칭하이성 서부지역에 집중되어 있으며,

이곳은 세계 최고의 고원호수지역이라고 할 수 있다. 그 중에서 제일 큰 호수는 칭하이성에 있는 칭하이호(青海湖, 고고노루)인데 면적은 4,635km²로 중국 최대의 반염호수이다. 그리고 티베트의 중부지역에 있는 나무쵸(納木錯) 호수의 면적은 1,940km²이고 해발고도는 4,759m로 세계에서 제일 높은 곳에 있다. 이곳은 대염수호이다.

이와 같이 칭장(青藏)고원과 티베트고원에는 호수가 많으며 그 대부분은 염수호이고 담수호는 빙하 녹은 물이 흘러내려 고인 구조호로 그 수가 많지 않다. 염수호는 우기 융설기에는 염분이 줄어들고, 가을에는 농도가 진해지며, 겨울에는 소금으로 침적한다.

갑자기 노변에 큰 염수호가 보이기 시작했다. 물빛은 감청색 물빛이고 호변에는 소금이 쌓여 있는데 소금과 물의 경계선이 분리되어 마치 흰 띠처럼 둘러 있었다. 우리는 염수호의 기관을 보면서 달리는 차창으로 문득 앞을 바라보니 멀리 호수 끝부분에 산이 있고 그 밑으로 숲이 있었다. 다시 보아도 그것은 분명 수림이었다.

사막의 한가운데서 타는 듯한 태양 빛은 건조한 대지를 복사열로 태우고 있었다. 가도 가도 끝이 없는 사막 길에서 숲을 만나니 피로가 가시는 듯 생기가 났다. 어서 가서 저 나무그늘에 앉아서 시원한 물을 실컷 마시자고 즐거운 마음으로 가는데, 오른쪽으로 또 하나의 수목이 우거진 마을이 있고 양떼가 풀을 뜯고 있었다. 그러나 잠시 후 그 숲과 마을은 서서히 소멸되어 갔다. 그리고 그곳에 호수가 있고 섬이 나타났는데 섬들은 물결에 둘러싸여 출렁이고 있었다.

하지만 그것은 순식간에 형태도 없이 우리 앞에서 사라졌다. 우리는 이 변화무쌍한 풍경이 바로 '신기루'의 출현임을 알았다. 우리는 신기루 현상에 홀리고 있었던 것이다. 안내원은 티베트의 염수호지대에서는 이러한 현상이 심심찮게 나타난다고 한다. 그것은 사막의 뜨거운 열기로 호수의 수분이 김이 되어 상승하면서 흘러 움직일 때 특유한 작용으로 나타나는 현상이었다.

차는 어느덧 염수호를 벗어나서 황막한 고원을 달리고 있었다. 그런데 이곳은 거대한 다른 풍경으로 변했다.

이승원 씨는 "와!" 하고 소리쳤다. 나는 미국의 '그랜드캐니언'은 보지 못했지만 세상 어느 풍경과도 비교할 수 없는 신비한 지대에 와 있었다. 내가 굳이 표현하라면 월세계라고나 할까? 아니 그보다 더 기기묘묘했다. 풀 한 포기 없는 황갈색의 광활한 고원에 황토로 빚어진 흙기둥이 몇백, 몇천 개인지 수를 알 수 없이 즐비하게 서 있다. 그 흙기둥의 높이는 15~30m이고 둘레는 40~50m씩 되었는데 흙을 아무렇게 빚어 쌓아올린 것 같았다. 형상도 다양해서 사람 모양을 한 것도 있고 짐승 모양을 한 것도 있고 어떤 것은 부인이 다소곳이 앉아 있는 모습 같았다. 이것은 대자연이 연출한 놀라운 대작품이었다. 참으로 경이로운 풍경에 모두 넋을 잃고 있는데 한 대원은 달나라보다 여기가 더 신비하다고 말했다.

그리고 나서 얼마를 달렸을까. 이번에는 구릉 같은 흙더미들이 나타나 그 속에서 반짝반짝 하는 빛을 내는 물체가 있었다. 이상히 여겨 차에서 내려보니 그것은 운모(雲母)였다. 넓은 들에 크고 작은 운모들이 햇빛을 받고 반짝이고 있는 모습은 참으로 찬란했다. 나는 이때 이 운모의 산이 우리나라에 있다면 얼마나 소중한 광물일까 하고 부러움을 금치 못했다.

다시 끝없이 이어지는 것은 소금 고원이다. 당초 이곳에 불도저로 길을 닦을 때 노출된 부분인데, 소금층은 땅속 1m 밑에 약 1~

2m 두께로 깔려 있었으며, 아주 희고 먹음직했다. 이 소금 길은 약 40분 간 계속되는데 나는 무진장하게 매장된 소금자원에 다시 놀라고 또 놀랐다.

우리 차는 어느덧 걸무(格爾木)로 다가가고 있었다. 사방을 바라보니 일망무제의 차이다(柴達) 분지가 전개되었다. 안내원은 차이다 분지의 크기를 6만km²라고 설명한다. 그야말로 끝도 없는 망망대고원이다. 그런데 이곳에는 세계 최대의 찰한(察爾汗) 염호가 있다. 그리고 루차카(如茶卡), 커커(柯柯) 염호도 있다.

나는 지난 1991년 간쑤성(甘蕭省), 시닝(西寧)에서 칭장공로(青藏公路)를 따라 걸무로 가던 중 걸무시의 서북쪽 60km 지점에서 찰한염호를 보고 너무나 놀랐으며 한편으로는 이 호수를 만들어 놓은 신의 섭리에 놀라움을 금치 못했다.

아주 먼 옛날, 칭장고원은 허허 바다였는데 천지개벽으로 바다가 육지로 변하는 과정에서 신비한 염호가 만들어진 것이다. 총면적은 1,500여 ㎢, 그 속에는 3~4m의 두께의 아주 흰 소금이 매장돼 있었다. 총 매장량은 중국 인구가 1만 년을 먹어도 남는다고 한다.

지금은 찰한염호까지 철도가 부설되어 포크레인으로 소금을 퍼올리고 있다. 이밖에 티베트에는 암연이 무진장으로 매장되어 있다고 한다. 우리는 오후 9시 30분에 무사히 걸무에 도착, 걸무빈관에 여장을 풀었다.


### ● 쿤룬산(崑崙山)의 사금 ●

걸무시는 칭하이성에서 두 번째로 큰 도시이다. 인구는 약 13만 명이며, 고도는 해발 2,800m인 신흥도시로서 주요 산업은 농업과 목축이며 천막산지로도 유명하다. 시닝(西寧)에서 이곳까지 기차가 다니고 비행기도 운항하며, 칭장공로(青藏公路), 칭촨공로(青川公路), 둔거공로(敦格公路) 등 각 성으로 이어지는 중요 교통 요충지이기도 하다.

우리는 이곳에서 먼저 해야 할 일이 있었다. 앞으로 쿤룬산을 넘게 되면 고도가 4,000m 이상 높아지므로 비상용으로 산소통이 필요했기 때문이다. 그래서 시내로 가던 중 '중시(中西)의원' 간판을 보고 들어가 보니 의사는 환자로 보았는지 반색을 하며 의자를 권하였다. 우리는 고소용 산소통을 구하려는 뜻을 밝혔더니 그는 친절하게 가르쳐주고 나서 약장에서 약병 하나를 들고 나와 고산병에 특효약이라고 일러주었다. 약명을 보니 '안차젠펜(氨茶礆片)'이라고 적혀있었다. 그 약은 폐활량을 촉진시키는 약이라기에 필요할 것 같아 한 병 사고, 의사가 알려준 상점에서 베개 모양으로 된 용량 7분짜리 산소통 14개를 구입하였다. 산소통과 약을 구하고 나니 마음이 다소 홀가분해지는 것 같았다.

걸무를 출발, 약 20km쯤 가니 '차이다무(柴達木)' 분지가 거의 끝나고 쿤룬산맥으로 들어섰다.

소년시절 '산지조종'이라고 들어왔던 쿤룬산! 서울을 떠날 때부터 조급하게 보고 싶던 쿤룬산! 이제 그 위대한 산에 발을 딛고 서니 어린아이처럼 들뜬 마음을 감출 수 없었다.

이 무렵 쿤룬산에는 많은 사람들이 경운기를 타고 혹은 트럭을 타고 모여들고 있었다. 그 중에는 가족을 모두 데려온 사람들도 적지 않았다. 그 행렬은 줄을 이어 끊이지 않고 이동하고 있었다. 나는 마차를 타고 가는 한 사람에게 어디로 가느냐고 물었더니, 쿤룬산으로 사금(沙金)을 캐러 간다고 한다. 사금을 캐려면 물이 있어야 하는데 지금이 우기이므로 적기라는 것이다. 그들의 말에 의하면 이 시기에 사금 캐러오는 사람이 10만 명이 넘는다고 하니 계곡마다 인산인해였다. 그들은 손가락 끝을 가리키면서 운이 좋은 날은 하루에 이 정도 크기의 사금을 만날 수 있다고 하면서 부푼 마음으로 큰 골짜기로 흩어져 들어가고 있었다.

우리는 한 개울가에서 천막을 치고 사금 캐는 사람들을 만났다. 저마다 강가에 사금 채취틀을 설치하고 작업을 하고 있었는데 채금 방법은 우리나라와 같았다. 4인이 일조가 되어 세 사람은 삽으로 강바닥의 흙을 파서 올리고 다른 한 사람은 물통으로 물을 떠서 뿌리며 호미로 흙을 긁어 올리고 내리고 하였다. 그렇게 하면 무거운 금은 자연히 수채바닥에 가라앉게 된다.

이렇게 하여 작업이 끝나면 수채바닥에 가라앉은 부떼기를 거두어서 큰 함지에 담아 쌀을 이는 것처럼 일면 흙은 빠져나가고 무거운 금은 함지바닥에 남는다.

그들이 함지를 보여주는데 큰 것은 없고 좁쌀 정도의 색깔이 좋은 황금 30~40개가 함지바닥에서 빛나고 있었다.

역시 사금이 많은 곳이라고 생각하며 다시 길을 재촉하는데 계곡에는 군데군데 사람이 기거하던 동굴이 많이 보였다. 그 동굴은 아마도 옛날 사금 캐는 사람들이 기거하던 곳으로 추정되었다.

쿤룬산에서 사금 캐는 신기한 모습을 보고 또 얼마를 가니 쿤룬산 광천수가 나오는 나츠타이(納赤台)에 도착했다. 이곳에서 흘러나오는 서역 제일의 생수를 실컷 마시니 그 시원한 물맛에 그동안의

곤륜산(崑崙山)의 사금 채취장

갈증이 모두 풀리는 듯한 개운함을 느꼈다.

이 생수에는 우리 몸에 좋은 미네랄 성분이 많다던가!

### ● 텐장(天葬) ●

나츠타이를 지나면 산세는 높아지고 풍경은 황막한 고원으로 변한다. 어느 정막한 고원을 지나는데 바라보니 묘당 앞에 무섭게 생긴 들개 한 마리가 사람의 무릎 뼈를 뜯어먹고 있었다. 버럭 고함을 질러 쫓아버리고 옆에 있는 게시판을 보니, 첫번째 글자는 지워져서 분명하지 않으나 나중 두 글자는 확실히 장대(葬台)라고 적혀 있었다. 장대라면 조장(鳥葬)하는 곳이 아닌가!

나는 1990년, 시카체의 자스룬부 사원에서 장대를 보고, 이번이 두 번째이다. 옛날 이곳에는 본교(苯敎, 원시종교)가 흥성하던 시기에는 토장을 하였는데, 불교가 들어오면서 일종의 티베트 특유의 독특한 장례(천장·수장·화장·탑장)가 성행하였다. 그 중 천장은 독수리가 시신을 다 먹고 하늘로 날아가면 영혼도 함께 올라가서 다시 이 세상에 좋게 태어난다고 믿고 있는 것이다. 그래서 티베트 또는 칭하이성(青海省)에서는 조장을 텐장(天葬)이라고 불린다.

개가 뜯어먹던 척추뼈를 살펴보니 누런 기름 덩어리가 남아 있는 것으로 보아 텐장을 지낸 지 얼마 안 된 것 같았다. 곳곳에 인골과 죽은 사람의 옷가지와 신발이 너절하게 널려 있어 주위가 스산하다 못해 괴기스러웠다.

장대의 구조는 시카체의 자스룬부 사원에서 본 장대와는 달리 돌과 흙을 쌓고 그 위에 시멘트를 발라 평평하게 만들었는데 높이는

장대(葬台). 이곳에서 시체를 처리한다. 장대에는 자잘한 뼈조각이 어지럽게 널려 있다.

지면에서 60cm 정도이며 길이는 2m50cm이고, 폭은 약 1m80cm가
량 되어 보였다. 장대에는 자잘하게 부스러진 뼈조각과 이빨이 어지
럽게 남아 있었다.

안내원은 장대를 가리키면서 독수리가 먹기 좋게 하기 위해 시
체를 칼로 잘게 자르고 뼈를 부수는 곳이라고 설명했다.

시신의 머리가 놓이는 장대 끝에는 나무 말뚝이 꽂혀 있고, 피가
묻은 노끈들이 감겨져 있었으며 그 옆으로는 커다란 쇠망치와 중국
식 식도, 작은칼들이 섬뜩하게 놓여 있었다. 안내원은 계속해서,

"여기서 가까운 곳에 마을이 있을 겁니다. 사람이 죽으면 이곳
으로 옮겨와 시신의 목을 말뚝에 묶어 놓고, 칼로 배를 가르고 내장
부터 꺼내서 토막을 내죠. 손가락은 마디마디 자르고 큰 뼈는 식도
로 자른 다음 독수리 밥에 알맞게 두세 번 내리쳐 부순 후 다시 칼로
잘게 난도질해서 '짬바(티베트인들이 주식으로 하는 보릿가루)'에 버
무려 독수리에게 먹입니다."라고 말한다. 나에게는 안내원의 말투조
차 잔인스럽게 들렸다.

이와 같이 시신을 모두 칼로 자르고 부수는데, 때로는 무슨 이유
에서인지 갈비뼈나 무릎 뼈를 그대로 버릴 때가 있다. 조금 전 개가
뜯어먹던 무릎 뼈는 바로 그곳에서 버린 뼈이다.

그런데 장대 바로 뒤의 묘당 안에는 아이러니컬하게도 대자대비
하신 부처님이 온화한 미소를 짓고 계셨다. 아무리 이곳 풍습이라지
만 우리로서는 이해할 수 없었다. 끔찍한 텐장 터를 돌아보고 나오
는데 그 검은 개는 먼 곳에 앉아 있었고 냇가에는 독수리 10여 마리
가 군무를 하며 날아다니고 있었다.

우리는 다시 길을 재촉하여 황막한 고원을 달리는데, 노변에는

신비하게도 커다란 불탑들이 일렬로 우뚝우뚝 서 있었다.


#### ● ──── 마니투웨이(麻尼堆) ●

황막한 고원에 높이 10여 미터나 되는 커다란 불탑 8개가 나란히 서 있어 그 내력에 무슨 까닭이 있을 것만 같아서 우리는 가보지 않을 수 없었다. 경내로 들어가는 길목에 향을 태우는 소샹타(燒香塔)와 커다란 돌더미가 있었고, 그 위에 돌마다 불경을 새긴 돌과 불경을 새긴 야크의 흰머리 뼈가 놓여 있었다. 그리고 나무 장대에는 타루쵸 깃발이 펄럭이고 있었다.

그러면 이 돌더미의 의미가 무엇일까?

티베트에서는 마을 동구밖, 불탑이 있는 곳, 높은 산 고갯마루, 그리고 명소가 되는 들과 하천변 등 곳곳에 돌로 쌓아올린 돌더미를 볼 수 있다. 돌에는 티베트 문자인 육자진언 '옴마니반메훔(唵嘛呢叭咪吽)'과 각종 불교 경구가 새겨져 있다. 티베트에서는 이 돌더미를 '마니투웨이(麻尼堆)'라고 부른다. 돌에 새긴 글자는 판본같이 규범이 있으며 어떤 것은 해와 달, 용, 물고기, 짐승, 새의 상(像)이 있고 인신상(人身像)은 그 조각이 괴상망측하리만치 인간의 성을 노골적으로 표현하고 있었다.

또한 불교의식을 반영하는 석가모니, 열한 개의 얼굴과 천 개의 손과 눈을 가진 관음묘음 여신, 그리고 천왕상이 새겨져 있는데 그 묘사와 형상이 흡사 진짜와 같이 느껴지고 살아 있는 것처럼 생동감이 있었다. 그리고 불교에서 유래된 '연화생(蓮花生)', '문수(文殊)' 등의 상을 만든 것도 있다.

경전이 새겨져 있는 야크뿔. 티베트인들은 소뿔을 종교적으로 신성시하고 있다.

이와 같이 마니투웨이에 새겨진 티베트 문자와 다채로운 조각상은 종교의 산물로서 티베트의 아름다운 문화예술이라고도 할 수 있다.

티베트인들은 광범위하게 물신(物神) 숭배의식을 갖고 있기 때문에 이곳을 성역시하고 있다. 따라서 남녀노소를 가리지 않고 그곳을 지날 때에는 반드시 시계바늘이 돌아가는 방향으로 한 바퀴 또는 여러 차례씩 돌며 간다. 그곳은 인간의 화를 면하고 축복을 받기 위해서라고 한다.

특히 8탑의 유래에 대해서 안내원은 이렇게 설명하고 있었다.

옛날 '거살(格薩爾)왕'이 북벌할 때, 수하에 '샤바(夏巴)'라는 용맹한 장군이 있었는데 이곳에서 전투 중 전사하였고, 왕은 그의 공적을 기념하기 위하여 탑을 세웠다 한다. 8탑 중 샤바의 무덤이 있으며, 초원의 유목민들이 장력 매월 15일, 30일에 이곳에 와서 영웅의 영혼을 추도한다고 한다. 그리고 차를 타고 이곳을 지나는 사람들은 말이 요괴들 사이에서 질주하는 그림이 들어 있는 부적을 대량으로 뿌렸다. 이렇게 하는 것은 자신의 운을 잘 지켜달라고 기도하는 것이라고 한다. 우리차 운전사도 '끼끼수수라수라(革革素素拉素拉)'라고 중얼거렸다.

차는 다시 달리고 달려 어느덧 해발 4,720m의 쿤룬산커우(崑崙山口)에 이르렀다. 바라보니 거대한 산맥이 서쪽 카라코룸 지역에서 이곳까지 아득히 뻗어 있다.

나는 소년시절, 마을 어른들이 곤륜산(崑崙山)에 대한 이야기를 들려주었던 것을 기억하고 있다. 그 장대한 산을 서쪽에서부터 일주일 동안 타클라마칸사막을 지나오면서 눈 덮인 설령과 쿤룬산맥의 장대함을 내 눈으로 분명히 보았다. 확실히 그것은 히말라야산맥과 같이 천하의 대산맥임을!

때마침 온 산에 구름이 자욱이 피어오르더니 산들은 연무에 슬금슬금 잠기고 더러는 구름 위에 거무스레한 봉우리들이 점점이 솟아올랐다. 그 장엄한 풍취와 위용! 나는 한순간도 신비한 절경에 눈을 뗄 수 없었다.

그러면 쿤룬산커우는 어떤 곳인가! 쿤룬산커우(崑崙山口)는 글자 그대로 사람들이 다닐 수 있는 고개라는 뜻이다. 그리고 옛날 문성공주(文成公主)가 티베트로 시집가던 길이다.

유구한 세월 속에 실크로드는 중국 내륙 장안(長安, 지금의 서안)으로부터 서방쪽으로 진출하는 대동맥이었다. 그 노선은 허시주랑(河西走廊), 텐산베이루(天山北路), 텐산난루(天山南路), 시위난도(西域南道)가 있다. 실크로드를 좀더 자세히 설명하면 허시주랑은 쟈구관(嘉谷關), 안시(安西), 뤼저우(綠州)를 지나 신장성(新疆省)으로 진입하여 투루판(吐魯番)에 도달하는데 이곳이 바로 텐산베이루(天山北路)와 텐산난루(天山南路)가 두 갈래로 갈라지는 곳이다. 여기서 북향하여 하미(哈蜜), 우리무치(烏魯木齊)에 이르고, 거기서 서행(西行)하여 이리(伊梨), 아라무투(阿拉木圖)를 거쳐 서방쪽으로 진출하는 루트를 소위 텐산베이루라고 한다. 텐산난루는 투루판에서 서행, 엔치(焉耆), 쿠처(庫車), 아커수(阿克蘇), 카슈가르(喀什噶爾)를 거쳐 아프가니스탄 또는 이란에 도달한다.

시위난도(西域南道)는 안시(安西)에서 둔황(敦煌), 루란(樓蘭), 루어창(若羌), 체머(且末), 허텐(和田), 카슈가르를 거쳐 아프가니스탄 또는 이란으로 진출한다.

운부샹(文部鄕)의 5탑

그리고 쿤룬산커우 노선은 청두(成都)에서 서행하여 난장(南疆)으로 진입한 뒤 루어창, 체머, 허텐을 거쳐 카슈가르에 이른다.

이와 같이 쿤룬산커우는 베이장(北疆)에는 못 미치지만 의미있는 고개라고 할 수 있다.

그러나 이 고갯길에 옛 자취라고는 찾아볼 수 없고, 어느덧 석양이 물들기 시작했다. 정적한 깊은 고갯길에서 바라보는 낙조의 만산군 봉에 잠긴 채운은 그윽하고 심엄한 모습이었다.

다시 길을 재촉하면서 나는 쿤룬산에 몇 번이나 목례(目禮)를 드렸다. 세계에서 제일 장대한 쿤룬산맥이여! 그 높은 기개를 억만년 존영(存榮)하소서!

쿤룬산커우를 넘어서니 해는 지고 밤이 어둑어둑한데 칭장공로에는 도로공사가 한창이었다. 10월에 준공할 목표로 인부 2만 명이 동원되어 밤중에 횃불을 들고 작업을 하고 있는 모습은 마치 횃불의 성곽을 이룬 듯하여 경탄하지 않을 수 없었다. 이와 같이 야간공사 때문에 길이 더뎌 튀튀허(沱沱河)에는 밤 12시경에 도착했다. 그런데 문제가 생겼다. 오는 도중 모두 높아지는 고도에 고산증으로 고생하였는데 한 대원이 차에서 내리자마자 고산증을 호소해 왔다.

그는 차에서 내리는 순간 몸이 공중으로 붕 뜨는 기분이라며 발을 디디면 땅속으로 꺼지는 것 같다는 것이다. 즉 고산병 가운데서도 중증이 나타난 것이다. 우리는 급히 숙소를 정하고 우황청심원을 먹이고 걸무(格爾木)에서 산 '안차젠펜(氨茶礆片)'도 먹였다. 그리고 걸무에서 구입한 산소통을 사용했더니 점점 안정을 회복해갔다. 참으로 필요할 때 요긴하게 쓰게 되어 다행이었다.

7월 10일, 날씨가 맑았다. 8시 30분에 억지로 죽을 먹고, 양즈강

(楊子江) 제일교로 나갔다. 양즈강에는 수없이 많은 다리가 있다. 그러나 이 다리는 양즈강의 첫번째 다리가 된다. 바라보니 탕구라산 (唐古拉山)에서 흘러오는 한줄기의 물줄기가 사주를 적시고 있었다.

우리는 양즈강을 구경하고, 9시 30분 튀튀허를 출발, 다음 목적지인 나취(那曲)로 향했다. 구간 거리는 약 420km, 나취로 가는 도중에는 유명한 탕구라산(唐古拉山, 해발 5,220m)이 있는데 일행은 이곳을 넘으며 고산증을 염려하지 않을 수 없었다. 그러나 그동안 오면서 적응이 되었는지 이상없이 초원을 달렸다.

어느 고원 외딴 마을이 있는 곳을 지나는데 여자들이 7, 8명 모여 고함을 지르고 있었다. 무슨 일이 벌어진 것 같아서 차에서 내려보니 늑대가 양을 잡아먹고 있었다. 여인들이 손짓하는 곳을 보니 청년 5, 6명이 엽총과 칼을 휘두르면서 언덕을 달려가며 총을 쏘아댔다. 늑대는 총소리에 언덕 너머로 도망치고 양떼들은 사방으로 흩어졌다. 한바탕의 소란이 있은 후에 떠들던 여인들도 조용해졌다. 여인들의 이야기는 늑대가 양 한 마리를 물어 죽였다는 것이다.

나취에는 밤 9시에 도착, 나취빈관(那曲賓館)에 여장을 풀었다. 나취는 해발 4,507m, 티베트에서 세 번째로 큰 도시로서 칭장공로 (青藏公路)와 촨장공로(川藏公路)가 연결되는 교통 요충지이다. 『신당서지리지(新唐書地理志)』에 의하면 당대(唐代)에는 칭하이(青海) 의 시닝(西寧)에서 이곳에 이르기까지 많은 역참이 있었으며, 이 노선은 청대에 이르기까지 유지되었다고 기록하고 있다.

7월 11일, 오늘은 라사로 가는 날이다. 나취에서 라사까지의 거리는 약 324km, 티베트에서는 유일하게 2차선으로 포장된 아스팔트길이다.

티베트의 하늘은 청옥같이 푸르고, 그 하늘에 흰구름이 둥실 떠서 흘러가는 모습은 너무나 낭만적인 풍경이었다. 나는 넓고 시원한 창공을 바라보면서 그저 끝없이 가고 싶었다.

라사에는 오후 3시에 도착, 전에 숙박한 적 있는 홀리데이호텔에 여장을 풀었다. 우선 목욕을 해야만 했다. 한 달 가까이 목욕을 할 수 없었으니 몸이 근질근질하여 견딜 수 없다.

티베트에는 물도 귀하지만 따스한 물도 없으며 강에서는 추워서 몸을 씻을 수가 없다. 오랜만에 욕실에 들어가 몸을 씻으니 날아갈 듯 개운했다. 저녁식사는 티베트 음식과 양식을 겸한 뷔페식 음식인데 그런 대로 좋았다. 나는 식사 전에 먼저 대원들에게 감사의 말을 하지 않을 수 없었다.

그동안 어려웠고 고통스러웠던 여정을 묵묵히 참고 이곳까지 온 것은 대원들의 인내와 단합된 힘이라고 치하했다. 그리고 4, 5일이면 네팔로 갈 수 있으니 힘을 내자고 했다. 그런데 대원들이 뜻밖에 사업상 사정으로 먼저 돌아간다는 것이 아닌가! 한 대원은 퉈퉈허를 회상하면서 그때도 고산병으로 죽을 뻔했는데 지금도 건강이 안 좋다면서 귀국한다는 것이다. 시안(西安)에서 따라온 안내원 박성범(옌벤 조선족)도 그동안의 고생이 심해서인지 시안으로 돌아가겠다고 하였다.

나는 진퇴양난이었다. 서울을 떠나기 전 친지들이 행차를 우려

하고 걱정해 주던 사실이 지금 실제로 표출되고 있는 것이다. 그러나 수만 리 먼길을 찾아왔는데 중도에 포기할 수는 없었다. 나의 이번 목적은 그동안 찾아오던 메코노프시스를 찾는 일이다. 설사 그 꽃을 찾지 못한다 해도 끝까지 노력을 않고 돌아설 수는 없었다. 이렇게 하여 나는 대원들과 헤어지지 않을 수 없었다.

그 이튿날 오전에는 대원들과 같이 포탈라궁을 구경하고 오후에는 빠쟈오제 시장에 들렀다. 시장은 항상 순례자와 관광객들로 붐볐는데 한 노점에서 옛날 티베트 부인들이 허리에 차던 정조대가 눈길을 끌었다. 녹이 슬지 않게 구리로 만들어 여자의 국부에 자물쇠까지 채웠던 그것을 진귀하게 여긴 외국인들이 사고 있었다. 서양문화사 이야기로, 티베트에서는 옛날 남편들이 장기간 전쟁터에 나갈 때 또는 멀리 여행을 떠날 때 아내의 정조를 보호하기 위해 자갈처럼 채워두었다고 한다. 이밖에도 고전적인 거리의 풍경, 티베트인들의 옷차림 모두가 흥미진진했다.


### ● ─── 일행은 떠나고 ●

7월 13일. 새벽 4시 기상, 5시에 간단히 식사를 하고 5시 30분 일행(임태평 · 이승원 · 신덕영) 세 사람은 여행사에서 보내준 봉고차를 타고 궁가(貢嘎) 공항으로 떠났다.

그들을 태운 차가 미명 속으로 사라지고, 어두운 휴게실에 앉아 티베트 넓은 천지에 한국인은 혼자라고 생각하니 갑자기 외롭고 쓸쓸했다. 무엇 때문에 나는 이 길을 혼자 가야만 하는가? 하는 착잡한 마음이 엄습해 왔으나 탐험의 길이란 원래 고독하고 외로운 길이 아닌가? 마음이 약해져서는 아니 되겠다고 다시 한번 다짐하며, 이번 목적을 달성하고 갈 수 있게 해 달라고 하나님께 기도를 드렸다.

날이 새고 나는 네팔로 가기 위해 라사 공안국에 가서 변경지역 통행수속을 마치고 새로 티베트인 안내원을 고용한 뒤 드디어 시카체(日喀則)로 향해 출발했다. 시카체로 가는 길은 두 길이 있는데, 신작로를 버리고 굳이 구도로인 캄파라(Khampa La)로 가려고 하는 것은 3년 전 넘었던 캄파라의 재를 잊지 못해 다시 밟아보고 싶었기 때문이다. 또 하나는 꽃은 산에 가야만 만날 수 있기 때문이었다.

차는 좁은 길로 접어들어 산비탈을 돌고 돌아 영상에 도달했다. 바라보니 전보다 달라진 것은 타루쵸 깃발이 더 많이 꽂혀 있었고 영상의 굳은 땅에는 돌덩이만 뒹굴었다.

다행히 영상 부근에서 아름다운 앵초과 식물을 발견했다. 그리고 영로를 내리면서 황색 메코노프시스를 만나 수록했다. 그러나 내가 찾고 있는 청색 메코노프시스는 어디에도 없었다.

장즈(江孜)에는 오후 6시에 도착, 장즈빈관에 숙박했다.

7월 14일 8시, 장즈를 출발하여 11시 40분에 시카체에 이르렀는데 안내원은 딩그리(定日) 이원(以遠)은 변경지역으로 새로 여행허가를 받아야 한다고 한다. 수속관계로 부득이 이곳에서 자고 그 이튿날 딩그리로 가는 도중 그림같이 아름다운 한 호숫가에서 쉬는 동안 어디선가 양치는 목동 몇몇이 찾아왔다. 소년들에게 먹을 것과 담배를 주자 곧 친숙해졌다. 티베트인들이 가장 좋아하는 기호품은 담배이다. 그들은 7, 8세만 되어도 어른과 마주앉아 담배를 피운다. 우리처럼 담배에 대한 예의 같은 것은 전혀 의식하지 않는다.

그로부터 이틀 후인 7월 17일. 벅찬 가슴을 안고 중국 변경지대에 가까운 자촐라파스(Gyasto La Pass) 지역에 도착했다. 이번 산행의 목적은 메코노프시스(Meconopsis)를 찾는 일이다. 메코노프시스란 청색 양귀비꽃을 말한다. 이 꽃은 일찍이 영국 왕실 지질학회 학자들이 '부탄 히말라야'에서 처음 발견해서 세계에 알려지기 시작했다. 이 꽃은 세계 고산식물 중에서 제일 아름다운 꽃이며 히말라야에서는 '꽃의 여왕'이라고 불릴 만큼 희귀한 꽃이다.

나는 이번 탐험에 이 꽃을 찾아 서역의 텐산(天山)산맥에서부터 이곳까지 약 7,500km를 달려오지 않았던가! 그러나 이 산중에는 어딘가에 있을 것만 같았다. 나는 마치 남한강에서 명석을 찾아 헤맬 때처럼 우연한 감격을 기대하면서 해발 4,300m에서부터 있을 만한 계곡을 한나절 동안 찾아다녔다.

나중에는 너무 지쳐서 몇 번이나 포기할까 하는 생각이 들었으나 그동안 숱한 고생을 무릅쓰고 이곳에 온 것을 생각하면 도저히 그만둘 수가 없었다.

드디어 하늘이 도왔는지, 자촐라파스 4,900m 지점 돌밭 저쪽에 짙은 청색 꽃 두 포기가 문득 눈에 띄었다. 한눈에 보아도 그것이 메코노프시스임을 알 수 있었다. 3년 동안 그렇게도 찾아 헤매던 메코노프시스 호리둘라(Meconopsis horridula) 꽃이 아닌가!

과연 듣던 그대로 생명력의 아름다움이 넘쳤다. 꽃 색깔은 티베트 하늘처럼 맑은 청색이고, 꽃 수술은 황색이다. 잎은 긴 타원형이며 키는 자라지 않고 땅에 붙어 있었다. 특징은 잎에 선인장처럼 강한 가시가 가득했다.

메코노프시스 호리둘라(Meconopsis horidula). 해발 4,900m, 1993. 7. 17, 자촐라파스(Gyatso la pass)

나는 그 꽃을 보는 순간 뭐라 표현할 수 없는 기쁨과 감동에 온 몸이 부르르 떨려 그만 그 자리에 주저앉고 말았다. 한참 진정한 뒤 사진을 찍으려고 카메라를 들었으나 그때까지도 손이 떨려 도저히 사진을 바로 찍을 수 없었다. 꽃 하나가 이토록 큰 기쁨과 감동을 줄 줄이야! 참으로 대자연의 현상은 얼마나 심오한 것인가? 들판에 핀 저 꽃을 보라! 하나님은 왜 사람도 살지 않고 누구도 찾아오지 않은 이 높은 고산에 이토록 아름다운 꽃을 피워 두시는가!

그러나 세상에는 아무런 이유 없이 존재하는 것은 하나도 없다. 그 깊고 신묘한 뜻을 헤아릴 길이 없을 뿐이다. 그 한 포기 아름다운 꽃 속에서 들려주는 무언의 교훈은 어느 훌륭한 명언에 비교할 수 없는 감동과 확신을 나에게 심어주고 있었다.

이제 그렇게도 찾아 헤매던 메코노프시스도 찾았고, 다시 밟고 싶던 자촐라파스와 통라파스도 넘었다. 며칠 전, 라사에서 모두 떠나고 혼자 남았을 때 두렵고 외로웠지만 이번 탐사는 대체로 만족스럽게 끝난 셈이다.

장무(樟木)를 떠나면서 바라보니 멀리 정든 네팔이 보이기 시작했다.

# 구거왕국(古格王國)을 찾아서

마을 뒤 언덕길을 따라 얼마간 올라가니 거대한 구거왕국의 성채가 나타났다. 멀리서 바라보니 그것은 인적이 없는 폐허의 고성이었다.

산성의 바깥쪽은 성벽들이 무너져 있었고, 동북쪽 모서리에는 돌로 만든 7개의 보루가 있으며, 산성 우측으로 커다란 불탑들이 있었다. 그리고 밑에서 산꼭대기까지 무수하게 파 놓은 토굴이 있는데 그 모든 것들이 살풍경한 모습이었다.

# 구거왕국(古格王國)을 찾아서

지구상에는 아직도 인류가 밟지 않은 미지의 지역이 많이 남아 있다. 그러기에 탐험가나 등산가들은 그 미지의 세계에 매혹되어 고난을 무릅쓰고 끊임없이 도전하게 된다.

나는 2년 전에 신장성(新疆省)의 카슈가르에서 티베트의 아리(阿里)지구를 거쳐 윈난성(雲南省)의 쿤밍까지 1만km를 횡단하고, 윈난성의 쿤밍에서 헝뚜안산맥의 대습곡지대를 거쳐 티베트로 들어가 다시 아리지구를 찾은 바 있다. 이런 코스를 잡은 것은 서부고원지역에 있는 구거왕국의 유적지를 탐사하기 위해서였다.

대원은 나와 도윤스님(설악산 영시암 주지), 신덕영 씨 세 명으로 구성되었다. 우리는 1995년 6월 6일 서울을 출발, 중국 상하이(上海) 공항에 도착했다. 상하이에는 우리를 안내할 옌볜의 교포 아가씨가 마중 나와 있었다. 그는 우리의 많은 짐을 보더니 사투리 섞인 말로 이렇게 질문했다.

"먹고살기도 바쁜데 산에는 왜 가요? 산에 가면 쌀이 나와요, 돈이 나와요? 모를 일이야요."

나는 그녀의 무심한 질문 속에 진리가 숨어 있음을 직감하지 않을 수 없었다. 참으로 등산은 쌀도 돈도 나오지 않을 뿐 아니라 많은 위험과 열정을 요구한다. 그래서 많은 사람들은 이 질문을 등산가에게 수없이 던져왔던 것이다.

그 질문에 대한 대답은 다양하고도 모호하다. 1924년 영국 원정대의 에베레스트 원정에 참가했다가 해발 8,400m 지점에서 유품만 발견된 채 숨진 머메리는 "산이 거기에 있기에 올라간다."고 말했고, 1953년 에베레스트 초등 때의 존 헌트 대장은 "그러한 질문이 없는 곳으로 가기 위해서"라고 말했다. 일본의 산악문학가 후가다(深田)는 "산은 아편과 같이 한 번 취하면 평생 취하게 된다."고 했다. 나는 갑작스런 교포 아가씨의 질문을 받고 왜 그렇게 높은 산을 죽음을 무릅쓰고 오르는지 새삼스럽게 자문하지 않을 수 없었다.

하지만 인생은 미지에 대한 도전이라 아니할 수 없다. 언제 누군가에 의해 드러날 비밀한 신비의 세계에 대한 도전, 그것은 인류가 살아 있는 한 계속될 것이다. 나는 이번에도 미지의 세계에 이끌려 또다시 티베트를 찾은 것이다.

### ● ─── 리장(麗江)의 나시(納西)인 ●

쿤밍에서 티베트로 들어가는 루트는 따리(大理), 리장(麗江), 터친(德欽)을 거쳐 티베트 자치구 망캉으로 들어서는데, 그곳은 중국의 변경지역이므로 윈난성(雲南省)·쓰촨성(四川省)·티베트 등 3개 성(省) 군사령관의 여행 허가를 받아야 한다. 그리고 티베트에 들어가서도 행선지를 모두 신고해야 하는데 우리는 여행사의 주선으로 수월하게 수속을 마칠 수가 있었다. 쿤밍에서 따리까지는 412km, 따리에서 리장은 189km이다. 최근에는 리장까지 침대버스가 다니고 비행기는 쿤밍에서 리장과 중덴(中甸)까지 운항하고 잇다.

우리는 쿤밍(昆明)의 유명한 석림과 식물원을 돌아보고 6월 9일 따리에 도착했다.

따리는 총인구 41만 명으로 중국 역사문화의 유적지로서 풍광이 매우 수려한 곳이다. 고도는 1,980m, 이곳에는 소수민족인 빠이주(白族)가 약 26만 명이 살고 이외에 이주(彝族)도 많이 거주하고 있다. 도시 바로 뒤에는 적당하게 솟은 창산(蒼山, 4,120m)이 병풍처럼 둘러있고 동쪽에는 얼하이(洱海)라는 큰 호수가 있다. 그 호수의 크기는 길이가 42km, 폭은 6~9km인데 창산과 호수 사이에 따리가 자리하고 있어 풍광이 그림 같은 곳이라고 하겠다.

따리는 일찍이 중국의 당송시대에는 따리국(國)의 도성이었으며, 1381년 명 태조 주원장은 이곳에 따리 부를 둘 만큼 정치·경제·문화의 중심지였다. 특히 당시로는 남쪽 실크로드의 주요 거점으로 각국과의 문화교류와 통상무역의 문호였던 곳이다. 그 찬란했던 유적이 지금도 많이 남아 있어 찾는 사람이 적지 않다.

우리는 안내원을 따라 먼저 시장으로 갔다. 시장에는 우리나라와 같이 배추·무·감자 등 갖가지 농산물과 잡화류가 가득했다. 그런데 이상한 옷차림을 한 여인들이 등에 아이들을 업고 장을 보고 있었다. 안내원은 검은색 사각모자를 쓴 여자를 가리키며 저 여자는 이주(彝族)이고, 흰색 모자에 붉은색으로 테를 두르고 꽃 문양의 수 놓은 모자를 쓴 여자는 빠이주(白族)라 하였다. 나는 빠이주라고 해서 피부 살갗이 희고 특색 있는 족속으로 생각했는데 이주족이나 비슷비슷해서 분별할 수 없었다.

우리는 그곳 사람들을 다만 머리에 쓴 모자를 보고 식별할 수밖에 없었다. 안내원은 그들은 적어도 수세기를 이어온 자기들의 전통문화와 풍습을 긍지로 여기며 살고 있다고 한다. 우리는 시장을 나와서 충승스(崇聖寺)로 갔다. 이곳에는 따리의 상징인 산타(三塔)가 있는데, 당대 난조꿔(南詔國)의 후기에 세워진 것으로 주탑은 텐소우타(天壽塔)라 하고, 높이는 17층에 70m나 되었다. 그 옆에 있는 8각탑은 10층으로 높이는 43m였다. 탑으로는 최대 규모라고 할 수 있는 이 탑의 건축양식은 모두 당대의 전형적 건축 품격으로 조성되어 조각미가 우아하고 뛰어났다. 이밖에 난청루(南成樓)가 있는데 볼 만하였다.

우리는 따리 지역을 두루 돌아보고 다시 길을 재촉, 리장에는 밤 10시에 도착, 윈산(雲杉) 판점에 여장을 풀었다. 이 호텔은 최근 늘어나는 관광객의 수요에 따라 새로 단장한 쾌적한 시설을 갖추고 있었다.

리장은 따리보다 훨씬 큰 도시로 부근에 만년설로 덮인 아름다운 위룽쉐산(玉龍雪山, 해발 5,596m)과 로쥔산(老君山)이 있고, 멀지 않은 곳에 진사강(金沙江) 제일의 물구비가 있다. 그리고 리장은 식물자원이 풍부하다. 위룽쉐산에는 쉐렌화(雪蓮花)가 자생하고, 각종 프리물라 꽃과 진달래 꽃 50여 종류가 자라고 흐른다. 뿐만 아니라 중국의 3대 명화와 윈난성의 8대 명화가 모두 이곳에 있다. 특히 리장은 나시(納西)족의 자치현으로, 종교와 풍속이 다른 나시(納西) 소수민족이 집거하고 있다. 안내원에 의하면 그들은 미얀마와 티베트계에 속하는 족속으로 상형문자를 쓰고 있다고 한다.

당대 이후 그들은 중국의 문명에 동화되어 예절이 바르고 일부에서는 아직도 여자는 남자와 한 자리에서 식사도 하지 않는 습관을 가지고 있다. 그러나 실생활 면에 있어서는 여성이 절대적인 힘을 가지고 있으며 그 위치가 단단하다고 한다.

반대로 남자들은 특권 계급의식을 지킬 뿐 생활력은 여자들보다 뒤진다고 한다. 나시 여성들은 체격 하나만 보아도 몸집이 크고 팔뚝이 굵다. 게다가 고집까지 세어 아무리 힘든 일이라도 참을성있게 묵묵히 자기의 힘을 비축하며 활동하고 있다. 그리고 장사 솜씨도 민첩하여 밭에서 생산되는 농작물을 상점과 시장으로 지고 다니며 가리지 않고 장사를 하기 때문에 많은 재산을 저축한다는 것이다.

그러므로 나시 사회에서는 남성이 나시 여성과 결혼하면 생활을 보장받게 돼 인생을 편하게 살 수 있다고 한다. 그렇다고 남자들도 결코 나약하지만은 않다. 남자들의 키는 중국인과 비슷하고 균형잡힌 체격에 얼굴이 거무스름하고 암갈색의 머리를 하고 있으며 전쟁터에 나가면 용맹성이 강하다고 한다.

그들은 라마교 · 대승불교 · 유교 · 도교 등을 숭상하는데, 조상으로부터 뿌리깊게 이어온 쾌락주의가 팽배하고 있다. 그들은 열심히 일하고 재산을 비축하면 좋은 집에 살 수 있다는 희망을 가지고, 그 꿈이 실현되면 휴일에는 가족과 함께 들에 나가 맛있는 음식을 먹으며 춤과 유희로 인생을 보다 즐겁게 보낸다.

이와 같이 나시족은 생활이 검소하고 재물을 모아서 인생을 즐겁게 사는 것을 행복의 극치로 생각하고 있다.

나는 아침 일찍 시장으로 나갔다. 시장에 가는 것은 그 지역의 문화와 경제를 한눈에 볼 수 있기 때문이다. 아침 시장은 우리나라 시골 장터와 같이 활기를 띠고 있었다. 양을 잡아 가지고 온 사람, 닭을 팔러 온 사람, 채소를 지고 온 사람 등으로 시장은 붐볐다. 그런데 여자들을 보니 모두 흰 양가죽을 등에 지고 있었다. 그것은 항상 짐을 많이 지고 다니기 때문에 짐을 지기 위한 양가죽 등받침이다. 이것 하나만 보아도 그들이 얼마나 근면한가를 알 수 있었다.

우리는 시장에서 나시인 거주지를 찾았다. 좁은 골목길인데 모두 석첩(石疊)을 깔아 놓았다. 가옥은 우리나라의 한옥과 같이 목조 건물이며 지붕에는 검정색 기와를 얹었다. 골목에는 점포가 있는데 골동품으로 가득했다. 긴 석첩 길을 나오니 작은 개울이 있고 개울 가에 늘어진 수양버들 밑에서 흰 양가죽을 짊어진 여인들이 빨래를 하고 있었다. 맑은 물에서 빨래하는 모습은 어느 곳에서나 여인들만이 연출할 수 있는 정겨운 모습이었다.

### ● 고산초화 ●

6월 10일, 리장을 뒤로하고 중덴(中甸)으로 향했다. 리장에서 중덴까지는 185km. 노상에는 가끔 티베트인들이 눈에 띄는 것을 보니 티베트가 가까워지고 있음을 느낄 수 있었다.

이곳 중덴 지역의 고도는 해발 3,276m. 고원에는 아름다운 꽃들이 피기 시작해 들판을 누비듯 끝없이 피어 있었다. 어찌나 보기 좋은지 우리는 차를 세웠다.

꽃을 좋아하는 것은 인간의 본성이 아니던가! 모두 차에서 내려 꽃밭을 훨훨 누비고 다니는 모습은 어린아이처럼 천진난만하기만 하다. 참으로 꽃은 정서적으로 순화의 교훈을 준다. 악한 길에 선 사람에게 갱생의 의지를 주고, 약한 사람에게는 용기를, 병든 사람에게 위안과, 오만한 사람에게는 겸양을 가르쳐 준다. 그러기에 꽃은 백약보다 더 효과가 있다고 생각한다.

나도 동료들을 따라 꽃밭으로 들어갔다. 향기로운 자연의 향기는 사방에서 풍겨나와 숲에서는 숲 향기가, 꽃밭에서는 꽃향기가 훈훈하게 퍼져 마치 선계에 머물고 있는 듯한 착각을 느끼게 했다.

꽃 이름은 후에 알았지만 대극과에 속하는 '유포르비아 포세우도시키멘시스(Euphorbia Pseudosikkimeusis)'라고 하는 식물이었다. 줄기는 붉은색이고 꽃 색깔은 황색인데 붉은색과 노란색이 조화되어 잘 어울리고 있다. 그 수가 어찌나 많은지 넓은 들이 전부 꽃의 향연을 베풀어 놓은 듯했다.

시간의 여유가 있다면 이곳에서 오래도록 쉬어가고 싶었으나 갈 길은 바쁘고 차는 다시 달리기 시작, 달리는 차창에 비치는 유포르비아 꽃밭은 무려 20분 동안이나 계속되었다.

그런데 그런 꽃밭 속에, 1971년 히말라야 로체샬봉 원정 당시 쿰부지역 딩보체에서 본 적이 있는 '데르모프시스 바르바타(Thermopsis Barbata)'라는 꽃이 피어 있었다. 이 꽃은 꽃 중에서 유일하게 흑자색으로 매우 매혹적인 꽃이다. 20년 만에 이곳에서 다시 그 꽃을 만나게 되었으니 어찌 반갑지 않을 수 있으랴! 그밖에도 고원에는 이름 모를 꽃들이 화원을 이루고 있었다.

중덴에는 오후 5시에 도착, 큰 여관이 모두 만원이어서 띠하이라는 작은 여관에 머물렀다. 이곳은 윈난, 쓰촨, 티베트를 잇는 교통 요충지로, 인구는 약 12만 명이고 그 중 반은 티베트인이었다.

## ● ——— 메이리산(梅里山) ●

6월 11일 오전 6시 30분, 우리는 일찍이 중뎬을 출발, 북쪽으로 향했다. 이곳에서 터친(德欽)까지의 거리는 184km. 가는 도중 뻰즈란(奔子欄)에서 점심을 먹은 뒤 깊고 깊은 산협을 돌고 돌아 오후 5시에 터친에 도착했다.

이곳은 산협에 자리하고 있는 작은 현청 소재지로 인구는 약 4천5백 명이다. 가옥은 티베트적인 풍경이고 거리는 썰렁하기 그지없었다. 하기야 이곳에서 100km가량 가면 티베트이므로 왠지 국경 같은 기분이었다.

들은 바에 의하면, 며칠 전 큰비가 내려 이곳에서 70km 지점에 산사태가 나고 도로가 크게 파괴되어 보수하자면 5일은 걸릴 것이라고 한다. 그렇다고 우리는 무턱대고 기다릴 수도 없었다. 전해 들은 말은 사실과 다를 수도 있기에 일단 현지에 가서 상황을 살피고 대책을 세우기로 했다.

터친에서 남서 방향으로 약 10km 산길을 가다가 한 비탈을 돌아서니 갑자기 시야가 확 트이는데 그동안의 서정적인 풍경은 사라지고 웅장하고 아름다운 설산이 눈앞에 우뚝우뚝 서 있었다. 우리는 뜻밖의 장엄한 풍경을 만나 발걸음을 멈출 수밖에 없었다. 마니탑과 마니석, 그리고 타루쵸가 걸려 있는 것으로 보아 명소임에 틀림이 없기에 안내원에게 산 이름을 물으니 메이리산(梅里山)이라고 한다.

나는 뜻밖에 메이리산이라는 말을 듣고 다시 놀라지 않을 수 없었다. 메이리산이라면 세계 등반사에 최대의 조난사고가 발생했던 그 메이리산이 아닌가!

멀리 메이리산을 바라보며 우선 조난사고로 불귀의 객이 된 그들의 명복을 빌지 않을 수 없었다. 그 큰 사고가 발생한 메이리산은 어떠한 산인가.

메이리산은 해발 6,740m로 시장성(西藏省) 차위셴(察隅縣)에 위치한 높은 산이다. 이 산맥에는 6,000m급 봉우리 13개가 솟아 있고, 빙하가 발달하여 해발이 낮은 곳까지 백색의 빙하가 드리워 있다. 그래서 매우 아름다우면서도 험난하여 장족(藏族)들은 이 산을 태자 13봉이라고 부르기도 한다. 그 중 메이리산(梅里山), 빠이망쉐산(白芒雪山), 슨산(神山, 카일라스) 등 3개의 산은 종교적 의미를 띤 성산으로 엄숙하게 숭상하고 있다. 그래서 산을 무시한 오만한 인간들이 등산을 하다가 저주를 받은 것이라고 안내원은 들려주었다. 안내원은 또 조난사고에 대해서 이렇게 간단히 설명했다.

1991년, 일본과 중국의 합동 등반대 17명(일본인 12명, 중국인 5명)이 메이리산에 도전했다. 밤중에 등반대가 캠프를 치고 잠들었을 때 갑자기 눈사태가 떨어져 잠자고 있던 대원 전원이 눈 속에 매몰되었다 한다. 이 조난사고는 히말라야 등반사상 최대의 사고로 기록되고 있다.

노변에서 조금 떨어진 곳에 그들의 추모비가 있어 자세히 들여다보니 대원 이름 하나하나가 새겨져 있었다. 너무나 가슴아픈 자취를 보며 문득 상하이에 안내를 맡은 교포 아가씨의 질문이 생각났다. 쌀도 돈도 안 나오는 험준한 곳을 찾아다니는 산사람들의 운명 같은 것을 떠올리며 인생의 무상을 새삼 느끼지 않을 수 없었다.

바라보니 메이리산은 아무 일도 없었다는 듯이 명산답게 근엄하고 장엄한 자세로 우뚝 서 있었다. 항상 미약하고 어리석은 자는 인간임을!

메이리산(梅里山)과 불탑. 한 노파가 우유병을 들고 와서 불공을 드리고 있다.

메이리산을 뒤로하고 츠부라카산을 오르는데 해발 3,600m 지대에서 뜻밖에 야생 황목단을 발견했다. 나는 예전에 한 문헌에서 티베트에 야생 황목단이 자생한다는 말을 들었으나 이곳에서 발견할 줄은 몰랐다. 정말 예기치 않은 큰 수확이라고 할 수 있었다.

중국에서는 목단을 화왕의 혼이라고 한다. 주산지 평저우(彭州)에는 100종류가 있으며 그 중 황색은 진품이라고 알려지고 있다. 모든 식물이 야생이지만 이렇게 높은 곳에서 찾았으니 정말 소중함이 더하지 않을 수 없었다. 키는 보통 70~80㎝ 정도로 꽃잎은 단엽이었다. 꽃 색깔은 황색이며 꽃술은 분홍색인데 화려하고 당당한 모습이 진귀함을 보여주고 있었다.

나는 욕심으로 두 포기를 캐어 우리나라에 가지고 와 심었으나 고산식물이라 저지대에서 살려내지 못하고 끝내 목단을 죽이고 말았다.

츠부라카산을 넘어 산사태로 길이 끊어졌다는 곳에 이르니 다행히 차량이 지나갈 수 있도록 불도저가 길을 터놓았다. 그곳을 지나 사룽(沙龍)이라는 곳으로 왔다. 날은 이미 캄캄한 밤인데 사람들이 달려와서, 조금 전에 트럭 한 대가 언덕에서 강으로 굴러 떨어져 운전사가 크게 다쳤다고 하면서 구해달라고 애원하였다. 그들의 이야기로는 트럭이 언덕길에서 흙더미에 빠졌다고 한다. 뒤에 오던 차가 빠진 트럭을 끌어내려고 와이어 줄로 두 차를 연결했다. 그러나 와이어 줄이 끊어지면서 뒤차가 굴러 떨어졌다는 것이다. 전등을 들고 사고지점으로 내려가 보니 차의 앞부분은 란창강(瀾滄江의 지류) 물 속에 빠져 운전사의 의식은 없고 갈비뼈가 부러진 것 같았다. 눈을 뒤집어 보니 눈동자가 약간 움직였다. 우리는 주민들과 같이 부상자를 끌어올려 차에 싣고 거기서 3km 떨어진 마을까지 수송시켰다.

마침 위급할 때 우리가 온 것은 참으로 다행한 일이었다. 국경을 넘어 멀리 중국에 와서 한 생명을 구했다는 생각을 하니 가슴 뿌듯하지 않을 수 없었다. 우리는 다시 망캉(忘康)을 향하여 밤길을 달리기 시작했다.


### ● ─── 다시 티베트에 들어가다 ●

망캉(忘康)에 도착한 것은 그 이튿날 아침 6시. 터친에서 이곳까지 주야로 달려온 것이다. 망캉에는 라사의 여행사에서 온 충라라는 안내원이 우리를 기다리고 있었다.

중국은 자치제도가 잘되어 있어 윈난성의 차량은 티베트에 들어갈 수가 없다. 그러므로 티베트에 들어가서는 티베트의 차를 이용해야 하며 안내원도 티베트 안내원으로 교체된다. 따라서 쿤밍에서 따라온 안내원은 업무를 라사여행사 안내원에게 인계하고 바로 돌아갔다.

우리는 헝뚜안산맥을 24시간 달려왔기 때문에 휴식이 필요했다. 여관에서 잠시 눈을 부쳤다가 오전 11시에 망캉을 출발했다. 오늘의 목적지는 주어궁(左貢)이며 거리는 158km이다. 티베트고원은 대개 4,000m에서 시작되므로 높은 산도 이곳에서는 별로 높아 보이지 않는다. 산의 지질은 태고 때 바닷속에 있던 땅이 융기했기 때문에 황토색 암석이 많으며, 화강암과 붉은 돌도 있었다. 나는 차창 밖을 바라보며 저 붉은색 석산 하나라도 한국에 있었으면 얼마나 좋을까 생각하며 티베트의 자연이 한없이 부럽기만 했다.

차는 어느덧 주어궁으로 다가갔다. 그런데 이곳에 또 새로운 자연의 천자만상의 향연이 펼쳐지고 있었다. 우리나라에서도 절이 있는 곳에는 반드시 명산이 있듯이, 이곳에도 명소가 될 만한 곳에 반드시 마니탑이 있고, 위취강(玉曲江)이라는 강을 사이에 두고 좌우로 바위산들이 병풍처럼 둘러 있었다. 우리는 이곳을 그냥 지나칠 수 없어 차에서 내렸다.

참으로 천하 제일의 풍광이 펼쳐지고 있었다. 나무 한 포기 걸치지 않은 석벽이 하늘 높이 솟아 있는데, 바위의 색깔은 연한 푸른색을 띠고 그 연한 푸른색 암산에 맑은 흰구름이 산허리를 반쯤 덮고 있었다. 마치 선경 같았다. 어찌 이 아름다움을 필설로 형용할 수 있으랴!

옆에 있던 도윤스님이 "박 교수님, 저 흰구름을 보세요. 저렇게 환하고 맑은 구름은 세상에 태어나 처음 봅니다. 설악산에도 오래 있었지만 저런 구름은 보지 못했습니다."라고 말한다.

나 역시 평생 동안 산에 다녔지만 저토록 희고 맑은 구름은 보지 못했다. 마치 백옥과 청옥을 부수어서 뿌려 놓은 듯하다. 참으로 천상에서나 볼 수 있는 선경을 잠깐 본 셈이었다.

우리는 오후 6시에 주어궁에 도착, 위취강 강변에 있는 여관에 숙소를 정하고 시간이 남아 강으로 나갔다. 강에는 낚시꾼 두 사람이 물에 들어가 여울을 따라 내려가며 낚시를 던져 물고기를 낚아 올리고 있었다. 어느 곳에서나 낚시하는 모습은 마음을 여유롭게 해서 좋다. 강가에는 수석이 널리 깔려 있었다. 그 날 돌밭을 오르내리며 주워온 오석 하나를 나는 지금도 기념으로 귀중하게 보관하고 있다.

6월 13일, 오늘은 란우(然烏)로 가는 날이다. 주어궁에서 란우까지의 거리는 249km. 하루 거리로 멀지 않은 길인데 산길이 험하다고 하여 아침 6시 30분에 주어궁을 출발, 빵다라(帮達拉, 4,390m)에는 11시 30분에 도착했다. 이곳은 특별히 볼 만한 것은 없으나 란우와 창두(昌都)로 가는 교차로가 되는 길목이다. 황막한 고원에 인가가 20여 호 있고, 삼거리에는 티베트인 30여 명이 보따리를 앞에 놓고 우리를 지켜보고 있었다. 안내원 이야기로는 이곳의 교통수단은 오직 지나가는 트럭뿐이어서 저 사람들은 막연히 트럭을 기다리고 있다고 한다.

우리나라에도 옛날에 저런 시절이 있었음을 생각하여 태워주고 싶었으나 인원이 꽉 차 우리 차에는 태워줄 수가 없음이 안타까웠다.

앞으로는 인가도 없다기에 이곳에서 점심을 먹고 가기로 했다. 음식점을 찾으니 먹을 것이라고는 저지에서 가져온 약간의 채소와 어제 주어궁강에서 보던 물고기가 전부였다. 그래서 채소를 넣고 탕을 끓여달라고 했더니 그런대로 먹을 만했다. 고기 이름을 물으니 '투위(土魚)'라고 한다. 이곳에서는 물고기에 이름도 없는지 투위라면 토종 물고기라는 말이 아닌가! 식사를 마치고 나와보니 야크떼 약 2백여 마리가 산등성이를 넘어 북쪽으로 몰려가고 있었다. 아마도 새 목초지를 찾아 높은 고원으로 이동하고 있는 것 같았다.

마을을 떠난 우리는 얼마 가지 않아 누강(怒江)의 지류인 웨이취강(偉曲江)의 협곡지대로 들어섰다. 이곳은 헝뚜안(橫斷)산맥의 대습곡지대라 비록 누강의 지류라고는 하지만 거센 급류가 흰 물살을 뿜으며 흐르고 있었다. 이와 같은 급류는 히말라야에서도 보지 못한, 오직 이곳에서만 볼 수 있는 장관이었다. 강 양쪽으로는 수백 m씩 되는 수직 절벽이 치솟아 있는데, 마치 암석이 하늘에서 드리워진 것 같은 대협곡을 형성하고 있었다. 그 협곡으로 천지를 뒤흔드는 물살이 무엇이라도 파괴할 수 있을 것 같은 기세로 미친 듯이 흘러간다. 이런 장관이 5~10km씩 이어지고 있는데, 한번 기묘한 절협(絶峽)을 지나가면 또 새로운 경관이 출현했다. 정말로 층층으로 기기묘묘한 장관이었다.

이 강에 물고기가 있다면 어떤 모양일까? 머리는 뾰족하고 몸매가 날렵하고 지느러미는 크고, 그리고 귀머거리가 아니고서는 살 수 없을 것 같다고 생각했다. 그것은 강물의 물살이 너무나 세고 물소리가 요란하기 때문이다.

웨이취강의 경치가 제일 좋은 곳에 다리 하나가 있는데 군인들이 경비를 서고 있었다. 사진을 찍고 싶었으나 티베트에서 다리를 찍는 것은 금지되어 있었다. 만일 이를 무시하고 사진을 찍으면 즉시 사진기를 몰수당하고 처벌을 받게 된다. 여하간 어느 곳에서나 규범을 따라야 했다.

오후 5시, 신빠수(新八宿)에서 저녁을 먹고 다시 출발했다. 이곳에서 란우까지는 약 90km. 이날도 목적지까지 가기 위해서 어쩔 수 없이 야밤에 운행을 할 수밖에 없었다. 캄캄한 밤에 웨이취강 강변 길을 따라 얼마나 달렸을까. 한 언덕을 넘어 60m쯤 내려갔을 때 갑자기 길이 사라졌다. 텅 빈 공간으로 불빛이 닿는 곳이 시야에서 없어졌다. 차 앞자리에 앉아 있던 나는 절벽이라는 것을 직감하고 "악!" 하는 비명과 함께 "팅처 팅처(停車)" 하고 비명을 질렀다. 눈 깜짝할 사이지만 나는 죽는구나 하고 생각했다. 순간 운전사는 급제

동을 걸었다. 몇 미터를 더 미끄러져 가는 것 같았다. 그 밀리는 순간에 나는 간이 오그라드는 것 같았다. 다행히, 천만 다행히도 차는 멈춰 섰다. 앞을 보니 수직의 절벽이었다. 차가 절벽 위에 얹혀 있는 것 같아서 차에서 조심조심 내려 앞바퀴를 보니 낭떠러지 바로 35cm 앞에 차가 멎어 있는 것이 아닌가. 플래시를 켜보니 앞바퀴는 폭우로 유실되어 약간 오버행으로 된 낭떠러지 위에 얹혀 있었다. 절벽 밑의 웨이취강에서는 물소리만 들릴 뿐 흐르는 강물도 보이지 않았다.

우리 일행 6명은 웨이취강에서 불귀의 객이 될 뻔했다. 정말 죽음의 순간에 우리는 화를 면한 것이다. 100분의 1초만 늦었어도 티베트의 외로운 혼이 될 뻔한 것이다. 아슬아슬한 순간 살아남은 것은 하나의 기적이었다.

지프를 후진시켜야 하는데 운전사는 겁을 먹고 좀체 운전석에 오르려 하지 않았다. 만일 기어를 넣고 시동을 걸다가 아차, 하면 절벽에 굴러 떨어질 위험이 있기 때문이었다. 그래서 다섯 명이 뒤에서 차를 끌어당기면서 겨우 후진시켰다.

나는 먼저 하나님께 감사를 드렸다. 하나님이 이토록 시시각각으로 우리를 지켜주시고 인도하고 있음을 그때처럼 깊이 깨달은 적은 없다. 우리는 죽었던 목숨이 다시 살아났으니 오늘부터 다시 태어난 인간으로 살자고 서로 다짐했다.

이렇게 하여 란우에는 밤 11시 40분에 도착했다. 이곳에 인가가 5~6호 있었으나 민박은 할 수 없었다.

마침 부근에 군부대가 있는데 부대 정문에 게시된 '빙잔스닌더 쟈(兵站是您的家, 병참은 당신의 집입니다.)' 라는 간판을 보고 부대에서 잘 수 있었다. 숙박비는 하루에 20위안(우리 돈으로 3천2백원)이고 식사는 별도로 한 끼에 10위안(우리 돈으로 1천6백원)을 지불하였다.

6월 14일 아침, 부대의 구내식당으로 가니 10여 명의 군인들이 있었는데 그들은 식사 전 "중청(忠誠)!"하는 구호를 크게 외친 뒤 식사를 하기 시작했고, 우리는 가지고 간 라면으로 아침식사를 마치고 란우 호수로 내려갔다.

### ● 티베트의 스위스라고 불리는 강남(江南) ●

오늘의 일정은 란우에서 퍼미(波密)까지 가는 것이다. 거리는 127km. 란우의 해발고도는 3,900m이다.

란우에서 6km쯤 가면 최고의 비경으로 꼽히는 란우 호수가 있다. 지형적으로 산이 높아 산정에는 항상 만년설이 쌓여 있고, 그 설산 아래로 검푸른 가문비나무 숲이 원시림을 이룬다. 골짜기에는 빙설이 녹아 내린 물이 석벽의 비류가 되어 떨어진다.

호수는 우유에 청색을 탄 것 같은 연청색인데 바람 없는 고요한 호수에 어디선가 뗏목 하나가 삿대를 젓고 건너오고 있다. 뗏목에는 아가씨들이 양떼를 싣고 어디론가 가고 있었다.

호반 언덕에는 큰 바위와 돌들이 에워싸고 있고, 그 사이에 아름드리 가문비나무가 숲을 이루고 있다. 사방에 지천으로 피어 있는 프리물라 꽃밭! 그리고 물속에 아무렇게나 군데군데 놓은 듯 잠겨 있는 바윗돌들! 원시의 비경이 파노라마처럼 펼쳐진 정말 환상적인 풍경이었다. 어쩌면 자연의 아름다움을 골고루 갖춘 산수(山水)가 이렇게 한자리에 모여 있단 말인가?

항주의 서호가 아무리 아름답다고 한들 이만 못하리라. 문득 어줍잖으나 시 한 수를 읊어 보았다.

"란우의 비경에 젖은 나그네, 신선인양 잠깐 머물다 가네."

나는 사진을 찍으면서 안내원에게 "천하제일 강산"이라고 했더니 그는 "아닙니다. 여기보다 더 아름다운 곳이 있습니다."라고 말한다. 티베트의 강남이라고 일컫는 퍼미를 두고 하는 말 같았다.

나의 마음은 또다시 설레기 시작했다. 티베트의 강남은 어떠한 곳일까?

란우 호수는 유동하고 있는 호수였다. 호수 길이는 약 2km가량 된다. 상류는 폭이 좁고 중심부는 넓고 하류에서는 좁아진다. 하상(河床)이 갑자기 낮아지면서 잔잔하던 호수는 마치 막아 두었던 강물이 둑이 터지며 일제히 쏟아지는 듯 엄청난 유속으로 거세게 흘러가고 있었다.

바라보니 흰 물살을 일으키며 파고 높이 흐르는 강가에는 사주(沙洲) 하나가 있고, 그곳에는 바윗돌과 아름드리 가문비나무가 우거졌는데 물안개가 피어오르는 숲 사이로 찬란한 무지개가 드리우고 있었다. 그 강상의 풍경이 숨겨져 있는 비경 같았다.

이곳 파룽장부강(帕隆薩布江) 유역은 활엽수와 침엽수의 원시림지대이다. 해발 3,000m 지대에는 떡갈나무 · 사시나무 · 자작나무 수림이 우거지고, 3,500m에서 3,900m 지대는 침엽수인 가문비나무 · 전나무 · 고산청송 · 삼림(杉林)으로 형성되어 있었다. 해발 4,000m에서 4,300m 지대에는 키가 작은 티베트 진달래가 자생하고 있는데 색깔은 청색, 황색, 홍색, 흰색 등으로 다양한 꽃밭을 이루고 있었다.

식물의 보고(寶庫)와도 같은 티베트에서 중점적으로 보호하고 있는 식물은 서장팔각련(西藏八角蓮), 홍춘(紅椿), 연령초(延齡草), 성엽초(星葉草), 홍화목련(紅花木蓮), 도궤칠(桃几七) 등이다.

침엽수들은 수령이 족히 600~700년은 되는 것 같았다. 키가 30m 이상 되고 둘레는 다섯 아름씩 되는 거목들이 빽빽하게 우거졌는데 그 속에 있으면 하늘도 잘 보이지 않는다. 원시림이 계속되는 산림을 얼마 동안 달리다 보니 갑자기 사방이 툭 트이면서 파룽장부강이 흐르는 바로 옆에 커다란 웅덩이 같은 곳이 있었다. 그 물 색깔이 비취를 물속에 깔아 놓은 듯 청옥색인 것이 그렇게 아름다울 수가 없었다.

참으로 한 절경이 끝나면 새로운 비경이 이어지는 이곳은 무한한 풍광의 보고였다. 안내원의 말에 의하면 장차 이곳을 관광지로 개발할 계획이라고 하였다.

퍼미에는 12시에 도착, 숙소를 퍼미(波密)빈관으로 정했다. 퍼미는 해발 2,750m의 현청 소재지며 거리는 비교적 깨끗했다. 거리 바로 옆으로 파룽장부강이 흐르는데 강물의 범람을 막기 위해 강을 따라 제방을 높이 쌓아올린 것이 멋진 산책로가 되고 있었다. 그러나 아쉽게도 많은 비가 내리고 있어 아무것도 보이지 않고 강바람만 몰아쳤다.

그 이튿날도 비가 계속 내려 떠날 생각도 못하고 있는데 점심을 먹으려고 식당에 가니 식사중인 한 트럭 운전사가 말했다. 어젯밤 이곳에 큰비가 내려 80km 전방에 산사태가 났고 차들은 산밑에서

대기하고 있다고 한다. 하는 수 없이 여관방에서 날이 개기를 기다
렸다.

다행히 밤중에 비는 멎었다. 아침에 나가 보니 날씨는 맑았고 강
물소리가 요란스러워 제방으로 나가 보았다. 이틀 동안 내린 비로
강물은 흙탕물이 되어 흐르고 낚시꾼들이 둑에 앉아 고기를 낚고 있
었다. 강 상류를 바라보니 멀리 만년설을 인 루툰캉산(魯屯康山)과
그 연봉들이 솟아 있고, 파룽장부강이 그 산에서 발원하여 흘러오는
것 같은 착각을 느끼게 한다. 그리고 주위의 높은 산에는 어제 내린
눈이 나무에 솜뭉치처럼 쌓여 있다. '우후산심청(雨後山深晴)'이란
말이 있듯이 비온 뒤의 퍼미의 풍경은 천자백태의 모습이었다.

우리는 식사 후 이곳에서 더 기다릴 수가 없어서 지금까지도 그
러했듯이 이번에도 현지에 가서 확인하고 결정하기로 했다. 퍼미에
서 린즈(林芝)까지는 214km. 현장에 도착하니 소문대로 산사면 전
체가 약 1km가량 무너지고 다리까지 파괴되어 흙더미는 파룽장부
강까지 퍼져 있었다. 보기만 해도 살벌한 풍경이었다. 그러나 라사
로 가는, 하나밖에 없는 간선도로이기 때문에 공병대가 투입되어 불
도저가 길을 닦고 목재를 나르며 다리를 새로 놓고 있었다. 군인들
이야기로는 내일 오후에야 소형차의 통행이 가능할 것이라고 한다.
우리는 기다리는 것보다 걷는 것이 좋을 것 같아서 차를 두고 이곳
에서 8km 떨어진 퉁마이(通麥)까지 걷기로 했다. 바쁜 일도 없어
천천히 걸어가는데 이곳에는 뱀이 어찌나 많은지 내가 본 독사만도
세 마리나 되어 조심스러웠다.

퉁마이에는 인가가 10여 호 있어 민가의 방을 하나 빌렸다.

6월 17일, 아침을 먹고 나서 시간도 있고 하여 꽃을 찾아 뒷산에

올라 '칭허(青鶴)'라는 백합꽃을 발견했다. 하지만 숲속에서 '마황(螞蟥)'이라는 산거머리에게 뜯겨 곤욕을 치렀다. 이곳 거머리는 어찌나 강인한지 땅에 놓고 짓밟아도 잘 죽지 않는다. 크기는 2~3cm 정도이며 검은색을 띤 거머리의 입은 칠성 뱀장어처럼 생겼다. 한번 살 속으로 파고들면 아무리 당겨도 나오지 않는다. 거머리의 몸이 끊어져 나올 뿐이었다. 나머지는 담뱃불로 지져야 스스로 빠져 나왔다. 정말이지 보기만 해도 온몸이 으스스해지는 거머리였다. 그리고 이곳에는 뱀이 너무 많아서 숲속을 다니기가 위험했다.

숙소로 돌아와 쉬고 있는데, 오후 3시쯤 우리가 타고 가던 지프가 당도했다. 운전사는 아직 다리가 완전히 복구되지 않아 트럭은 내일쯤 통행이 가능하다고 하였다. 우리는 곧 퉁마이를 출발하여 린즈로 향했다.

서지라산(色季拉山)에 이르렀을 때는 산상에 붉은 노을이 들고, 해발 4,300m 지대에 이르렀을 때 산골짜기는 이미 황혼이 짙어지고 있었다. 우리는 웨이취강의 밤길에서 죽을 뻔했다는 사실을 잊지 않고 조심조심 어느 산비탈을 돌고 있는데 문득 골짜기 위에 흰색으로 보이는 꽃 한 포기가 눈에 띄었다.

아름다운 꽃은 어둠 속에서도 광채를 발하는 것일까? 그 꽃은 유난히 환하게 보였다. 우리는 이끼가 덮여 있는 미끄러운 바위로 기어올라 가까이 가서 보니 그 꽃은 황색 메코노프시스였다. 키는 40cm 정도 되는데 화륜이 크고 색깔이 고와 눈부시도록 아름다웠다.

다시 밤길을 계속 달려 밤 10시 40분에 린즈빈관에 도착했다. 린즈는 해발 2,900m이며 티베트에서 네 번째로 큰 도시이고, 인구는 약 1만 7천 명이다. 그리고 촨장공로(川藏公路)와 린저공로(林澤

公路)가 교차되는 교통 요충지다. 멀지 않은 곳에 야루장부강(雅魯藏布江)이 흐르고 강 유역은 원시림지대로, 티베트에서 생산되는 목재의 대부분은 이 지역에서 벌채되어 각 지방으로 반출된다.

수목 중에서 가장 고령의 나무는 바제춘(巴結村)에 있는 수령 2,500년의 측백나무이고, 천 년 묶은 뽕나무도 한 그루 있다.

린즈 지역은 기후가 온난하여 티베트에서 제일 가는 맛있는 사과가 생산되기도 한다. 도시는 매우 깨끗한 편이며 최근에 와서는 카바레와 가라오케도 문을 열 만큼 나날이 번창해 가고 있다.

## ● ——— 다시 라사(拉薩)로 ●

6월 18일, 오늘은 라사로 가는 날이다. 린즈에서 라사까지는 686km. 길이 멀어 오전 6시에 린즈를 출발, 남쪽 루트를 달렸다. 그리고 오후 11시에 라사에 도착, 홀리데이호텔에 여장을 풀었다. 라사는 티베트 교통의 중심지며 구거(古格)왕국으로 가려면 반드시 거쳐 가야 하는 곳이다. 빠쟈오제(八角街) 거리는 항상 많은 인파로 왁자지껄하고 포탈라(Potala)궁은 언제 보아도 장엄한 모습이었다. 도윤스님과 신덕영 씨는 포탈라궁으로 가고, 나는 포탈라궁을 여러 차례 보았기 때문에 언젠가 한번 보고 싶었던 라사강(拉薩江)으로 향했다.

라사강의 발원지는 녠칭탕구라산(念青唐古拉山) 남쪽 기슭에 있는 쟈리리(嘉黎里)의 '펑쵸라쿵마구(彭措拉孔馬溝)'이다. 이곳에서 시작하여 나취(那曲)와 당셩(當雄), 라사를 거쳐 취수이(曲水)현에서 야루장부강(雅魯藏布江)과 합류한다. 전체의 길이는 495km

라사(拉薩) 강의 나룻배

로 비교적 긴 강이다. 발원지의 고도는 해발 5,500m로 중국에서는 가장 높은 곳을 흐르는 하류이다. 내가 서 있는 나루터의 강폭은 120m나 되고 물살은 빨랐다. 나루에는 야크 가죽으로 만든 네모진 작은 빈 배가 두 척 있었다. 그 배는 배밑이 넓고 부력이 커서 소까지 실어 날을 수 있다. 얼마 후에 강을 건너려는 사람들이 모였는데, 산골 사람인 듯한 남자들은 대부분 티베트 모자를 쓰고 허리에는 칼을 차고 있었다. 여자들은 빵덴이라는 앞치마를 두르고 있었다. 한 배에 8~9명씩 타고 배는 나루터를 떠났다. 삿대를 저어 둥둥 떠나가는 배를 보고 있노라니 시간은 원시시대로 거슬러 가는 느낌이다.

더욱이 강을 건넌 티베트인들이 삭막한 황토산 기슭으로 걸어가고 있는 모습은 적막하기 그지없었다. 티베트의 아주 오지에서는 돼지가죽으로 배를 만들어 도강하는 방법이 있다. 배를 만드는 방법은 돼지가죽을 통째로 벗겨서 목과 네 개의 다리를 끈으로 묶고 바람을 넣어 풍선처럼 만든다. 이렇게 아홉 개를 만든 다음 나무를 대고 끈으로 묶어 뗏목처럼 만든다. 그리고 선체가 가벼워서 지고 다니다가 필요한 곳에서 강에 띄우고 도강한다.

또 한 가지는 야크 가죽을 통째로 벗겨서 다리부분을 다 동여매고 사람이 그 부대 안에 들어가서 도강하는 방법이다. 이 방법은 반드시 세 사람이 있어야 가능하다. 도강하는 사람이 부대 속에 들어가고 다른 한 사람이 부대의 입구를 단단히 묶는다. 그런 다음 부대를 강으로 끌고 들어가서 물속으로 밀어 던진다. 그러면 강 건너편에 있던 또 한 사람이 기다리고 있다가 건져 올린다.

다만 이 방법은 강 물줄기가 굽이쳐서 돌아가는 곳이라야만 가능하다. 그런 곳이라야 부대가 물줄기를 따라 강 건너편으로 밀려가기 때문이다. 직류로 흐르는 강에서는 대단히 위험한 도강방법이라고 할 수 있다.

나는 나루터를 뒤로하고 제방을 따라 1km쯤 걸어 올라갔다. 거기에는 출렁다리가 하나 있는데 다리의 길이는 50m쯤 되어 보였다. 그런데 그 다리에는 이쪽에서부터 저쪽까지 울긋불긋한 타루쵸 깃발이 빈틈없이 걸려 있었다. 다리 입구에 타루쵸를 파는 상인이 있기에 물어보았더니 '쟈마린카(加馬林卡)'라고 했다. 그는 이어 이 다리는 '축복의 다리'여서 이 다리에 타루쵸를 걸고 한 번 건너갔다 오면 큰 행운이 온다고 하였다.

다리를 건너 버드나무 숲을 지나 다시 라사강가에 이르니, 거기서 포탈라궁이 또 다른 모습으로 웅장하게 보였다. 라사는 앞에는 큰 강이 흐르고 뒤에는 높은 산이 둘러 있어 천혜의 요새를 이룬 명당임을 나는 이곳에서 다시 한번 실감했다.

### ● ─── 지프 한 대와 트럭 한 대로 구거(古格)왕국으로 ●

라사에서 구거왕국까지의 거리는 약 1,900km. 지금까지 지나온 길보다 더욱 험한 길이 남아 있다. 그래서 라사에서 3일 간은 필요한 준비에 바빴다. 우선 트럭 한 대를 더 전세내어 휘발유 세 드럼을 더 실었다. 일행은 본래 세 명과 박성범(서안 문화여행사 옌벤교포 안내원), 그리고 라사의 우이여행사 안내원 충라, 지프 운전사, 트럭 운전사, 그리고 요리사 등 모두 여덟 명이다.

6월 21일, 드디어 라사를 떠나 아리(阿里) 지구로 향했다. 오늘 일정은 라사에서 라즈(拉孜)까지 가는 것이다. 거리는 약 408km.

시카체까지는 2차선 아스팔트 도로여서 순탄했다. 시카체에 도착하자 안내원들이 오지에 가면 먹을 것이 없으니 양을 한 마리 사겠다고 하여 차를 시장 입구에 세웠다. 일행이 시장으로 들어서자 갑자기 4~5명의 거지가 손을 벌리고 구걸하기에 얼마씩 주었다.

그런데 소문은 빨리 퍼져 이 소식을 들은 시장 안의 모든 거지들이 몰려와 삽시간에 우리를 에워쌌다. 인정 많은 도윤스님은 그 많은 걸인들에게 일일이 얼마씩 주었다. 그랬더니 잠시 후에는 걸인들이 어린아이까지 업고 와선 어린아이 몫까지 달라고 하였다. 시장 상인들과 행인들은 구경거리라도 생겼다는 듯 쳐다보고 웃고만 있었다. 더 머물다가는 한이 없을 것 같아서 양도 사지 못하고 그만 시장을 빠져 나오고 말았다.

시카체를 떠나 라즈에는 오후 9시가 넘어서야 도착했다.

이곳은 현청 소재지이며 교통 요충지이다. 최근에는 라사에서 성산인 카일라스(Kailas)로 가는 사람, 네팔에서 카일라스로 가는 사람들이 거쳐가는 곳이어서 라즈는 해마다 눈에 띌 정도로 변하고 있다. 호텔도 새로 생기고 식당과 상점도 많이 개업했다.

우리는 전에 숙박했던 초대소에서 하룻밤을 자고 이튿날 아침 7시에 라즈를 떠났다.

오늘의 일정은 사가까지이다. 라즈에서 사가까지의 거리는 약 240km. 이곳에서 약 5km 가면 갈림길을 만나는데, 왼쪽으로 가면 장무를 거쳐 네팔로 가고 오른쪽 길로 가면 곧 야루장부강(雅魯藏布江)에 이른다. 강나루에 닿자 작년만 해도 배를 타고 건넜던 나루에 거대한 교량이 건설되고 있어 이곳에서도 현대화의 물결 속에서 달라지는 모습을 볼 수 있었다. 나룻배를 기다리며 강가에 있노라니,

야루장부강의 거센 물의 흐름으로 마치 깊고 깊은 지축에서 지진이 일어나는 듯한 육중한 진동을 느끼게 되었다.

티베트의 자연은 영구히 보전되어 그대로 두는 것이 좋으련만 훗날 교량이 완성되면 누가 와서 이 깊고 깊은 지동(地動) 소리를 들을 수 있으랴! 나는 티베트의 신비감이 하나하나 사라져 가는 것 같아 아쉬움을 금할 수 없었다.



강을 건너서부터는 티베트의 전형적인 황막한 고원이 펼쳐진다. 가도가도 나무 한 포기 보이지 않고 인가도 없는 황막한 고원이다.

우리는 서북으로 한나절 달려서 상상(桑桑, 해발 4,650m)이라는 작은 마을에 도착했다. 이날 오전 내내 113km를 달려오는 동안 처음 만나는 마을이다. 앞으로 사가까지 가는 동안에는 식사할 곳도 없다기에 간단히 점심을 먹고 다시 북상했다.

아무리 보아도 싫지 않은 황토산과 적갈색의 산을 바라보며 구거왕국에 꿈을 안고 이것저것 생각하는 동안 어느덧 낯익은 삼거리에 이르렀다.

이곳에서 왼쪽으로 22도반을 따라가면 오늘의 목적지인 사가에 이르고, 오른쪽으로 가면 창탕고원으로 이어진다.

지난해 나는 카슈가르(喀什噶爾)에서 쿤룬산을 넘어 타르첸(Tarchen) 파양을 거쳐 사가에 올 계획이었다. 그러나 타르첸에 와서 알아보니 중바(仲巴) 지역에 큰비가 내려 도로가 유실되는 바람에 멀고먼 창탕고원을 돌아와야 했다. 행로에 고생이 많았지만 뜻밖에 창탕고원을 경험하게 되어 나로서는 오히려 다행으로 생각했다. 지금 그 교차지점에 서서 당시를 생각하니 감회가 깊다.

신덕영 씨는 그때 창탕고원을 돌아오면서 고생한 것을 생각하면 감회가 깊은 듯 "살아 돌아온 것이 기적 같다."고 회상했다.

사실 타르첸에서 사가까지는 이틀이면 충분한 거리다. 그러나 길이 유실되는 바람에 스첸허(獅泉河)와 가이저(改則)를 거쳐 수천 수백 km나 돌아온 것이다. 그러나 이번에는 주저없이 중바를 거쳐 타르첸으로 들어갈 수가 있었다. 드디어 8시가 넘어서야 사가(薩嘎)에 도착했다.



### ● ──── 티베트 젊은이들의 낭만 ●

사가는 현청 소재지로서 학교와 영화관도 있었다. 전기는 자가 발전을 하고 있었다. 이곳이 해발 4,600m인 고도 탓인지 무엇이 가슴을 약간 누르는 것 같은 느낌이 들었다. 이곳은 교통 요충지이며 니라무로 가는 지름길이기도 했다. 오늘따라 사가빈관은 순례자들로 만원이어서 우리는 민가에 방을 구했다.

방에서 쉬고 있는데 밖에서 떠드는 소리가 나기에 나가보니 젊은 남녀들이 이상한 놀이를 하고 있었다. 한 처녀는 남자의 두 팔을 잡고, 또 한 여자는 남자의 두 다리를 들고 왼쪽으로 세 번 빙빙 돌리다가 잠시 쉬고 나서 다시 돌린다. 여자들은 재미있다는 듯 깔깔 웃어대고 남자는 여자들에게 놀림을 당하면서도 싫지 않은 듯 잘 따라주고 있었다. 이렇게 놀이가 계속되는 동안 나는 이 별난 장면을 사진에 담으려고 카메라를 가지러 방에 들어갔다. 그러나 방에서 나오니 놀이는 끝나고 한 처녀가 남자 허리에 매인 허리띠 같은 끈을 쥔 채 덩실덩실 뛰면서 초원의 구릉으로 사라지고 있었다.

티베트 유목민 처녀들은 상당히 활달하고 개방적이어서 데이트할 때면 남자보다 여자 쪽에서 더 적극적으로 구애하는 모습을 볼 수 있다. 얼마 후 그들은 아무 일도 없었다는 듯이 돌아와 이웃 천막 순례자들과 어울려 '창(막걸리 같은 술)'을 마시면서 밤 깊도록 합창으로 노래부르며 춤을 추고 있었다.

유목민의 노랫소리는 내용은 알아듣지 못하지만 어디선가 들어본 듯한 애수가 풍기는 가락이었다. 티베트의 깊은 밤에 들려오는 그 노랫소리는 온갖 역경을 딛고 찾아온 우리들에게 향수의 여운을 안겨주고 있었다.

6월 23일 아침, 출발 준비를 하고 있는데 순례자들이 와서 저마다 트럭에 태워달라고 야단들이다. 어차피 빈 트럭으로 가는 길이므로 좋은 일 삼아 나이가 많고 점잖게 보이는 가장을 동행한 한 가족 7명을 태워주기로 했다. 이곳에서 타르첸으로 가는 차편은 거의 없어 차를 얻어 타기란 매우 어려운 일이다. 그들은 너무 기뻐서 "세에 세에(謝謝)"를 연발하며 좋아했다.

사가에서 카일라스 산자락에 있는 타르첸(Tarchen)까지의 거리는 약 549km가 된다. 하루 일정으로는 너무 먼길이고 차로도 좋지 않아 오늘은 파양(帕羊)까지 가기로 했다. 거리는 약 252km. 사가를 떠나 얼마 가지 않아 야루장부강의 지류를 만났다. 강에는 큰 교량이 있는데 오래된 다리여서 군데군데 나무 상판이 삭고 강물이 보일 정도로 부서져 있었다. 트럭은 다리 아래 여울을 따라 건너기로 했다. 그런데 지프 운전사가 "메이관시(沒關係)"라고 하면서 차를 몰고 다리에 들어섰다. 사람도 건너가기가 조심스러운 다리였다. 아니나 다를까. 중간쯤 가다가 부서진 상판에 지프의 뒷바퀴가 푹 빠졌다. 무인지경이므로 도움을 요청할 수도 없어 하는 수 없이 다리 난간의 목재를 뜯어 바닥에 깔고 차를 들어 올려 겨우 다리를 건넜다.

이어 서북으로 갈수록 반(半) 사막지대로 변하면서 도로사정은 좋지 않았다. 차체가 낮은 지프가 가기에는 힘이 들었다. 가는 도중 차가 여러 차례 모래 속에 빠졌는데 그때마다 동행한 순례자 가족들과 힘을 합쳐 삽으로 흙을 파내고 돌을 깔아주고 트럭이 앞에서 끌어당겨 겨우겨우 빠져 나왔다.

이곳은 변경지역이라서 여러 차례 검문도 받아야 했다. 검문시간도 적지 않게 걸렸다. 한국인이 이곳에 온 것은 처음이기 때문에 뜸을 들여 면밀히 검문하는 것 같았다.

이렇게 하여 파양에는 9시가 넘어서야 도착했다. 파양은 해발 4,600m, 히말라야산맥이 서남으로 뻗어 있고, 북동으로는 강디스산맥이 위치하고 그 양대 산맥의 사이에 파양 마을이 있다. 가구 수는 약 200여 호, 초등학교가 있고 여관도 있었다. 우리는 이 마을에서 제일 잘사는 집에 가서 민박을 했다. 그 집에서는 저녁식사로 야크 고기를 티베트식으로 요리해 내놓았는데 그런 대로 맛있게 먹었다.

6월 24일 아침 8시 30분, 파양을 출발하여 타르첸으로 향했다. 이곳에서 타르첸까지는 297km. 우리는 점점 타르첸으로 다가가고 있었다. 그러나 이 지역 역시 길이 몹시 좋지 않았다. 늪지대가 많았고 도로는 움푹움푹 파여 있었다. 반 사막지대까지 있어서 차가 모래 속에 자주 빠졌다. 한번 빠지면 끌어내는 데 한두 시간은 걸렸다. 이렇게 도로사정이 좋지 않다 보니 자연히 시간이 지체되었다. 오후

6시가 되어 상황판단을 한 운전사는 우리에게 "타르첸까지는 아직도 길이 멀기 때문에 밤길은 위험하니 무리하지 않은 것이 좋겠다."고 건의해 왔다.

우리는 벌써 아리고원의 중심부에 와 있었다. 이곳 지리를 모르므로 그의 제의에 따르기로 했다. 마침 들판 외딴 곳에서 유목민이 살던 허물어진 집터를 발견했다. 지붕은 없으나 흙벽이라도 일부 남아 있어 방풍벽이 될 수도 있고, 무엇보다도 사람의 흔적을 느낄 수 있어서 마음이 푸근했다. 우리를 따라온 순례자 가족들도 좋아했다.

나무가 없는 티베트에서는 연료로 단단하게 마른 야크 똥과 양의 똥을 이용한다. 카라반을 할 때는 마른 야크 똥을 자루에 넣어 가지고 다니다가 필요할 때 사용한다.

그들은 야영지가 정해지자 쇠똥으로 불부터 피웠다. 그리고 둘레에 앉아 식사준비를 하고 있는 것을 보니 안정감과 포근함이 감돌았다. 그들의 식사 방법은 먼저 수유차를 끓인다. 이어 '쟘바(쌀보리를 빻아 가루로 만든 것)'가 담긴 식기에 끓인 물을 넣은 뒤 손으로 둥글게 반죽하여 뜯어먹고 있었다. 그것을 수유차에 찍어 먹기도 하고 버터를 발라 먹기도 했다. 육류도 곁들이는데 양을 쪄서 말린 다리 하나를 돌아가면서 칼로 뜯어먹고 있었다.

그들은 잠을 잘 때는 바람을 피하여 담 벽의 맨 땅에 양털로 두텁게 만든 침구를 깔고 장포라는 옷을 입은 채로 노숙하였다. 그리고 운전사들은 침구를 가지고 트럭 밑으로 들어가 잠을 청하였다.

이와 같이 그들의 야영방법은 아주 간편했으며 아무리 추운 날씨에도 야크 똥과 장포 하나로 노숙을 할 수 있을 정도로 몸은 잘 단련되어 있었다.

우리도 서둘러 천막을 치고 주변에 흩어져 있는 야크와 양의 마른 똥을 주워 불을 피우고 저녁 준비를 하였다. 쌀을 씻으러 바로 옆에 있는 개울로 나갔더니 작은 개울에 웬 물고기가 그렇게도 많은지 20~30cm 되는 것들이 손으로 잡을 수 있을 정도로 우글우글했다. 안내원에게 이름을 물으니 그도 잘 모르는지 '투위(土魚)'라고 했다.

## ● ── 드디어 타르첸(Tarchen)으로 ●

밤이 되니 한기가 느껴졌다. 아마도 영상 3~4도는 되는 것 같았다. 나는 텐트에 들어가기 전에 설악산(雪岳山) 적설기 등반 때 하던 식으로 주먹만한 돌 두 개를 야크 똥 불에 구워 하나는 침낭 속의 발끝에 놓고 하나는 수건에 싸서 옆구리에 놓았다. 그러고 자니 온돌방에서 자는 것처럼 훈훈했다.

이튿날 야영지의 날은 밝았다. 기온은 영하 3도, 바람까지 불어 매우 쌀쌀했다. 순례자 여인들은 벌써 일어나서 불을 피우고 차를 끓이고 있었다. 우리는 간밤에 먹다 남은 밥으로 죽을 끓여 먹고 곧 출발했다.

이곳은 평균 고도가 해발 4,500m이다. 가도 가도 인가는 없고 목축하는 사람도 없는 정적만이 감도는 황막한 들판이다. 가끔 낯선 짐승들이 나타나서 우리를 쳐다보고 있는 것이 신기했다. 엉덩이가 흰 영양, 늑대, 야생 당나귀들이 멀리서 우리가 지나가는 것을 지켜보고 있었다. 그리고 개울에는 검은 목두루미(黑經鶴)와 황색 오리가 떼지어 모여 있었다. 우리는 동물의 낙원 같은 별천지를 한동안 달렸다.

그러다가 태고 때 빙하가 흘러간 듯한 넓은 하상(河床) 지대를 지나고 산비탈을 돌아 언덕으로 올라섰는데, 갑자기 시야가 툭 트인 곳이 나타났다. 바라보니 구름 한 점 없는 푸른 하늘에 성산 카일라스산이 우뚝 솟아 있지 않은가! 고도는 해발 6,714m, 강디스산맥(트란스히말라야)의 주봉이다. 전설에서나 듣던 수미산! 참으로 신비하고 근엄한 모습이었다. 인간이 접근할 수 없는 성스러운 산임을 첫눈에 알 수 있었다. 수미산 왼쪽으로는 멀리 마팡윙쵸 호수 저편에 나무나니봉(7,694m)이 그림 같은 모습으로 우뚝 솟아 받쳐주고 있었다. 나는 인간세상이 아닌 별천지에 와 있는 느낌이었다.

문득 작년 여름이 생각났다. 카슈가르에서 쿤룬산을 넘어와서 아리(阿里)고원 북쪽에서 처음 카일라스산을 목격했을 때 너무나 감격한 나머지 "아! 카일라스산!" 하고 소리쳤다. 드넓은 고원의 수많은 산봉우리들이 군신처럼 그를 향해 머리를 숙이고 있으며 그 가운데 유일하게 만년 빙설에 덮인 카일라스산은 너무나 고고하였기 때문이다.

그런데 오늘 서남쪽에서 바라보는 카일라스산은 마치 시바신(Shiiva)이 앉아 있는 듯한 엄숙한 모습이었다.

장소를 조금 바꿔 바라보면 은관을 쓴 금자탑과도 같으며, 산허리에는 치열(齒列) 같은 띠가 몇 줄 나란히 줄지어 있고, 산정에서 산허리에는 고랑이 파져 산의 묘미를 더해주고 있었다. 참으로 카일라스산을 누가 신산이라고 이름하였는지 이름에 걸맞는 풍광이 아닐 수 없다.

이때 함께 온 순례자 일가족 7명은 신산을 보더니 급히 차에서 내려 경건한 자세로 땅바닥에 앉아 마니차를 돌리며, "옴마니반메훔

카일라스(Kailas)산으로 찾아가는 순례자. 아리(阿里)고원. 해발 4,500m

● 아리고원(阿里高原)에서 바라본 나무나니봉(해발 7,694m)

(唵嘛呢叭咪吽)"하고 독경을 외웠다. 그들은 신산에 대한 최상의 경배를 드리는 모습이었다. 일행인 도윤스님과 신덕영 씨도 단정한 자세로 그들과 함께 손을 합장하고 있었다.

중국에서는 카일라스산을 '강렌퍼지(崗仁波齊)'라고 하며, 그 뜻은 산의 뿌리요, 물의 근원이라는 뜻이다. 티베트에서는 신산(神山), 인도에서는 성산(聖山)이라고 하고, 외국에서는 카일라스산이라고 한다.

6월 26일 오후 5시, 우리는 드디어 타르첸(Tarechen, 해발 4,675m)에 도착했다.




인도와 티베트에 있어서 신산 또는 성지로 되어 있는 카일라스가 어째서 기독교의 예루살렘과 이슬람교의 메카와 같이 세계에 알려져 있지 않은가를 이곳에 와서야 알 수 있었다. 인도인이 카일라스를 찾아오려면 눈덮인 히말라야산맥을 넘어와야 하고, 중국의 내륙에서 오자면 헝뚜안산맥과 창탕(羌塘)고원을 넘어야 하며, 서북으로는 타클라마칸사막과 쿤룬산맥을 통과해야만 한다. 해발 평균 고도 4,000m 이상의 고지대를 몇 주일 동안 걸어서 와야 하는 것이다. 이와 같이 지리적 악조건도 악조건이지만 티베트가 수세기 동안 바깥 세계와 문을 닫고 엄격한 쇄국주의를 취해온 것도 큰 원인이 되었다.

1950년 이전에는 달라이라마의 허가 없이 밀입국한 자는 발견된 장소에서 발바닥에 독한 옻을 칠하고 목에 형틀을 채워 추방했다. 밀입국자는 얼마 가지 않아 옻의 독으로 발에 상처가 생겨 발이 썩은 채 기어서 히말라야산맥까지 가지만 눈 속에서 추위에 떨다가 결국은 동사하고 말았다.

1950년 이후 달라이라마의 쇄국주의는 풀어졌으나 1960년의 중국의 문화혁명으로 또 한바탕의 시련을 겪게 되어 많은 사원이 파괴되었다. 종교 행위도 금지되고 탐험가들조차 들어갈 수가 없었다. 이와 같이 수세기 동안 정치적인 이유로 카일라스산은 자연히 금단의 성지가 될 수밖에 없었다.

최근에 와서 종교활동과 신앙의 자유가 부활되었고 그에 따라 카일라스 순례도 자유롭게 하게 된 것은 참으로 다행한 일이 아닐 수 없다.

### ● ── 카일라스산에서 발원하는 4대강 ●

강디스(崗抵斯)라는 말은 티베트어와 범어가 합쳐서 만들어진 문자로서, 강(崗)은 티베트어로 눈(雪)을 의미하며, 디스(抵斯)는 역시 범어로 눈을 뜻하므로 강디스는 설산(雪山)이라는 뜻이다.

카일라스산 꼭대기에는 거대한 저수지라도 있는 듯 산상 도처에서 빙설의 녹은 물이 절벽을 타고 폭포가 되어 떨어진다. 전설에 의하면 카일라스산과 그 산계에서 네 줄기의 방사형으로 된 하천의 발원지가 있는데, 이들 샘은 각각 말·사자·코끼리·공작새를 닮은 천구(泉口)라고 한다. 이 네 줄기의 강 이름은 마첸허(馬泉河), 스첸허(獅泉河), 상첸허(象泉河), 쿵초허(孔雀河)라고 부른다.

마첸허는 제마중(杰馬宗) 빙하 해발 6,000m에서 발원한다. 말

to Shiquanhe(Ali)
Zutrul Phuk G
Ninchung La
Kailash Khora
Lha Valley
to Gyangdrak G
Solung G
Chukta Lungpa
Khaleb
Darchen
Awang Valley
Philung Kongma Valley
Philung Yangma Valley
Satlej Valley
Khaleb Valley
N
Serlep Yung
Dama Valley
Dama Chu
Lha Chu
Dama Chu
Barga
Longong
Tsepgye G
Cherkip G
Langpona G
Tasalong
Lango
Ganga Chu
Chiu G
Lake
Manasarovar
(Mapham Tso) 4,588m
5610
Sera La
Tseti Tso Lake
Tsering Madang
Debring
Gossul Changma
Toserma
Lake Raksas Tal
(Lhanak Tso)
4,573m
Tangkan
Lachato
Ardang Phuk
Gossul G
Lanka Donkhang
Shushup Tso
Momo Dungu
Yern
Dang La
Trugo G
Gurla La
4,900



Manasarovar 및 Raksas 호수

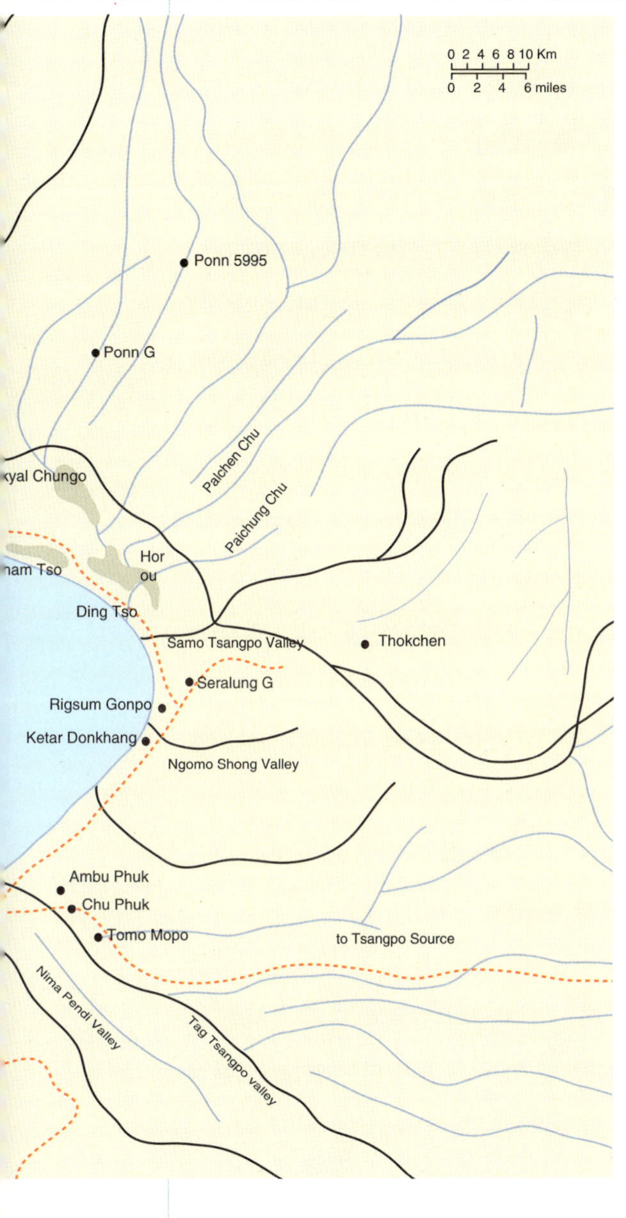


의 입과 닮은 곳에서 흘러나온다고 해서 마첸허라고 하는데, 이 강이 바로 야루장부강(雅魯藏布江)이다. 야루장부강의 길이는 3,840km이며 티베트의 동맥과 같은 중요한 강이다. 이 강은 세계에서 가장 높은 아리고원(평균 고도 4,500m)을 흐르다가 취수이(曲水) 지역에 와서는 라사강과 합류하고 히말라야산맥이 끝나는 아삼 히말라야를 돌아 인도평원에 들어와서는 부라마푸트라강이 되어 벵갈만으로 유입된다.

상첸허의 원천은 라앙쵸(拉昻錯, Langa co)로서, 1846년 수투레지(Sutlej)가 발견하였는데 발견자의 이름을 붙여서 수투레지강이라고 부른다. 라앙쵸의 고도는 해발 4,573m로 마팡윙쵸(해발 4,588m)보다 15m가 낮아 마팡윙쵸의 호숫물이 수로를 통해 라앙쵸로 유입된다. 그런 까닭으로 라앙쵸에서 발원하는 수투레지강 역시 성스러운 강이 된다. 이 강은 아리지구의 서북쪽을 흐르다가 자다 현을 지나 인도양으로 흘러간다.

쿵챠오허는 공작새의 입과 닮은 곳에서 흘러나온다고 해서 쿵챠오허라고 한다. 이 강은 네팔로 들어가서는 카르날리(Karnali) 강이 되고, 인도에서는 갠지즈강이 된다. 카일라스는 시바신의 옥좌이므로 그 밑에서 흘러나온 이 강도 성스러운 강이 된다. 힌두교도들에게 이 강은 단순한 물이 흐르는 정도의 강이 아니다. 그들은 강물로 목욕을 하면 모든 죄를 씻을 수 있고, 강물에 죽은 자의 뼛가루를 뿌리면 극락왕생한다고 믿고 있다. 그러므로 갠지즈강은 인도인의 정신과 문화의 상징이라고 할 수 있는 강이다.

스첸허는 카일라스산 북측 기슭에서 발원하는데, 사자의 입과 같이 생긴 곳에서 흘러나온다고 해서 스첸허라고 한다. 이 강은 서북 방향으로 흐르다가 라다크 지방을 거쳐 남하해 아라비아해로 흘러가는데, 이 강이 바로 저 유명한 인더스강이다.

이와 같이 이 4대 강은 모두 인도 대륙을 적시는 생명선과 같은 젖줄기로서 인류문명의 발상지가 되었다.

오랜 세월 강 유역에서 농사를 짓고 목축을 하며 살아온 사람들은 강의 원천인 카일라스산에 대하여 자연히 숭배와 경외의 정을 품지 않을 수 없다. 따라서 카일라스가 바로 성산이 되는 것도 이 때문이라고 하겠다.

티베트의 한 장족 학자는 지구가 형성되던 초기에 바다가 뒤덮고 있었는데 이후에 큰 물결이 일어 바람을 형성하고 바람과 물이 맞부딪치면서 땅이 드러나고 지각이 극렬하게 동요하다가 산들이 형성되었다고 한다. 이때 바로 카일라스산이 세계에서 가장 높은 산으로 솟아올랐고 산상은 백은과 황금으로 형성되었다고 전해지고 있다.

또한 인도의 전설에 의하면 시바신이 카일라스에서 오랜 기간 수행하던 중 무궁무진한 법력을 통달했다고 한다. 그래서 인도 교도들은 카일라스산을 시바신의 화신으로 여겨 그곳을 신이 거처하는 곳으로 믿고 있다. 그런가 하면 남근(링가)을 신앙의 대상으로 삼는 인도의 힌두교 시바파는 원추형으로 생긴 카일라스를 최대의 링가로 숭배하고 있기도 하다.

### ● ── 카일라스산 순례에 2박 3일 걸려 ●

티베트인들은 겨울에 이 산에 쌓인 눈의 양을 보고 다음해 농작물의 풍년을 예측한다. 그래서 정상에 항상 눈을 이고 있는 카일라스산을 강과 같이 혜택을 주는 상징으로 간주하고 있다. 카일라스산을 순례하는 코스는 세 개가 있다. 제일 짧은 코스가 52km, 고도는 타르첸(Tarchen) 마을이 4,675m이고 제일 높은 곳은 될마라(Drol Ma La, 5,668m)이다. 이 코스를 한 바퀴 도는 데 보통 2박 3일이 소요된다.

순례자들은 티베트인, 네팔인, 인도인 등 각국에서 모여든다. 인도인과 네팔인은 히말라야산맥을 넘어 고통스러운 여행을 통해 이곳으로 오는데, 가산을 정리하여 온 가족을 데리고 오는 이들도 있다. 이들은 산밑에서 걸어 올라가면서 한 걸음을 걸을 때마다 머리를 조아려 절을 하고 염불을 왼다.

그들은 카일라스산을 한 바퀴 돌면 인생의 죄업을 씻을 수 있다고 믿고 있다. 그 한 바퀴는 13번 도는 것을 한 바퀴로 보고 있으며, 말[馬]의 해에 한 번 돌면 다른 해에 13회 도는 것과 같다고 하여 특히 말해에 순례하는 사람들이 많다. 말의 해는 여래불이 성불했던 성스런 해이며 또한 불교 존자 미라르바(米拉日巴)가 다른 종교의 교도들과 싸워 이긴 기념의 해이기 때문이다.

그들은 만일 10바퀴를 돌면 500년의 윤회 중 지옥으로 떨어지는 고통을 면할 수 있다고 믿는다. 또 100바퀴를 돌면 현세에서 성불하여 승천할 수 있다고 여긴다. 이렇게 불교도에 있어서 카일라스산은 석가모니에 버금가는 높은 의미를 지니고 있다.

카일라스산에는 재미있는 전설이 전해지고 있다. 카일라스산 서쪽에 말안장 같은 형상을 한 산봉우리가 있는데, 그것이 옛날 거살(格薩爾) 왕이 북벌할 때 남긴 말안장이라고 전해져 이것은 신비의 효능을 갖고 있다고 믿는다. 임신을 못하는 여자가 산꼭대기에 올라 말의 안장을 오른쪽으로 올라타면 딸을 낳고, 왼쪽으로 오르면 아들을 얻는다고 한다. 그런가 하면 카일라스산 동쪽에는 편안하게 생긴 쉼터가 있다. 사람이 죽은 후에 여기에서 텐장(天葬)을 치르면 그 영혼이 데와첸(Dewachen)으로 올라갈 수 있다고 한다.

타르첸에는 강디스빈관이 있다. 객실은 20여 개가 있고 방마다 두세 개의 침대가 있으며 식당과 매점도 있다.

1994년 처음 이곳에 왔을 때의 일이다. 그때 빈관의 화장실에 가서 당황한 적이 있었다. 물론 휴지는 들고 갔지만 쪼그리고 앉아 있는 바로 눈앞에 어디서 끌어왔는지 물이 졸졸 흐르고 있었다. 즉 용변을 보고 나서 그 물을 떠서 엉덩이를 씻으라는 것이다. 이번에 와서 보니 물줄기는 없어지고 맥주병이 수북이 놓여 있었다. 용무가 있는 사람들이 맥주병에 물을 담아 가지고 와서 엉덩이를 씻은 것이다. 좌우간 이곳에는 휴지도 없으며 세숫물도 귀했다. 심지어 과일 같은 것은 볼 수도 없었다.

그렇게 편의시설이 전무한 여관이지만 순례자들에게는 긴 여로에 지친 몸을 쉴 수 있는 꿈의 안식처와도 같은 곳이다. 더욱이 삼면이 확 트인 정원 뜰에 앉아서 따스한 햇빛을 받으며 마팡윙쵸 호수와 나무나니봉을 바라보는 경관은 가히 천하제일경이라고 할 수 있다.

순례자들은 이곳에서 긴 여로를 재정비하고 또 다른 고행의 길을 나선다. 내가 보기에는 칭하이성 위수(靑海省玉樹)에서 온 사람들은 오체투지예를 하고, 인도에서 온 사람들은 대부분 야크를 타고, 그 밖의 순례자들은 걸어서 올라간다.

이곳은 산소가 희박해 걸어가기도 힘든 지역이다. 그런 곳에서 오체투지예를 수만 번 하며 오다가 도중에 고산병으로 쓰러지는 사람도 있다고 한다. 그러나 그들은 보다 나은 내세를 위한 일이라면 이런 고통을 순수하게 받아들인다. 이렇게 고행을 마친 순례자들은 영적 충만함을 얻고 편안하고 희망찬 마음으로 고향에 돌아가는 것이다.

### ● ──── 마팡윙쵸(瑪旁雍錯, 마나사로바르) ●

카일라스산과 그 주변의 산에서 빙설의 녹은 물이 흘러 들어가 이루어진 거대한 담수호인 마팡윙쵸(마나사로바르) 호수와 라앙쵸(拉昻錯) 호수는 강디스빈관에서 남쪽으로 약 50km 떨어진 곳에 위

마나사로바르(瑪旁雍錯) 호반을 순례하고 있는 신도들. 해발 4,588m

치한다.

힌두교에서는 카일라스산을 성스러운 남근으로, 마팡윙쵸 호수는 거대한 연화(蓮華), 즉 여자의 음으로 상징한다. 티베트에서는 이 호수를 마추이쵸라고도 하고 외국에서는 마나사로바르라고 부른다. 수면 고도는 해발 4,588m, 넓이는 412m²이다. 세계에서 가장 높은 곳에 있는 담수호이다.

불교도들은 이 호수를 티베트 최대의 성스러운 호수라고 신봉하고 있다. 지형은 북쪽이 넓고 남쪽으로 갈수록 좁아져서 마치 오리 알 같은 형태로 이루어졌다.

티베트어로 마팡이라고 불리는 이 호수는 누구에게도 정복당하지 않은 존엄한 존재라는 뜻이며 쵸(錯)는 호수라는 뜻이다.

먼 곳에서 호수를 바라보면 마치 아름답게 빛나는 거대한 비취 보석 같다. 가까이 가서 보면 물빛이 눈이 시리도록 맑고 아무것도 섞이지 않은 물속에는 반짝이는 고운 모래가 깔려 있어 저절로 탄성이 터져 나온다.

티베트의 「누어상왕즈(諸桑王子)」라는 기록에는 센후(仙湖)라고 표현하고 있다. 호숫가에는 생기가 넘친 아름다운 꽃이 피고 사슴과 학이 뛰놀고 하늘에서 7선녀들이 내려와서 목욕을 한 곳이라고 전해지고 있다.

또 다른 전설에는 이 호수 깊은 곳에는 108개의 샘이 솟아오르고 그곳에 용궁이 있었다고 전해 오고 있다. 마팡윙쵸 호수를 우러노디(無熱惱地)라고도 하는데, 5세기경 인도에서 편찬한 『구사론(俱舍論)』에 기록된 수미산은 히말라야 북쪽에 있다고 했다. 그 산에서 한 줄기의 강이 발원하여 우러노디라고 하는 호수로 흘러들어가 다

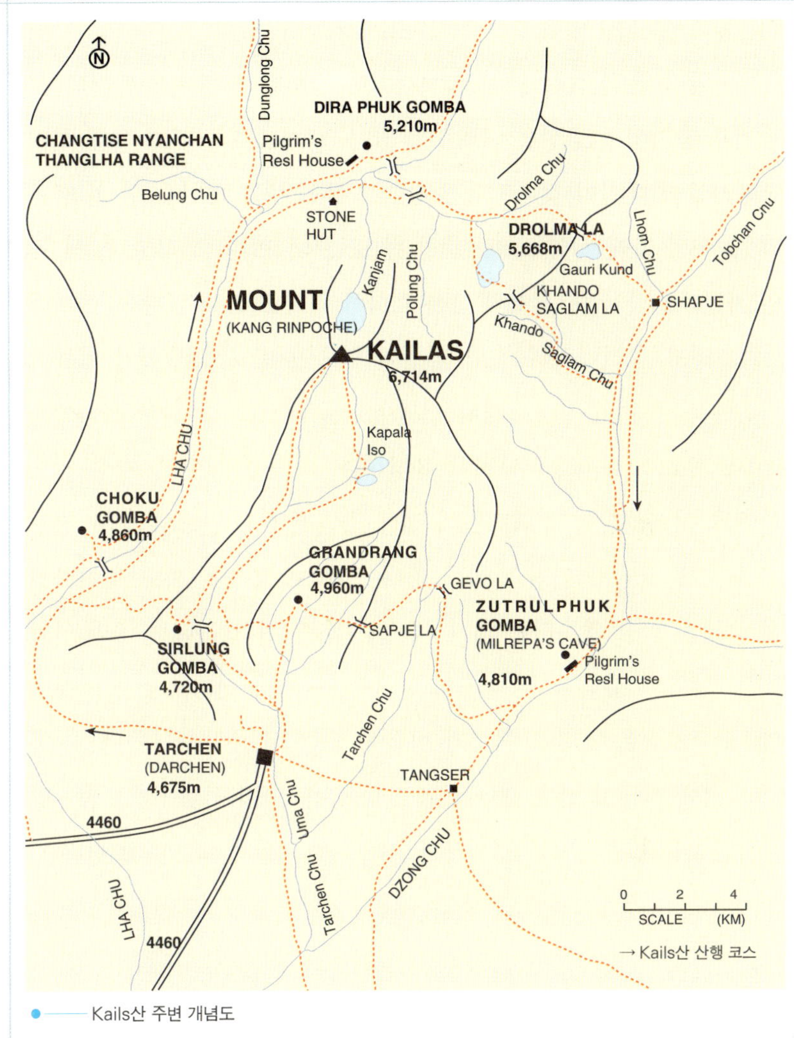


● —— Kails산 주변 개념도

시 동서남북으로 4개의 강으로 나뉘어 흘러내려 인도 대륙을 적시게 했다고 한다. 이 우러노디 뒤에는 향기를 발산하는 샹주웨이산(香醉 山)이 있고, 이 산에서 항상 아름다운 음악이 들려왔으며, 이 샹주웨 이산이 바로 지금의 카일라스산이라고 기록하고 있다. 더욱이 '간디'옹의 해골을 이 호수에 뿌렸다고 전해지고 있다.

이와 같은 신화는 매우 매력적이며 근사한 전설이기에 모든 사람에게 흥미와 신빙성을 더해주고 있다. 그러므로 금세기 이래 성지 순례자들이 떼지어 찾아와서 호수에서 몸을 씻고 호반을 한 바퀴 돈다. 호수의 둘레는 약 100km. 한 번 도는 데 3일이 걸리고 한 번 돌면 카일라스산을 도는 것과 같은 효력이 있다고 믿고 있다.

그리고 우리나라와 같이 명산이 있으면 반드시 사찰이 있듯이 이곳에도 호수 주위에 8개의 사원이 있는데, 그 중에 추구스(楚古寺)와 지뇨스(吉鳥寺) 사원이 유명하다. 추구스 사원은 호수 입구 우측의 석회석산에 건축됐는데 절에 올라서면 전면으로 호수 전경이 한눈에 들어와 전망이 아주 좋다. 그리고 호수를 끼고 돌아가면서 속세의 죄를 씻는다는 네 개의 욕문(浴門)이 있는데 동쪽의 연화욕문, 남쪽의 향첨욕문, 서쪽의 오욕문, 북쪽의 신앙욕문이 그것이다. 순례자들은 호반을 돌다가 마음에 드는 욕문에서 몸을 씻고 자기 심령에 머물고 있는 오독(五毒), 즉 탐욕·어리석음·게으름·질투·분노들을 떨쳐버리고 깨끗한 몸과 마음으로 돌아간다고 한다.

### ● 신비한 물고기 성어(聖魚) ●

마팡윙쵸 호수에는 신비한 물고기가 살고 있다. 이 물고기의 이름은 성호(聖湖)의 이름을 따서 성어(聖魚)라고 한다.

나는 이 물고기를 잡기 위해 서울서부터 낚시도구를 가지고 왔다. 이곳 여관 관리인에게, 호수에 가서 낚시를 하려고 하는데 이곳에 지렁이가 있느냐고 물었더니, 그는 성어는 돼지고기를 좋아한다

● ——— 마나사로바르(瑪旁雍錯) 호수에서 낚시를 하다(1995. 6. 25)

며 삼겹살을 무조각처럼 잘게 썰어 가지고 왔다. 우리는 낚시와 그물을 가지고 호수로 나갔다.

낚시를 하기 전에 그물부터 먼저 쳐놓으려고 호수에 들어가서 40m짜리 그물을 늘어놓는데, 그물을 다 치기도 전에 고등어 같은 큰 고기들이 걸려서 번쩍번쩍 한다. 신덕영 씨는 갑자기 많은 고기가 잡히는 것이 신기해서 잡은 고기를 들고 나오면서 "바라바라만다라"라고 외치면서 나왔다. 나는 그것이 무슨 소리냐고 물었더니, 그는 신성한 고기를 잡고 보니 죄책감에서 내세에 더 좋은 곳에서 태어나게 해달라고 기원했다는 것이다. 한편 도윤스님은 성지에서 살생하는 것이 못마땅한 듯 얼굴을 찌푸리고 앉아 있었다.

그러나 굳이 이곳에서 낚시를 하는 이유는, 중국 문헌에 성어에 대해 기록하기를 '이 물고기를 끓여 먹으면 아이를 못 갖는 부인이 아이를 낳을 수 있고 난산할 때 또는 부종병을 치료할 수 있다.'고 기록된 것을 보았기 때문이다.

또 어느 문헌은 서장(西藏)에서 높은 명성을 얻고 있는 성어는 '불임, 난산 등 질병을 치료하는 효과가 있다.'고 기록하고 있다. 현지 사람들도 "아이를 낳지 못하는 여인이 이 성어를 끓여 먹으면 아이를 낳을 수 있다."고 말했다.

문헌의 글대로라면 불임 여인의 최대 숙원인 임신까지 할 수 있다니 어찌 귀하지 않을 수 있겠는가? 우리는 이 귀한 성어를 많이 잡았다. 성어는 송어의 일종으로 크기는 보통 30cm가량 되고 큰 것은 5~6근 되는 것도 있다. 색깔은 등이 약간 검푸르고 배는 연한 노란색으로 찬물에 사는 물고기치고는 특이하게 비늘이 없고 좀 덤덤하게 생겼다.

이렇게 한참 동안 낚시를 하고 있는데 어디선가 티베트인 두 사람이 나타나더니 자기들이 호수 관리인이라며 규정상 이곳에서 낚시를 할 수 없다고 한다. 그들은 성어를 잡으면 비가 오지 않는다고 하면서 이렇게 성어를 많이 잡았으니 장차 티베트에 큰 가뭄이 들어

목축을 할 수 없다고 걱정하고 있었다. 그들이 성어를 신격시하는 바람에 나는 미안한 생각이 들어 살아 있는 고기를 모두 호수에 놓아주었다.

나는 호수에서 낚시를 하면서 놀라운 사실을 발견했다. 그것은 호수의 물이 어딘가로 빠르게 흐르고 있었는데, 낚싯줄을 드리우면 남쪽으로 밀려가고 있었다. 그물을 가로쳤으나 어느 사이에 밀려서 남쪽으로 가고 있었다. 그리고 또 하나 흥미 있는 것은 호수에 황색 오리 떼가 떠 있는데, 모두 머리를 동쪽으로 향하고 있었다. 이런 것으로 보아 분명히 호수의 물이 빠른 속도로 남쪽으로 흐르고 있었다. 호수의 출구를 알 수 없었지만 스스로 회전하고 있는 것인지! 어쨌든 의문스러운 성호는 나에게 기이하게만 여겨졌다.

### ●──── **투어린스(托林寺)** ●

6월 26일, 트럭이 갑자기 고장이 났다. 하는 수 없이 차를 강디스빈관에 두고 우리는 지프로 다시 북행하여 아리(阿里) 북동부 발(巴爾) 지역에 주둔하고 있는 중국군 병참기지에서 일박하고 구거(古格)왕국으로 향했다.

부대를 떠나 1시간쯤 차를 달려 이 지역에서 제일 높은 룽가라산(龍嘎拉山, 해발 5,400m)의 재를 넘고 또 하나의 큰 고개를 넘으니 황막한 고원에 갈림길이 나타났다. 지도를 보니 두 길이 모두 자다(扎達) 현으로 연결되어 있었다. 우리는 좀더 빨리 가는 길을 택해 왼쪽 지름길로 들어섰다. 한참 내리막길을 달리다 보니 풍경은 일변하여 멀리 인도 땅에 높이 솟은 카메트(해발 7,756m) 산이 보이기 시작했다. 그리고 어디를 보아도 삭막한 황토산뿐이었다.

도로는 내려갈수록 차바퀴가 황진에 푹푹 빠져 바람이 일면 황진이 온통 차를 뒤덮었다. 이럴 때 비라도 오면 더욱 꼼짝못할 뿐 아니라, 이 길로 다시 돌아온다는 것은 불가능할 것 같았다.

우리는 어쩔 수 없이 골이 깊은 협곡으로 내려갔다. 이곳은 기후와 풍토가 달라 영겁의 세월 속에 자연이 빚어낸 천불산과 같은 다양한 형상들이 펼쳐 있었다. 산등성이에서 산밑까지 마치 밭을 갈아놓은 듯 고랑들이 일정한 간격을 두고 질서있게 파져 있고, 어떤 산은 노승이 서 있는 형상이고 어떤 것은 짐승을 닮은 형태도 있었다.

이 천변만화(千變萬化)의 형상을 바라보고 있던 도윤스님은 무엇에 감동을 받은 듯 갑자기 서울서 가지고 온 승복을 꺼내어 옷을 갈아입은 다음 부처님 모양을 한 산을 향하여 합장한 뒤 한참 동안 독경을 한다. 그리고 나서 산 형상에 따라 저것은 관음보살이고 저것은 달마 같다는 등 재미있는 설명을 하기도 했다.

나는 문득 그 옛날의 혜초스님이 생각났다. 당나라 개원(開元) 중에 신라의 혜초(慧超)스님은 해로로 오천축(五天竺)에 가서 불도를 닦고 육로로 돌아오는 길에 서역의 위텐(于闐)에 들러 용흥사에서 불사를 했다.

달 표면 같고 천불산 같기도 한 계곡을 빠져 나오니, 산자락 바위산에는 옛날 사람이 살던 동굴들이 보이고 그 앞으로 넓은 하곡(河谷)이 펼쳐져 있었다. 그리고 하곡 저쪽으로는 수투레지강이 흐르고 있었다.

강둑에는 작은 마니탑들이 즐비한데, 어떤 것은 흙벽돌을 쌓아 만들고 혹은 돌로 쌓아 만든 것도 있는데 대부분 무너져 나뭇가지만 한두 개 꽂혀 있었다. 아마도 타루쵸를 걸어두었던 나무로 보였다. 안내원에게 물어보니 저 돌탑은 라마승의 묘탑이라고 하였다. 방금 전 산밑에서 본 옛날 동굴에서 살던 사람들의 무덤들이었다.

언제 다시 천지개벽을 해서 하상이 벽해가 될지도 모를 강 언덕에 영면한 사람들! 이제는 강바람만 무덤 위를 스산하게 몰아치고 있었다. 이 적막한 풍경 속에서 역사를 밟고 살다간 사람들의 무상함을 느끼며 구거왕국 입구에서부터 인생의 허무를 실감했다. 발걸음을 뗄 때마다 어떤 아픔 같은 것이 느껴졌다.

돌이 깔린 강변을 따라 한참 올라가니 강폭이 좁은 곳에 다리가 있는데 초소에는 사람이 없었다. 다리를 건너 언덕으로 올라서니 차츰 넓은 하천의 전경이 펼쳐지고 수투레지강의 잿빛 강물이 흰 모래사장의 한가운데를 굽이굽이 돌아 흐르는 모습이 인상적이었다. 바라보니 멀리 녹주(綠洲)가 보이고 사진에서 본 낯익은 '자다'의 투어린스 사원의 불탑들이 보였다. 멀리 마니탑을 보니 어서 달려가고 싶었다.

자다는 현청 소재지이지만 현청 중에서도 아주 작은 곳이다. 해발 고도는 3,650m. 마을 입구에 백양나무 숲이 우거져 있어 마치 사막의 오아시스를 연상케 한다.

구거왕국으로 들어가는 방문 수속을 위해 현청으로 가니 오후 4시까지는 쉬는 시간이라고 한다. 마침 시간도 있고 해서 우리는 먼저 마을 끝 수투레지강 언덕에 있는 투어린스로 갔다.

이 사찰은 996년 구거왕국의 국왕인 이시위(益西沃)가 창건하고 후에 역대 왕조가 확장해 아리지구에서 가장 큰 사찰로 유명하게 되었다.

사찰 밖에서 보면 높은 담장이 성곽처럼 둘러 있고 담장 네 귀퉁이에는 망루가 있었다. 사찰 안으로 들어가니 경내에는 백전(白殿)과 대경당과 법당이 있는데, 그 법당 앞에 붉은색 기둥 수십 개가 정연하게 서 있는 모습이 건물의 웅장함을 더해주고 있다.

그리고 동·서·남 등 삼면의 벽에는 100여 개의 불사 장면이 그려져 있는데, 그 중 극락과 인간지옥을 그린 삼계도(三界圖)와 꼬리 달린 인어가 그려진 그림의 색채가 아직도 살아 있는 듯 선명하였다. 대법당은 불사를 거행했던 곳으로 대전의 양쪽에 티베트 불교의 법전인 간줄(甘珠爾)과 단줄(丹珠爾)이 놓여 있었다.

2층으로 올라가니 파괴된 벽에 크게 금이 가고 귀중한 벽화들이 손상되어 손상된 부분에 금가루로 대충 땜질한 것이 보여 보는 이로 하여금 안타깝게 했다.

안내원은 오랫동안 관리를 하지 않아 그렇게 되었다고 하면서 계속 사찰의 역사를 설명하는데, 그 줄거리는 대충 이러했다.

인도의 고승 아디사(阿底峽)는 투어린스의 초청으로 이곳에 와서 3년 동안 불법을 가르치고, 그 후 티베트 중부지방에 가서 널리 불사를 하다가 1964년에 병사했다고 한다. 그가 죽은 뒤 1978년 인도에서 그의 뼈와 재를 가지고 갔다는 것이다. 이곳에서는 아디사를 중국과 인도의 불교문화의 교류에 공이 큰 사람으로 존경하고 있으며 그를 젠즌허상(鑒眞和尙)이라 존칭하고 있었다.

이 사원에는 옛날 전성시대 승려들이 기거하던 승방이 수없이 많았다. 지금 그들은 어디로 갔을까?

밖으로 나와 강둑을 바라보니 마니탑들이 강줄기 따라 길게 늘어선 것이 마치 탑림(塔林)같이 보였다. 오늘 따라 수투레지 강바람이 더욱 차갑게 느껴짐은 이곳에서 이름 없이 사라진 승려들의 무상한 무덤 앞에 선 탓인지도 모른다.

## ● ────── 마침내 구거(古格)왕국에 이르다 ●

자다 현에서 남쪽으로 약 20km 떨어진 수투레지강 남쪽 기슭의 싸파랑(Tsaparang) 마을 뒤에는 높이 170m의 황토산이 있고, 그 산 위에는 산성과 궁전의 유적이 남아 있는데 이곳이 소위 역사상 유명한 구거왕국이다.

이 왕국은 10세기 중엽에서 17세기까지 토번(吐蕃) 왕국의 후예들이 이곳에 건국한 불교가 왕성했던 나라이다. 당시의 국토 면적은 18만km². 히말라야산맥 뒤편에 있는 험준하기 짝이 없는 수투레지강 유역의 거대한 황토산에 왕성을 축성하였다.

앞으로는 강이 흐르고, 왕성을 가운데 두고 동·서·남으로 돌아가면서 폭 300~500m의 넓고 깊은 골짜기가 둘러 있고, 뒤에는 황토산이 솟아 있어 완전한 천혜의 요새처럼 보였다. 이처럼 중요한 요충지를 궁성으로 선택한 것은 당시의 전략 계획이 얼마나 철저했는지를 엿볼 수 있었다.

우리가 산밑에 있는 마을에 도착한 것은 해가 질 무렵이었다. 마을 어귀에 이르니 철조망 문이 잠겨져 있는데 관리인이 나오더니 입장료를 요구했다. 우리는 한 사람에 6위안(우리 돈으로 9백60원)씩 주고 마을로 들어갔다. 마을은 가호가 40여 호쯤 되어 보이는데 안내원 이야기로는 구거왕국의 후예들이라고 하였다. 마을 안에는 다니는 사람도 드물고 무척 한적하였다.

우리는 마을 뒤 언덕길을 따라 얼마간 올라가니 거대한 구거왕국의 성채가 나타났다. 멀리서 바라보니 그것은 인적이 없는 폐허의 고성이었다.

산성의 바깥쪽은 성벽들이 무너져 있었고, 동북쪽 모서리에는 돌로 만든 7개의 보루가 있으며, 산성 우측으로 커다란 불탑들이 있었다. 그리고 밑에서 산꼭대기까지 무수하게 파놓은 토굴이 있는데 그 모든 것들이 살풍경한 모습이었다.

이때 누군가가 다가오더니 자신이 이곳 관리인이라고 소개를 하였다. 우리가 한국에서 왔다고 말하자, 그는 놀란 표정으로 한국인이 이곳에 온 것은 처음이라며 우리를 관리실로 인도했다. 허름한 집으로 들어가니 방안에 침대 하나가 있고 옆방은 화실인 듯 불화가 몇 점 있었다. 그림으로 보아 나는 관리인에게 "화가세요?"라고 물었더니 그는 왕국 내의 단청과 불화를 그린다고 했다. 사람들이 보이지 않아 혼자 있느냐고 물으니 그렇다고 한다. 그런데 이 넓은 고성을 어떻게 혼자 지키느냐 물었더니 그는 찾아오는 사람이 별로 없어 어렵지 않다고 대답하였다.

그는 우리가 온 것을 반가워하며 중국차를 내놓았다. 그리고 그의 안내로 산성을 두루 돌아볼 수 있었다. 토굴이 너무 많이 눈에 띄어 관리인에게 "이곳에 토굴이 얼마나 되느냐?"고 물었더니 '전부 879개'라고 한다. 그리고 그는 계속해서 흙벽돌로 지은 가옥이 445개가 있고, 보루가 58개, 각종 불탑이 28개, 식량창고 11개소, 동장(洞葬)하던 곳 1개, 그리고 홍궁(紅宮), 백궁(白宮), 윤회전(輪廻殿), 의사당 등이 있다고 설명하였다.

산밑에는 크고 작은 토굴들이 빽빽하게 뚫려 있는데 그것들은 병사들이 사용하던 곳이라고 하였다. 내부를 들여다보니 비록 수세기가 지났지만 아직 선반까지 남아 있고 보존상태가 좋았다.

가족들이 주거하던 토굴은 실내 면적이 2~3평 정도인데 천장이 연기로 검게 그을려 있는 것으로 보아 당시에 연료로 나무를 사용했음을 짐작할 수 있었다.

우리가 맨 처음 방문한 곳은 1호관이었다. 1호관은 작은 건물로 거기에는 불상과 벽화가 그려져 있고, 불상의 색채가 너무나 선명하여 살아 있는 것 같은 생동감 있는 인상이었다. 벽화도 색감이 선명하게 잘 보존되어 있었다.

나는 등산을 하기 때문에 산사를 자주 찾기는 하지만 불교에 대해서는 모른다. 그러나 이곳에서 만난 불교문화는 티베트 불교와는 달랐다. 티베트 불교는 약간 보수화시킨 것이어서 정서적으로 거리감이 있으나 구거왕국의 불교는 인도에서 처음 넘어올 때와 같아서 전연 가미가 안 된 원시적 불교의 참모습 같은 것을 느꼈다. 그리고 어딘가 한국의 불교와 닮아서 친근감이 가슴에 와닿았다.

1호관을 나와 홍궁(紅宮)으로 올라가는데, 길가에 부서진 인골이 발에 밟힐 정도로 허옇게 깔려 있었다. 웬 인골이 이렇게 많나 하고 주위를 살피니 길 아래쪽에 커다란 인골 무덤이 있었다. 아마도 옛날 전쟁 때 죽은 사람들의 무덤 같았다. 오랜 세월을 두고 바람에 흙이 날려 인골이 노출되어 있었다.

신덕영 씨가 가련히 생각하고 다가가서 흙을 덮어 주는데 두개골을 만지자 삭은 이빨 세 개가 떨어졌다. 그는 다시 이빨을 주워서 제자리에 꽂아주고 나서 아침의 명상이야기를 한다. 아침에 잠깐 명상을 하는 동안에 바로 이 장소에서 인골을 보고 가련한 생각에 흙을 덮어 주었다는 것이다.

이 이야기를 들은 도윤스님은 "그것은 죽은 자의 영혼이 아직도 구천에서 방황하고 있는 증거"라고 하며 영혼을 위로하고 극락세계로 인도하여 준다며 합장을 하고 반야심경을 독경하였다. 도윤스님이 "무노사 역무노사진(無老死 亦無老死盡)" 하고 반야심경을 염송하는 모습은 엄숙하기까지 하였다. 과연 불가에서 말하는 인연이란 무엇인가? 한국의 한 승려가 수만 리 멀고 먼 티베트 땅에 와서 수백 년 전에 죽은 누군가의 해골을 만지면서 그 넋을 달래주고 있으니 인생이란 무상하지만은 않은 것 같았다.

안내원은 이러다가는 해지기 전에 산성을 다 보지 못한다며 우리를 재촉했다. 우리는 그를 따라 홍궁(紅宮, 2호관)과 백궁(白宮, 3호관) 두 법당을 돌아보았다.

안내원은 법당으로 들어서면서 이곳에 있는 불상들이 어느 때인지 다 파괴되어 약탈당했다고 설명했다. 옆에서 이 말을 들은 운전사는 툭 뱉는 말로, "그거야 문화혁명 때 홍위병들이 파괴한 것이지요."라고 말했다.

좌우간 우리는 그런 것은 알 필요가 없지만 사실 홍궁으로 들어서면서 크게 놀라지 않을 수 없었다. 법당은 목조건물로서 내부 면적은 약 100평 정도 되는데 창문이 없어 어두웠다. 다만 법당 안쪽 대전 위의 천장에 있는 채광창을 통하여 희미한 빛이 들어오고 있을 뿐이었다. 법당 안은 빛이 들어오는 대전을 제외하고는 어두워서 잘 보이지 않았다. 그런데 대원들의 목소리가 들려왔다. "불상이 모두 파괴되었네요." 하는 소리다. 안으로 들어가면서 자세히 보니 법당은 온통 아수라장이었다. 한바탕 전쟁이라도 치른 듯 사방 벽에 총

탄 자국이 가득하고, 총탄에 맞은 불상의 목은 부러져서 바닥에 뒹굴고, 더러는 조각조각 부서진 것도 있었다. 더욱이 놀란 것은 대전 양쪽 벽에 선반을 층층으로 만들고 봉안했던 작은 불상들이 대부분 목이 잘려나가고 어떤 것은 약탈되고 흉터만 남아 있었다.

이렇듯 법당은 처참하고 참혹한 모습이었다. 그러나 다만 법당 제일 안쪽 대전을 상징하는 천장에 나무로 목각하여 만든 커다란 용 두 마리가 좌우로 걸려 있는데 그것은 그대로 보전되어 있었다. 아마도 용을 숭상하는 나라이기 때문인지 용만은 무사했다.

백궁으로 올라가니 파괴 상태는 마찬가지였다. 그러나 당시 구거왕국을 지배하던 왕들의 그림과 홍건도(興建圖), 조하도(朝賀圖), 가무도, 수렵도, 목축도, 고대장족 생활도, 오락도, 그리고 인도인의 조하도 등이 있는데 그림은 아직도 색채가 선명하고 아름다워 원시 불화를 보는 것 같아 신비로웠다.

우리는 백궁을 나와 윤회전(輪廻殿)으로 갔다. 이곳은 구거왕국의 수호신이 모셔져 있는 곳이다. 내부에는 생사윤회를 묘사한 벽화가 있는데, 죄 지은 인간이 종말에 지옥으로 처참하게 떨어지는 것을 표현하였다.

윤회전을 나와 건물 사이로 뚫린 통로를 따라 산꼭대기로 올라가는데 신덕영 씨가 토굴에서 주웠다며 토우 하나를 들고 왔다. 관리인이 보더니, 이것은 죽은 사람의 뼛가루를 진흙에 반죽해 불상 형태의 목판에 찍어 만든 토우라고 하며, 가족들이 사원에 봉안하고 데와첸(Dewachen)으로 가게 해 달라고 기도한다고 하였다. 이야기를 들으면서 자세히 보니 희끗희끗한 뼈조각들이 토우 속에 섞여 있는 것이 보였다.

우리는 가파른 지하 통로를 헐떡이며 산성 꼭대기에 올라갔다. 이곳에는 하궁(夏宮)과 의사당이 있는데, 옛 영화의 흔적 같은 것은 없고 썰렁했다. 다만 산 아래까지 연결되는 비밀 통로가 있는데 이것은 당시 취수통로로 사용됐다고 한다.

이밖에 왕실 전용 마구간도 있고, 어떤 토굴에는 당시 전쟁에 나갈 때 사용했던 투구와 갑옷, 방패용 기구, 화살촉과 화살자루 등의 유물이 있고, 조약돌도 많이 있었다. 조약돌은 아마도 적에게 포탄으로 투척했던 것으로 보였다.

이와 같이 고성을 한 바퀴 둘러보면서 당시 구거왕국의 불교문화가 어떻게 번영하고 영위해 왔는지를 상상하기에 어렵지 않았다.

나는 관리인에게 당시 인구는 얼마나 되었느냐고 물어보았다. 산성에만 1만 명이 있었다고 한다. 식수는 어디에 있느냐고 물었더니, 그는 수투레지강을 가리키며 주로 저 강물을 길어다 먹었다고 한다. 당시는 수투레지까지 돌을 쌓아 만든 직통 수로가 있었는데 이 수로의 길이는 2km나 된다고 한다. 이 강물을 식수로 사용했을 뿐만 아니라 이 물을 끌어다 농사도 지었다고 한다.

그리고 산밑 골짜기를 가리키며, "저기 짙푸른 초원이 있는데 거기서 샘물이 솟아 물을 길어 오기도 했다."고 말한다. 이와 같이 전형적인 불교문화가 찬란했던 구거왕국이 일시에 역사 속으로 사라진 것은 라다크와의 전쟁에서 비롯되었다고 안내원은 들려주고 있었다.

당시 구거왕국은 불교를 부흥시켰으나 내부에서 승려와 귀족세력의 당파 간 분쟁이 계속되었다.

1630년 국왕이 중병으로 자리에 눕게 되자, 반대파 집단이 외부세력과 결탁하여 폭동을 일으키고 라다크 왕에게 원군을 요청하게 되었다. 구거왕국과 사이가 좋지 않던 라다크 왕은 즉각 군대를 파병하여 구거왕국에서 일대 혈전이 벌어졌다. 산성 전체를 포위한 라다크 군에게 대항해 1개월여 동안 항전했으나 식량이 떨어지고 수로까지 폐쇄되어 패하게 되었다. 결국 구거왕국의 왕은 포로가 되고 말았다.

이렇게 해서 700여 년 동안 찬란했던 불교왕국은 종말을 맞고 말았다. 지금은 관리인 한 명이 이 거대한 폐허의 고성을 지키고 있을 뿐, 그 옛날의 영화는 어디 가고 그 흔적도 찾아볼 수 없었다.

우리가 저부란 마을에 내려왔을 때 해는 이미 지고 있었다. 우리 일행은 애써 찾아온 구거왕국에서 인생도 영화도 그와 같음을 절감하면서 착잡한 심경으로 그곳을 떠났다.

그러나 구거왕국의 유적은 규모가 웅대하고 거대한 옛 성으로 기억됐다. 후대들이 티베트 고대사를 연구하는 데 이곳은 중요한 자료가 될 것이라 믿는다.

구거왕국(古格王國) 유적

구거왕국(古格王國)에서

# 헤이창공로(黑昌公路)를 가다

순례자들은 강가에 이르자 주저하지도 않고 짐을 진 채로 여울을 따라 건넜다. 보따리가 물에 잠긴 채 마치 짐승들이 강을 건너는 것처럼 물살을 헤치며 강을 건너갔다. 우리도 그들을 따라 여울로 들어섰다. 깊은 곳은 물이 허리까지 올라와 몸이 휘청거리기도 했다. 그러나 다행히 강물이 사주를 가운데 두고 양쪽으로 흩어져 흐르기 때문에 별일 없이 강을 건널 수 있었다.

# 헤이창공로(黑昌公路)를 가다

지도를 펴 놓고 티베트의 오지를 더듬어 보다가 문득 헤이창공로(黑昌公路)가 눈에 들어왔다. 이 루트는 1996년에 한 번 지나간 적이 있다.

그런데 헤이창공로에 진입하기 전에 캄(Kham) 지역을 거쳐가게 되는데 이곳은 캄파(khampa) 장족의 고향과 같은 곳이다. 캄 지역은 그들의 삶을 고찰해 보기에 아주 적절한 곳이기도 하려니와, 그곳에는 어떤 기화요초가 피어 있을까 하고 미리부터 흥미를 갖게 되었다.

그리고 헤이창공로를 거쳐 수앙후 지구에도 들어가고 싶었다. 대원은 이용삼 씨와 나, 두 사람으로 기간을 약 1개월로 예정했다.

1999년 6월 16일, 서울을 떠나 상하이(上海)를 거쳐 당일 오후에 청두(成都)에 도착, 그 날은 청두에서 자고, 6월 17일 예정대로 촨장공로(川藏公路)로 들어섰다.

중국에서 공로(公路)란 자동차 도로를 말한다. 이 코스에서 라사까지 3개의 공로가 있는데, 촨장공로는 쓰촨성(四川省)의 청두(成

都)에서 티베트의 창두(昌都)까지의 간선도로를 말하며, 창두에서 나취까지를 헤이창공로(黑昌公路), 나취에서 라사로 가는 길을 칭장공로(青藏公路)라고 한다. 거리는 약 2,421km가 된다.

촨장공로를 따라 야안(雅安)을 지나 캉딩(康定)으로 가는 도중 얼랑산(二郎山, 3,437m)에 이르니 험난한 산길에 폭우로 길이 끊기고 차까지 밀려 산을 넘는데 꼬박 24시간이 걸렸다. 산중에서 밤을 새고 캉딩(康定)에 도착한 것은 그 이튿날(6월 18일) 오후 4시였다. 숙소를 캉딩빈관(康定賓館)에 정하고 식사도 할 겸 시내로 나갔다. 캉딩은 해발 2,500m. 시두어산(折多山)과 포오마산(砲馬山) 산협에 아늑하게 자리잡고 있는 아름다운 도시였다. 시두어허(折多河)가 도심 한가운데를 흐르고, 강물이 어찌나 맑은지 하상에 깔려 있는 너레 반석이 시원스럽게 보였다. 강변에는 깨끗한 건물들이 늘어서 있어 자연과 주위 풍광이 매우 잘 조화된 곳이었다.

거리에는 검은색 네모진 모자를 쓴 이족과 장포를 입고 털실로 길게 짠 빨간 목도리를 두른 티베트 아가씨들의 왕래가 빈번했다. 우리는 강가에 있는 한 음식점으로 들어갔고, 전날 야안에서 '스토우요화(石頭腰花)'라는 음식을 맛있게 먹은 것이 생각나 다시 그 요리를 주문했다. 중국 음식은 대체로 조미료를 많이 사용하는데, 이 요리는 조미료를 넣지 않고 재료는 오석(烏石, 도토리보다 약간 적음) 30개 정도를 냄비에 넣고, 그 위에 돼지고기 허리살을 꽃모양으로 썰어서 넣은 것이 전부였다. 그러나 단조롭게 만들었으나 담백한 맛이 별미였다.

나는 주인에게 "음식이 무척 맛이 있군요."라고 인사를 했더니 그는 "별맛이 없지만 이곳은 물이 좋습니다. 그리고 정성이지요."라고 한다.

나는 지금도 그 젊은 주인의 티없는 말이 생각날 때가 있다.


### ● ──── 시두어산(折多山)의 아름다운 꽃 ●

6월 19일, 캉딩을 출발 간즈(甘孜)로 향했다. 캉딩에서 간즈까지의 거리는 약 380km가 된다. 포오마산(砲馬山)의 삼림 한계선을 지나 초원의 구릉으로 이어지는 굽은 길을 돌아 올라가니 어느덧 시두어산(折多山) 자락에 이르렀다.

개울을 낀 넓은 초원에 여기저기 들꽃들이 피어 있는데, 그 중 눈길을 끄는 것은 마디풀과에 속하는 대황(大黃)이었다. 꽃 색깔은 짙은 황색인데, 어찌나 화사한지 주변까지 환한 것 같았다. 가까이 가서 보니 꽃으로 보이는 것은 포엽이었는데 포엽 속에는 자잘한 꽃들이 가득히 화경에 뒤섞여 피어 있고 향기도 그윽하여 곤충들이 있었다. 키는 40~60cm 정도로서 포엽은 타원형으로 맨 아래 잎은 녹색이고 그 위는 황금색이었다. 모든 식물은 꽃이 아름다운데 반해, 유독 이 식물은 포엽이 꽃보다 더 아름다웠다.

다시 쾌적한 고원을 오르는데 이번에는 시두어산커우(折多山口, 4,298m) 산상 부근에서 뜻밖에 수년 간 찾고 있던 메코노프시스 푸니세아(Meconopsis punicea)를 발견하게 되어 나는 뛸 듯이 기뻤다.

꽃차례는 두상화서(頭狀花序)이고 꽃 색깔은 연한 코발트색인데 화색이 너무나 화려했다.

나는 1990년부터 지금까지 티베트의 거의 전 지역을 다니면서 수백 종류의 식물을 수집했다. 그 중에 맨 처음 꽃의 여왕이라는 메코노프시스 호리둘라(Meconopsis horridula)와 설신의 꽃이라는 쉐렌화(雪蓮花)를 발견했을 때의 감격은 지금도 잊을 수가 없다.

그런데 오늘 이곳에서 메코노프시스 푸니세아의 희귀한 종류를 다시 발견하게 되어 너무나 반가웠다.

그런데 이게 웬일일까. 주변에 또 백합과에 속하는 아직까지 한 번도 본 적이 없는 꽃이 피어 있는 것이 아닌가! 이 꽃은 연노란색으로 모양은 주머니같이 생겼는데 머리를 약간 숙인 채 꽃 몽우리는 터질 듯 부풀어 있으면서도 벌어지지 않는 특이한 모양을 하고 있었다.

이렇게 시두어산에서 뜻하지 않게 희귀한 꽃들을 수집하고 신두쵸(新都橋)라는 곳에 이르렀다. 이곳에서 길은 두 갈래로 갈라지는데 왼편으로 가면 리탕(理塘)을 거쳐 티베트의 망캉(忘康)으로 가게 된다. 이 길은 청두에서 라사로 가는 루트 중에서 제일 가까운 길(거리는 2,149km)이지만 헝뚜안(橫斷)산맥의 험준한 준령을 넘어야 한다. 우리는 우측 길을 따라 간즈(甘孜)로 달렸다. 간즈(해발 3,310m)에 도착한 것은 오후 7시. 캉바빈관(康巴賓館)에 여장을 풀었다. 이곳 호텔 이름만 보아도 캄파 장족의 지역에 와 있음을 실감케 한다. 나는 명성높은 캄파 장족의 모습을 보기 위해 거리로 나왔다.


### ● 캄파 장족 ●

티베트에서 캄파 장족은 관심을 끌고 있는 족속이다. 그들은 지리적으로 쓰촨성(四川省)의 캄 지역과 티베트의 창두(昌都), 그리고 칭하이성(靑海省)의 암도(Amdo) 지방에 널리 퍼져 산다. 캄이라는 말은 티베트 대륙의 세 번째 동부라는 뜻이다. 이 지역은 헝뚜안(橫斷) 산맥의 대습곡지대로, 남북과 동서로 험악한 산들이 둘러 있고, 그 사이사이에 있는 깊은 알파인 협곡들이 특징이다. 이 깊은 협곡에는 양즈강(陽子江), 란창강(欄滄江), 누강(怒江), 살원강과 그 지류들이 흐른다. 그래서 캄 지역 4강 6산맥이라는 이름으로 불리고 있다. 이러한 지리적 환경 때문인지 캄파 장족들은 체격이 건강하고 용맹스럽다.

한때 달라이라마의 근위병을 지냈으며, 1950년대와 1960년대에 걸쳐 암도(Amdo) 지역에서 중국군에 무력저항하며 용맹을 떨치기도 했다.

그러면 캄파 장족은 어떤 민족인가! 네팔의 북부 산악지대에는 유명한 셀파(Sherpa)라는 족속이 있다. 셀파족은 티베트에서 여러 시대에 걸쳐 네팔 동부지역으로 넘어가서 생활하는 사람들로 티베트어로 셀파, 즉 동쪽의 사람들인 것이다. 이 셀파족 또한 여러 소분류로 나뉘는데, 그 중 캄파체(Khampatse)라 불리는 사람들이 있다. 이들의 조상이 바로 캄파족이다. 현재 그 수는 티베트 전역에 약 4만 명이고 캄 지역에는 3만 명이 살고 있다고 한다.

어느 나라를 막론하고 문명을 받지 못한 민족은 그들만이 창조해낸 민족문화가 존재한다. 더욱이 캄파 장족의 문화는 독자적인 특성을 갖는다. 그러면 캄파 장족은 어떤 문화를 갖고 있는 것일까? 그들의 민속문화의 한 특성을 살펴보면, 그들이 정장을 할 때는 대대로 내려오는 장식품을 머리에서 발끝까지 달고 자신의 가치와 아름다움을 자랑한다.

여자들은 색깔이 다양한 민속의상을 입으며, 이마에 산호가 박

흰 계란 크기의 호박을 달고, 목에는 알이 큰 산호와 진주, 마노, 터키석의 목걸이를 네 줄 또는 다섯 줄 주렁주렁 건다. 귀에는 금·은·산호로 된 귀걸이를 걸고, 팔찌는 상아와 은으로 된 것을 낀다. 그리고 가슴에는 금과 은으로 정교하게 만든 경문이 든 호신용 불상자를 달고 있다.

여기에 또 주목을 끄는 것은 미적 요소를 부각시키기 위하여 검은색 치마 위에 넓이 20cm 정도의 붉은색 비단 띠를 착용하고, 거기에 구리로 만든 특성 있는 장식품을 달고 있다. 모양은 원형인데 첫 번째 것은 직경 10cm 정도로 크고 그 다음 것은 약간씩 작다. 뒤에는 양쪽으로 띠를 두 개 달고 장신구도 한 줄에 네 개씩 달고 있어 앞면보다 더욱 번쩍인다. 그리고 배 모양으로 된 구두(도짜)를 신고 있었다.

이와 같이 캄파 장족은 자연환경에 어울리는 원색적인 신비한 문화를 가지고 있었다. 캄파 장족을 쉽게 구별하는 방법은 그들은 반드시 머리에 붉은 실타래와 검은 실타래를 두른다. 그것은 자기 민족의 표시이기도 하다. 검은 실타래를 두른 캄파족은 성격이 과격하고 붉은 실타래를 두른 캄파족은 유하다. 그리고 그들은 반드시 허리에 칼을 차고 다닌다.

그러나 그들 캄파 장족은 언어를 티베트어와 중국어를 공용하고 있으며, 집안에 난로를 피우고, 짬바와 양고기를 먹으며 불상을 모시는 일이나, 양가죽으로 옷을 만들어 입고 여우가죽으로 만든 모자를 쓰고 다니는 생활방식은 티베트인 풍습과 흡사하다. 이와 같이 캄파 장족은 다른 민족보다 두드러지게 희귀성이 있는 문화를 가지고 있다. 따라서 인류학자들이 깊이 연구할 과제라고 생각한다.

그러나 그들에게 아쉬움이 있다면 지금은 생활터전을 찾아 도시 사방으로 흩어지고 있다는 것이다. 그리고 이곳에는 문성공주(文成公主)의 묘가 있다. 그러나 일정상 갈 수가 없었다.

6월 20일 간즈를 출발, 이틀 후에 티베트의 장다(江達, 3,620m)를 거쳐 창두(昌都, 3,240m)에 도착했다. 창두는 현청 소재지로 인구 6,000여 명이고, 장동(藏東) 지역의 경제 중심지이며, 촨장(川藏)·톈장(滇藏)·헤이창공로(黑昌公路) 등 주요 간선도로가 교차되는 곳이다. 특히 이곳에는 4,000여 년 전의 신석기시대의 유적이 있다. 그리고 삼하일강(三河一江, 昻曲·色曲·瀾滄江) 지구로 경계가 매우 아름다운 곳이다. 우리는 진수웨이빈관(金穗賓館)에 여장을 풀었다.



6월 22일, 오늘의 행선지는 딩칭(丁靑)이다. 창두(昌都)에서 딩칭까지는 219km. 오전 8시 30분 창두를 출발, 헤이창공로를 따라 주쟈오라산(珠角拉山, 해발 4,688m)을 넘어 깊은 산협을 달리는데, 문득 바라보니 산중 초원에서 유목민들이 덩실덩실 춤을 추고 있었다. 나는 인가도 없는 산중에서 춤잔치를 벌리고 있어 그 무슨 곡절이 있겠지! 하고 즉각 차를 멈추고 가쁜 숨을 몰아쉬며 춤추는 곳으로 달려갔다. 내가 다가가자 그들은 추던 춤을 멈추기에 나는 지휘자로 보이는 사람에게, "우리는 라사로 가는 길인데 춤잔치를 구경하러 왔다."고 인사를 하며, 이 높은 고원에서 춤을 추는 이유를 물어보았다.

거리에 나온 캄파 장족(Khampa 藏族)

그는 이 춤은 '거실왕 촨중 꺼우(格薩爾王 傳中歌舞)'라면서, "내일(6월 23일) 이곳 산사에서 거행되는 거살왕 추모제 행사를 대비하여 예행연습을 하고 있다."고 말해 주었다.

그러면 거살왕은 누구일까?

그는 옛날 토번국의 왕이었다. 북벌할 때 여러 전투에서 크게 전공을 세운 영웅이다. 지금도 매년 영웅을 기리는 추모행사가 계속되고 있었다. 오늘 마침 이 높은 고원에서 그들의 특유한 추모제를 보게 되었으니 정말 요행이 아닐 수 없었다.

잠시 후 지휘자가 무도회장 가운데로 나가 피리를 드니, 남녀 50여 명의 무희들이 뒤섞여 둥그렇게 원을 그리고 둘러섰다. 아가씨들은 저마다 아래위가 달린 검은색 옷을 입고 블라우스는 흰색 또는 붉은색이었다. 그리고 머리에서부터 갖가지 장식품을 달고 있는데 어떤 아가씨는 이마에 밤알같이 큰 붉은색 산호를 달고 있었다. 그리고 목에는 송석 목걸이, 허리에는 불(佛)상자 등 각종 장신구들이 화려했다. 그러나 그들은 화장을 하지 않았다. 오히려 햇볕에 그을린 얼굴 모습이 더 어울렸다.

그들은 피리소리와 제금소리에 맞추어 독특한 동작으로 춤을 추기 시작했다. 그 음악소리는 묘한 음색으로 고원에 울려 퍼져 어느덧 경건한 분위기로 변했다. 무희들은 리듬에 따라서 허리를 앞으로 구부렸다가 다시 펴고, 세 발자국 걸어가서 양팔을 벌린 채 몸을 한 바퀴 휙 돌고 이어 다시 세 발자국 나가서 같은 동작으로 빙글빙글 도는데, 춤은 단조로우나 손끝에 축 늘어진 긴 소매와 헐렁한 옷자락이 펄럭이는 것이 아주 멋스러웠다. 마치 우리나라 고전무용을 보는 것 같아 더욱 정감이 갔다. 일생에 이런 기회가 또 몇 번 있으랴!

거살왕(格薩爾王) 추도 가무제에 참가한 아가씨들의 민속의상

나는 춤과 피리소리가 뒤섞여 울리는 초원에서 언제까지라도 그대로 앉아 있고 싶었다.

6월 23일 9시 15분, 우리는 딩칭을 출발, 수우센(索縣)으로 가고 있었다. 딩칭에서 수우센까지의 거리는 281km. 딩칭을 떠나서부터 산세가 유한 느릿한 육산(陸山)이 많아지고 구릉과 같은 산등성이에는 키가 작은 풀이 무성하게 돋아 있었다.

나는 1996년 이맘때 윈난성(雲南省)의 쿤밍(昆明)에서 망캉(忘康)과 창두(昌都)를 거쳐 이곳을 지나간 적이 있었다. 그러니까 이 루트는 두 번째인 셈이다. 그때 이곳 산중에서 둥충샤초(冬虫夏草)를 구입하고 쉐라산(雪拉山)에서는 직접 둥충샤초(이하 동충하초라고 함)를 캐기도 했다.

당시 나의 일기에는 동충하초에 대하여 다음과 같이 기록하고 있다.

"우리가 딩칭을 떠나 수우센으로 가는 도중 쉐라산 산중에서 갑자기 괭이를 든 7~8명이 달려 내려왔다. 우리는 그들이 폭도같이 보여 급히 피하려고 했으나 그들은 동충하초를 손에 들고 '충초, 충초!' 하고 소리쳤다. 우리는 귀한 약재임을 알고 그들이 가지고 온 동충하초 전부(120개)를 한 개에 2위안(우리 돈으로 3백20원)씩 주고 인수했다."

이어 쉐라산(雪拉山, 해발 4,800m)에 이르렀다. 영상에서 사진을 찍으며 쉬는 동안 어디선가 또 다른 충초 캐러온 사람들이 와서 아침부터 캔 것이 이것이 전부라고 하면서 한 사람이 10여 개씩 내놓았다. 우리는 측은한 생각에 그것을 모두 인수했다.

그런 다음 우리는 동충하초를 캐는 방법을 알기 위해 그들을 따라 산등성이로 올라갔다. 그 지대는 설선이 가까운 곳이어서 땅이

동충하초(冬虫夏草)

축축하였다. 그들은 허리를 구부리고 기어다니며 풀속을 뒤져 잠시 후 충초 하나를 발견했다. 가서 보니 약초인지 풀인지 식별할 수가 없었다. 다만 잡초와 다른 점은 줄기가 5cm 정도로 줄기의 끝부분이 성냥개비 모양으로 약간 볼록한 것이 달랐다. 그들은 시범으로 그것을 괭이로 한 번 찍어 캐올렸다. 그들의 이야기로는 충초를 캐는 방법은 괭이로 두번 세번 찍어서 캐면 안 된다고 한다. 나도 그들이 하는 대로 주변에서 두 개를 캤다. 참으로 티베트에서 동충하초를 캐보는 좋은 경험을 했다. 그러면 중국에서 그토록 귀중한 약재로 쓰이는 동충하초(冬虫夏草)는 어떤 약재인가?

티베트에서 동충하초는 인삼 녹용과 함께 삼대 보약에 속한다. 동충하초는 벌레와 진균(眞菌)이 서로 연합하여 생긴 것이다. 길이는 4~5cm이고 몸통의 지름은 0.4cm가량 된다.

몸은 통통하고 20여 개의 환절이 있으며, 자벌레와 같은 발이 있다. 학명은 '박쥐동충나방(Thitarodes armoricanus)' 이며, '박쥐나방' 과에 속한다. 티베트에서는 이를 '야차쿰부' 라고 한다. 크기는 성냥개비 정도이고, 겉 색깔은 짙은 갈색이고 속은 흰색이다. 해발 4,000m에서 5,100m의 높고 한랭하면서도 약간 축축한 지대에 자생한다. 충초에는 줄기 끝에 자좌(子座)가 있는데 그 속에 무수한 자낭이 있다. 겨울이 되기 전에 자낭 속에 있는 포자(眞菌)는 땅에 떨어져서 박쥐나방의 유충 몸에 들어가서 영양분을 흡수하며 균사로 자란다. 균사는 유충 체내에서 충분히 머물면서 유충은 서서히 생명력을 잃어간다.

봄이 오면 죽은 유충의 머리에서 균좌(菌座)가 자라 지면에 모습을 드러낸다. 이를 하초(夏草)라고 한다.

충초(虫草)의 성분은 수분이 10.84%이고, 지방 8.4%, 단백질 25.32%, 석탄수화합물 28.9%, 충조산 7%, 비타민 B12, 그리고 지방산이 약간 함유되어 있다.

동충하초의 약으로서의 효능은 폐질환, 가래를 삭이는 작용을 하며, 신혈관계통, 신장기능에 특효가 있고, 약으로 먹을 때는 숫오리 한 마리를 잡아 발과 내장을 제거하고 깨끗한 물로 씻은 다음 뱃속에 충초를 10개 정도 넣은 다음 생강 10g, 파 10g, 요리에 쓰는 양소주 35g, 소금 6g 넣고 3시간 동안 푹 찐다. 질병으로 몸이 허약한 사람은 매일 한 마리씩 4~5차례 먹으면 산삼 1~2개 먹는 것과 같은 약효를 본다고 한다.

특히 티베트에서는 부인이 산후 조리할 때 오리에 충초 다섯 개를 넣어 삶은 뒤 먹게 한다고 한다.

티베트는 동충하초 생산지로 유명하다. 주요 산지는 창두(昌都), 딩칭(丁靑), 수우셴(索縣), 나취(那曲) 등인데, 그 중 나취에서 생산되는 것이 품질이 제일 좋다. 나취 지역에서는 연간 5톤가량 생산되고, 기타 지역에서는 약 3톤이 나온다. 현재 나취산 특등품은 한 근에 8천 위안(우리 돈으로 약 1백2십8만원)이다. 이밖에 시카체(日喀則), 지룽(吉隆), 랑셴(朗縣), 그리고 칭하이성(靑海省), 쓰촨성(四川省), 윈난성(雲南省) 등 일부 고산지역에서도 생산된다. 특히 충초는 계절성이 강한 식물로 4~5월에 캔 것이 품질이 좋고, 이를 춘초(春草)라고 한다. 6월 이후에 캐는 것은 '만초(晩草)'라고 한다

우리가 타고 가는 차는 산비탈을 돌고 돌아 어느덧 쉐라산 영상에 당도했다. 몇 년 전에 이곳에서 동충하초를 캐던 곳이다. 나는 충초를 캐던 일이 생각나 삽을 들고 산등성이로 올라갔다. 그러나 이때 별안간에 먹구름이 몰려오더니 우박을 퍼부었다. 그냥 돌아가기 아쉬워 차에 돌아와 기다리는 동안 우박은 산 저쪽으로 밀려가 다시 전에 캐던 곳으로 가 보았으나 우박이 하얗게 덮여 충초를 찾을 수가 없었다. 하는 수 없이 영상을 내려오는데 뜻밖에 풍요로운 꽃밭을 만났다. 거기에는 황색 메코노프시스와 희귀한 꽃들이 군락을 지어 피어 있어, 두 종류를 채집했다. 후에 알아보니 하나는 Jurinea sp이고 다른 하나는 Soroseria sp라는 식물이었다.

참고로 부언하고 싶은 것은 1995년과 1996년도에 둥다라산(東達拉山)에서 황색 메코노프시스를 발견한 후 다른 지역에서는 찾아볼 수 없었기에, 황색 메코노프시스의 자생지는 둥다라산이라고 알

고 있었다. 그러나 이번에 이곳에서 다시 찾게 되었으니 내 생각이 얼마나 옹졸했던가를 깨닫게 되었다.

우리는 다시 수우셴으로 길을 재촉하는데, 이 무렵 티베트의 동부지역에서는 우기인지라 비가 자주 내렸다. 그러나 빗속의 산길을 달려 수우셴까지 무사히 도착했다.



6월 24일, 아침에 일어나 보니 이곳은 장마철인지라 굵은 비가 계속 쏟아지고 있었다. 아침식사를 하러 식당으로 가니 사람들이 웅성거리고 있는데, 그들의 이야기로는 이곳에서 40km 떨어진 곳에 산사태가 크게 나서 교통이 두절되었다는 것이다. 길을 보수하자면 일주일은 걸릴 것이라고 하였다. 아침을 먹고 초대소로 돌아왔는데 계속 들리는 소식은 다리까지 유실되어 당분간은 차량통행이 불가능하다는 것이다.

그런데 이런 상황이 계속되면 우리에겐 여러 가지 걱정되는 일이 있었다. 부득불 수앙후(雙湖) 행 계획을 취소하지 않으면 7월 중순 네팔에서 열리는 회의 일정을 맞추기가 어려울 것 같았다.

어찌 되었거나 가야 하는 길이기에 우리는 점심을 먹고 곧 산사태가 발생한 현지로 떠났다. 약 30km쯤 갔는데, 지프 한 대가 산골짜기에서 밀려 내려온 흙더미 속에 빠져 있고, 소형 불도저가 흙더미를 밀어내고 있었다. 약 두 시간 작업한 후에 길은 겨우 뚫려 그곳을 지나기는 했으나 거기서 약 10km 올라가니, 이번에는 더 큰 사태가 떨어져 도로를 200m가량 완전히 메워 버렸다. 불도저로 밤샘

작업을 해도 그 많은 흙더미를 제거할 수 없을 것 같았다. 날은 이미 어두워 수우센으로 돌아가기도 늦어 거기서 4~5km 떨어진 어느 유목민 집에서 민박을 했다.

6월 25일 아침, 일찍 앞강에 나가보니 상류지역에 큰비가 내렸는지 흙탕물이 거세게 흐르고 있었다. 식사 후 산사태 현장으로 가보니 불도저가 계속 작업을 하여 세 시간 후에 길은 뚫렸으나 차가 금방 메운 토사에 빠지는 낭패를 당했다. 할 수 없이 불도저를 불러 불도저의 예인으로 간신히 그곳을 빠져 나올 수 있었다.

20km쯤 전진, 오후 2시가 되어 46도반(道班)에 이르렀다. 이곳은 깊은 두메산골이었고 가구 수가 불과 네 집밖에 없었다. 먼저 온 사람들이 도로변에 차를 세워두고 오도가지도 못하고 있었다. 그들에 의하면 전방 3km 지점에 다리가 유실되고 거기서 좀더 올라가면 강변도로가 파괴되어 통행이 전연 불가능하며, 현 상황에서는 강물이 줄어들기를 기다릴 수밖에 없다고 한다. 참으로 답답한 심정이었다. 우리는 우선 방을 하나 얻어 짐을 풀었다.

어둠이 내린 후 고급 지프 한 대가 왔다. 그 차에는 나취(那曲)현 공무원 네 명이 타고 있었다. 그들은 숙박할 곳이 없어서 잠은 차에서 자고 식사는 식탁이 있는 우리 방에서 같이 하기로 했다. 주인집에서는 난로를 피워주고 카펫을 새것으로 바꿔주며 각별히 친절을 베풀어 주었다.

나는 그들에게 이 산골에서 어떻게 생계를 꾸려 가느냐고 물었더니, 이곳에는 동충하초, 패모, 지모, 황련 같은 약재가 많이 생산되어 그것을 팔아 생활해 나간다며 금년에 캔 충초를 보여 주기도 했다.

    6월 26일, 새벽에 강에 나가보니 강물이 다소 줄어 조금은 안심
이 되었다. 그런데 아침 식탁에서 나취 공무원들이 전하는 이야기는
너무나 충격적이었다. 그들의 이야기로는 "현재 도로와 다리가 모두
유실되어 이 근처의 교통이 완전히 두절상태에 있으며, 도로를 복구
하자면 최소한 1개월 내지 2개월이 소요되기 때문에 지금 상황으로
서는 빨리 이 지역을 빠져나가는 것이 상책"이라는 것이었다. 굳이
라사로 가려면 두 가지 방안이 있다고 설명했다. 첫째는 다시 청두
로 가서 리탕과 망캉을 거쳐 라사로 가는 루트고, 두 번째는 쓰촨성
의 터거로 가서 칭하이성의 위수와 걸무, 나취를 경유 라사로 가는
방법이 있다는 것이다. 그들의 말대로라면 어느 코스를 가든지
3,000km가 넘는데, 지금 우리로서는 어느 것도 택할 수가 없었다.

    이때 47도반에서 강을 건너왔다는 나이 40대로 보이는 사람이
와서 수해지역의 상황을 자세히 전해 주었다. 그의 말에 의하면, 이
곳에서 3km 떨어진 지점에 있는 다리가 유실되어 강을 건너왔는데
수심 깊은 곳은 허리까지 물이 올라오는데 도강이 가능하다는 것이
다. 거기서 약 2km 정도 가면 강변도로가 있고, 끊어진 곳이 많아서
산을 넘어가야 하며, 47도반 저쪽 도로사정도 이와 비슷한 상황이라
고 설명해 주었다.

    이 말을 들으니 능히 갈 수 있다는 자신감이 섰다. 이용삼 씨도
산을 넘어서라도 가야 한다고 굳은 의지를 표명했다. 이리하여 안내
원 단증을 수우셴으로 보내어 라사에 전화로 연락하기로 했다. 전화
내용인즉, "탐사대는 장마로 길이 끊어져 수우셴에서 고립되어 있
다. 그러나 헤이창공로를 따라 걸어가고 있을 터이니 이틀 후에 차
가 올 수 있는 곳까지 보내 달라."는 내용이었다. 그리고 짐을 운반

할 건강한 청년 다섯 명을 고용하고 출발 준비를 마쳤다.

6월 27일, 아침부터 가랑비가 내렸다. 강물은 30cm가량 줄어 있었다. 식사 후 지프를 이곳에 맡기고 드디어 47도반을 향해서 출발했다. 이곳에서 47도반까지는 약 12km, 길을 나서니 한 무리(5명)의 여자 순례자들이 지나가는데 라사 따자오스로 불공을 드리러 간다기에 동행하게 되었다.

약 한 시간 걸어 다리가 끊어진 강가에 이르러 바라보니, 사주(沙洲)를 가운데 두고 그 양쪽으로 강이 흐르는데 사주 저쪽으로 일부 파괴된 다리가 보였다. 순례자들은 강가에 이르자 주저하지도 않고 짐을 진 채로 여울을 따라 건넜다. 보따리가 물에 잠긴 채 마치 짐승들이 강을 건너는 것처럼 물살을 헤치며 강을 건너갔다. 우리도 그들을 따라 여울로 들어섰다. 깊은 곳은 물이 허리까지 올라와 몸이 휘청거리기도 했다. 그러나 다행히 강물이 사주를 가운데 두고 양쪽으로 흩어져 흐르기 때문에 별일 없이 강을 건널 수 있었다. 거기서부터 강변도로가 뻗어 있는데, 어떤 곳은 길이 아주 없어져서 산을 넘어 우회하기도 하고 어떤 곳은 거대한 암벽이 가로막혀 물속을 걸어가기도 하며 어렵게 헤이창공로 수해지역을 통과했다.

인부들이 성의를 다해 도와주고, 순례자들의 대담한 행동은 우리들을 격려해 주어 47도반에는 오후 5시 30분경에 도착했다. 이곳에는 집이 10여 호 있었는데 우선 방을 빌려 난로를 설치하고 젖은 옷과 신발을 말리면서 밤을 새웠다.

6월 28일, 계속되는 장마비는 오늘도 끊이지 않았다. 아침을 먹고 곧 우중에 47도반을 출발했다. 마을을 벗어나 사방을 둘러보니 산과 대협곡이 전부였다. 과연 이곳은 대협곡인 헤이창공로였다. 그

리고 산을 뚫고 길을 만든 강변도로가 유실되어 물에 잠겨 있고 아무리 보아도 물과 암벽만 보일 뿐 길이라고는 보이지 않았다. 그러나 대담한 순례자들은 이 광경을 보고 있다가 즉각 행동을 개시, 루트를 찾아 산으로 올라가는 것이 아닌가? 우리도 그들의 뒤를 따랐

다. 그러나 산은 매우 가파랐다. 경사 70도는 되는 것 같았다.

양이나 야크가 다닌 발자국도 없는 깎아지른 듯한 산길에 비까지 내려 미끄러운 길을 풀포기를 잡고 한 걸음 한 걸음 걷다가 요란한 물소리에 문득 절벽 밑을 내려다보니 엄청난 흙탕물이 노도와 같이 밀려갔다. 유속(流速)이 마치 비류(飛流)처럼 빠르게 흐른다.

그 순간 나는 그 강물이 그렇게도 두려울 수가 없었다. 한 번 실족하여 그 물살에 빠지면 아무리 수영을 잘해도 살아 나올 수 없을 것 같았다. 나는 좌우를 살필 여력도 없이 앞만 보고 가는데 한곳에 이르니, 앞서간 일행이 모두 절벽에 막혀 엄두도 못 내고 바윗돌 옆에 앉아 있었다. 둘러보니 앞에는 암벽이 가로막고 있어 더 나갈 수 없고 발 밑은 또한 암벽이었다. 우리는 암벽에 로프를 매고 위험한 곳을 돌파하여 겨우 수해지역을 빠져 나올 수 있었다.

훗날 전해들은 이야기지만 우리가 타고 간 지프는 그로부터 3개월 후에 라사에 돌아왔다고 한다.

우리는 강변도로를 피하여 산을 오르고 내리면서 계속 행진, 오후 1시경에 한 마을에 도착했다. 호수는 20여 호, 마을사람에게 나취가는 길을 물어보니 양호하다고 하여 겨우 안심이 되었다. 이제 이곳에서 기다리다 라사에서 보내오는 차를 타고 가면 되기 때문이다.

그런데 마침 트럭 한 대가 나취로 떠날 준비를 하고 있었다. 그 트럭은 창두로 가는 차인데 며칠 전에 이곳에 와 길이 막혀 다시 나취로 돌아간다는 것이다. 우리는 다행히 그 차에 동승하여 나취까지 갈 수 있었다.

우리는 일행과 헤어지면서 이번 행차에 협조해준 티베트인들에게 인사를 하지 않을 수 없었다. 짐을 지고 온 인부들에게는 약속한

● —— 헤이창공로(黑昌公路)의 수해지역. 홍수로 강변도로가 유실되었다.

금액보다 후하게 임금을 지불하고 자시 지프 운전사에게는 그동안의 수고와 앞으로 수해지역에서의 체류기간을 고려해서 100달러를 지급했다. 그는 친절하게 우리를 도와주었다. 그리고 함께 협곡을 넘어온 라사 따자오스로 순례가는 여자들에게는 파인애플 통조림을 선사했다. 그들은 어린아이들처럼 환한 미소를 띠며 좋아한다. 꾸밈이 없는 티베트인들의 소박하고 밝은 모습을 보니 왠지 마음이 편안해지고 즐거움을 느꼈다. 그러나 그들과 아쉬운 작별을 해야 하는 시간은 왔다. 그들은 우리에게 "이루핑안(一路平安)" 하고 손을 흔들어 주었다. 나는 그들과 헤어지며 왠지 눈시울이 뜨거워지는 것을 자제할 수 없었다.

트럭은 덜컹거리며 창탕고원의 서부지역을 달리기 시작했다. 이곳은 해발 4,300m, 나취까지의 거리는 대략 200km. 끝없는 평원에는 야크떼가 풀을 뜯고 양치는 목동들의 한가한 모습이 평화스럽기만 하다. 오전에 수해지역에서 목숨을 걸고 끊어진 강변 길을 횡단하며 줄에 매달려 절벽을 내려오던 일이 필름처럼 스쳐 지나갔다. 참으로 헤이창공로와 나는 무슨 인연이 있기에 이곳까지 와서 목숨을 걸며 헤매고 있단 말인가?

얼마나 되었을까! 트럭은 우렁이처럼 구부러진 구릉지대를 돌아가는데 멀리 바라보니 지프 한 대가 먼지를 날리며 달려오고 있었다. 직감으로 우리를 위해 라사에서 오는 차임을 알아차렸다. 그것은 현재 헤이창공로의 모든 교통이 두절되어 차가 다닐 수 없었기 때문이다.

예상대로 그 지프는 라사여행사에서 보내온 차였다. 우리는 곧바로 차를 갈아타고 나취로 향했다. 원래 계획은 나취에서 수앙후까지 가려고 했는데 일정이 빠듯해서 아쉽지만 수앙후행은 포기하고 당숑(當雄)으로 갔다.



6월 29일, 나무쵸로 향했다. 그것은 장엄하고 광대한 신비의 호수 나무쵸를 보기 위해서였다.

당숑에서 나무쵸까지는 75km, 도중 라첸라파스(Lhachen La Pass, 해발 약 5,200m)를 넘으면서 로불라리아 티췌버일(Lovularia tischeveil) 등 고산초화 여러 종을 수집했다.

고개를 넘어 호수로 가는 길은 좁고 울퉁불퉁하여 차가 몹시 흔들렸다. 질펀한 푸른 초원에서 학이 놀고 말들이 무리를 지어 뛰어다니고 있었다. 그리고 쪽빛 호수와 하늘, 그 호수 남쪽 하늘에 우뚝 솟아 있는 녠칭탕구라산(해발 7,111m)을 바라보며 달리는 마음은 무척이나 쾌적했다.

호수의 사분의 일 정도 갔을 때 우측으로 병목같이 잘록한 곳을 지나 깊숙이 들어가니 지형이 반도같이 보이는 곳이 있었다. 그곳에는 오랜 풍화작용으로 침식된 석회암(石灰岩)으로 구성된 암산(岩山)이 있고, 그 바위산 밑에 커다란 동굴들이 있는데 사람들이 돌담을 치고 살고 있었다. 왼쪽 넓은 호반에는 지각에서 솟아오른 듯한 높이 20여 m의 탑같이 생긴 석주 두 개가 기괴한 형상으로 우뚝 서 있고, 그 꼭대기에 타루쵸 깃발이 무수히 걸려 있었다. 석주를 지나 안으로 들어가니 거대한 석회암산이 둘러 있고, 그 절벽 아래 Tachi Dorje G 사원이 자리하고, 인가도 5~6호 있는데 너무나 한적해서 외딴 섬에 온 느낌이었다.

마침 호반에 식당이 있어 들어가니 손님은 없고 난로만 훨훨 타고 있었다. 주방에는 오이와 호박, 야채가 보인다. 그동안 양고기만 먹어오다 신선한 야채를 보니 눈이 번쩍 띄었다. 우리는 모처럼 야채로 포식을 하고 호수로 내려갔다. 호수에는 우리 일행 이외는 아무도 없었다.

호수를 바라보니 새로 창조된 천지창조의 모습을 보는 것 같아서 또 한번 경외심을 가졌다. 나는 지금껏 티베트의 큰 호수는 거의 돌아보았지만 나무쵸는 무변장대한 호수였다. 다만 짙은 구름이 떠 있어 호수를 구분할 수 있을 뿐, 하늘과 물이 맞닿은 천해(天海)가 아닐 수 없다.

안내원 단증의 이야기로는 호수의 면적은 1,940km², 길이 70km 이고 해발고도는 4,759m로 중국 제2의 대염수호라고 한다. 몽골어로는 '텅거리하이(騰格里海)'라고 하는데, 그 뜻은 천해(天海)라는 뜻이라고 한다. 실제로 이 호수는 바다처럼 달의 영향에 따라 밀물현상이 일어난다. 티베트인들은 이 호수의 띠를 양띠라 믿고 있다. 그래서 양띠 해가 되면 호수둘레를 돌며 기도를 드린다. 한 바퀴 도는 데 10여 일이 걸리고, 야크에 짐을 싣고 가면 한 달, 오체투지예로 가면 3개월이 걸린다. 호수 중심부에는 스머도(石磨島)라는 섬이 있는데 동굴이 있어 수도 하는 사람이 있다고 한다.

그는 계속해서 이 호수의 신화와 전설에 관해서 아주 흥미로운 이야기를 해 주었다. 이 나무쵸 호수에는 용이 있으며 그것도 매우 많다는 것이다. 그는 확실하게 날짜까지 기억하고 있었다.

1990년 8월 23일, 이 나무쵸 호수에 용이 출현했다는 것이다. 그 날은 구름 한점 없는 하늘이 맑고 바람도 없는 한나절, 갑자기 큰 바람과 함께 호수에 풍랑이 일더니, 이어서 두 개의 높은 물기둥이 솟아올랐다 한다. 두 물기둥에 용이 있는데, 하나는 황룡이고 다른 하나는 흑룡이었다. 형태는 서장 그림에 나오는 용을 닮았고, 몸은 길었다고 한다. 그 두 마리 용이 물기둥에서 나와 춤을 추면서 하늘을 선회하다가 얼마 지나지 않아 황룡은 다시 호수로 돌아가고 흑룡은 하늘로 올라가 버렸다고 한다. 그래서 금년 겨울과 봄에 일부 지역에서는 눈이 많이 와 설재를 입는다고 하였다. 왜냐하면 나무쵸의 용은 매년 여름이나 봄, 가을에 출현해서 각기 다른 동작으로 춤을

나무쵸 호반의 캠프.(좌에서부터 이승원 · 필자 · 신덕영 씨) 해발 4,780m

나무쵸(納木錯) 호반의 석주(石柱). 해발 4,759m

추는데 호변에 사는 사람들은 설재가 있는지 없는지를 용의 출현으로 알 수 있다고 한다. 문득 나는 지난 일이 생각났다.

지난 1995년 6월 24일, 나는 창탕고원의 당러윙쵸(當惹雍錯) 호수에 있었다. 그곳에 간 이유는 이 호수에 스코틀랜드의 네스호에 산다는 괴물 이야기처럼 공룡(恐龍)이 서식하고 있다는 말을 들었기 때문이다. 당러윙쵸의 호수 해발고도는 4,535m라고 한다.

나는 운부샹(文部鄕)의 나이 많은 한 노인에게서 공룡에 대해서 매우 흥미있는 이야기를 들었는데 그 내용인즉, 1974년 여름 어느 날 운부샹의 구장이 유목민과 같이 당러윙쵸 호수에 이르렀을 때 무의식중에 호수를 보니 수중에 사람의 키보다 4~5배나 큰 두 마리의 괴물이 도사리고 있었다. 괴물은 몸이 흑색이고 야생 당나귀처럼 귀가 큰데, 수달처럼 앞발을 구부린 채 수면을 건너다가 잠시 후에 물속으로 사라지더라는 것이다.

그리고 노인은 다시 심각한 표정으로 30여 년 전에 있었던 일이라고 하면서 다음과 같은 이야기를 해주었다.

그것은 1960년 여름의 일이었다고 한다. 유목민 한 사람이 당러윙쵸 호변에서 야크의 우유를 받고 있을 때, 야크 한 마리가 더위를 식히려고 물속에서 노닥거리고 있었다 한다. 주인이 소를 찾았지만 소는 보이지 않고 수면에 붉은 피가 가득 뜨고 있었다. 갑자기 검은색의 거대한 괴물이 앞발로 물을 차고 일어서는데 자동차 헤드라이트 같은 큰 눈이 번들거리더라는 것이다. 유목민이 무서워서 떨고 있을 때 그 괴물은 수면을 유유히 걸어가다가 사라지더라는 것이다.

그의 공룡에 대한 이야기는 계속되었다.

어느 해 겨울, 자라앙투웨이(扎拉朶堆)라는 사람이 얼어붙은 호수를 건너는데, 호수 중심 지점에 이르렀을 때 1m가 넘는 얼음구멍이 있어 들여다보니 접시 같은 큰 눈이 번쩍이며 똑바로 쳐다보더라는 것이다. 그는 떨리고 겁이 나서 자기도 모르게 몸을 돌려 호수 밖으로 뛰어나왔다고 한다. 그는 자기가 본 동물을 수괴(水怪)라고 표현했다.

참으로 운부샹의 노인은 믿지 못할 황당한 이야기를 하고 있었다. 공룡의 자취가 지구상에서 사라진 지 이미 수천 년이 지났지만 지금도 그 노인의 말을 믿고 있는 티베트인들이 나는 부럽기조차 했다.

나는 Tachi Dorje G 사원과 그 주변에 있는 동굴들을 돌아보았다. 그리고 기념으로 호반에서 희귀한 꽃 한 포기를 수집했다.

티베트 어느 곳에 경이롭고 환상적이지 않은 곳이 있겠는가마는 이곳에서 참으로 많은 것을 경험하고 나무쵸에서 떠날 시간이 되었다. 멀리 남쪽 벽공에서 나를 지켜보고 있던 녠칭탕구라산이 이렇게 속삭이고 있었다.

"자네, 이제 떠나는군. 훗날 다시 오게나! 그때는 더욱 환상적인 곳을 보여 줄테니."라고.

# 무인구의 수수께끼

이 무인구에는 설산이 많이 있지만 이 두 설산 사이에서는 특이한 현상이 일어난다는 것이다. 두 산의 거리는 40~50km가량 되는데 이 두 산의 가운데 들어가게 되면 시계, 라디오 등 일체의 기계가 그 기능이 정지되어 손목시계가 멈추고 라디오가 수신되지 않으며, 총을 쏘아도 소리가 나지 않을 뿐 아니라 총알이 나가지 않으며, 자동차도 시동이 걸리지 않는다고 한다.

# 무인구의 수수께끼

나는 수년 전 티베트의 수앙후(雙湖) 지역을 탐사할 때 한 유목민으로부터 매우 신비하고 환상적인 이야기를 들은 적이 있다. 그 이야기는 너무나 충격적이어서 미지에 대한 나의 호기심을 더욱 자극하였다. 그 유목민에게 들은 이야기는 대략 다음과 같다.

창탕(羌塘)고원의 북부 무인구 중심부 지역에 두 개의 우뚝 솟은 설산이 마주하고 있는데, 동쪽에 있는 산은 서우강르(色烏崗日, 6,100m)라고 하고, 서쪽에 있는 산을 장서강르(藏色崗日, 6,460m)라고 한다.

이 두 개의 설산 이남에는 얼마 간의 사막성 식물이 있고, 보편적으로 물이 부족함에도 매년 여름에는 설산의 눈 녹은 소량의 물이 있어 야생 동물들이 이곳까지 먼길을 이동하는 주요 원인이 되고 있다. 매년 봄이 시작되면 동물들은 앞다투어 북으로 이동하여 설산 밑에 모여서 눈이 녹아 내려오는 물을 마시다가 늦가을이 되면 남쪽으로 내려가서 겨울에는 얼지 않는 호수를 찾는다.

그러나 그 동물들은 이 두 산 사이에서 오고갈 뿐 북쪽으로는 한

걸음도 넘어가지 않는다고 한다. 왜냐하면 장서강르산과 서우강르산 이북에는 짐승이 살아갈 수 있는 수초가 없기 때문이다. 그러므로 이 두 산은 동물들의 생명의 경계선과도 같은 곳이다.

특히 유목민은 다음 말에 강조해서 말하기를, 이 무인구에는 설산이 많이 있지만 이 두 설산 사이에서는 특이한 현상이 일어난다는 것이다. 두 산의 거리는 40∼50km가량 되는데 이 두 산의 가운데 들어가게 되면 시계, 라디오 등 일체의 기계가 그 기능이 정지되어 손목시계가 멈추고 라디오가 수신되지 않으며, 총을 쏘아도 소리가 나지 않을 뿐 아니라 총알이 나가지 않으며, 자동차도 시동이 걸리지 않는다고 한다. 그러나 이 두 설산 지역을 벗어나면 그 모든 기계의 기능이 다시 정상으로 되찾게 된다고 한다.

나는 유목민에게서 이런 수수께끼와 같은 이야기를 전해들은 후부터는 더욱 무인구에 대한 호기심과 관심이 쏠려 어느 기회에 꼭 탐험하리라고 마음먹었다. 설령 무인구에서 그러한 현상이 일어나지 않는다 하더라도 최초로 탐사하는 일이므로 더욱 의미를 두고 실행해 보기로 했다.

나의 무인구 탐험 계획은 이미 오래 전부터 시도해왔다. 1997년에는 수앙후(雙湖)에서 안어산까지 진출한 바 있고, 2000년에는 수앙후를 거처 룽마(絨瑪), 루구(魯谷)까지 탐사하려고 했으나 여러 가지 제약으로 실패로 끝났다.

그러던 중 금년(2001년)에 티베트의 한 여행사로부터 무인구 말구어차이카(瑪爾果茶卡) 호수까지는 갈 수 있다는 연락이 왔다. 연락을 받고 생각하기를, 말구어차이카까지만 가면 어떻게 해서라도 걸어서 서우강르산(色烏崗日山)을 정찰할 수 있을 것 같았다. 그리고 룽마와 루구도 함께 탐사할 계획을 세웠다.

이렇게 하여 일단 대가 구성되었다. 일행은 5명, 대를 A대와 B대로 구성, A·B대 같이 서지라산(色季拉山)에서 식물탐사를 하고, B대는 같이 동행할 대원이 없기에 혼자 북향하여 무인구로 가기로 했다. 기간은 A대는 2주간이고, B대는 1개월로 예정했다.

이리하여 6월 24일 9시30분, 다시 티베트로 향하여 출발했다. 쓰촨성(四川省) 청두(成都)에는 당일 12시 30분에 도착, 라사호텔에 짐을 풀었다.

청두는 쓰촨성의 성도로서 인구 4백만 명의 도시이며, 중국 역대로 걸출한 문인과 영웅들이 많이 나온 곳이다. 『삼국지』에 나오는 유비, 관우, 장비, 제갈공명, 조조 등의 인걸들의 활동무대이기도 하다. 그리고 당대(唐代)의 시인 이백과 송대의 소식을 비롯해서 현대에 와서는 곽말약 등이 이 지역 출신이다.

나는 그동안 티베트를 탐사하면서 여러 차례 청두를 경유하면서도 일정에 쫓겨 청두를 보지 못하던 중, 오늘 마침 시간이 되어 일행들과 같이 사적지를 돌아보기로 했다. 역시 청두는 사당이 많았으며, 『삼국지』에 나오는 영웅들의 흔적을 살펴보면서 장대한 도시임을 알 수 있었다.

일행 중 박종석 화백은 벌써부터 마음이 들떠 가는 곳마다 그림을 한 장씩 그려 기념으로 나누어주었다. 이렇게 사당을 돌아보고 있는데 어느 한곳에 이르니 사람들이 많이 다니는 곳에 누구의 글인지는 알 수 없으나 해서체로 쓴 휘호가 여러 장 걸려 있어 나는 발걸음을 멈추고 그 중 한 구절을 음미해 보았다.

'人生失敗是自大(인생의 실패는 자만에서 온다.)'

돈이 많아서 교만한 사람, 직책이 높아서 자만한 사람, 누구에겐가 기생하면서 거만한 사람 등, 많은 사람들은 그 자만 때문에 인생을 실패하게 됨을 교훈하는 글이다.

우리는 제갈공명의 사당인 무후사(武侯祠)와 옛 인걸들의 조상(彫像)들을 돌아보고 두보(杜甫) 초당으로 갔다. 이곳은 문호의 초당답게 검소하고 늘 푸른 대나무 숲이 우거져 있으며, 소풍 나온 사람들과 젊은 사람들이 오솔길을 조용히 산책하고 있었다.

초당 옆에 매점이 하나 있기에 들어가 보니 그곳에는 두보의 춘망(春望), 도연명의 음주시들이 진열되어 있었다. 어느 시대를 막론하고 출상하고 뛰어난 명시들이었으나 나는 그 중에 한산사(寒山寺) 시 한 폭을 사 가지고 호텔로 돌아왔다.


● ── **석불(石佛)** ──  ●

6월 25일, 우리는 청두를 출발 티베트의 궁가 비행장에 도착했다.

공항에서 라사까지는 약 90km. 공항을 나오는 순간 우리 일행들은 갑자기 펼쳐지는 풍경에 벌써부터 탄성을 질렀다. 대협곡 사이로 흐르는 라사강 하반의 백양나무 숲의 강변 풍경, 그리고 강 양편으로 둥글둥글하게 생긴 돌덩어리들을 쌓아올려 놓은 듯한 특이한 바위산들! 그 돌산 틈에서 양떼들이 풀을 뜯고 있는 티베트의 특색있는 풍경은 벌써부터 보는 이들을 압도하고 있었다.

야루장부강의 다리를 건너 라사로 가는 국도를 따라가다 보면 높은 바위산 밑의 반듯한 수직 벼랑에 양각으로 조각한 높이 20여

미터나 되는 석불이 있다. 석불은 바로 연도 가까운 곳에 있기 때문에 누구나 지나가다가 볼 수 있다. 나도 전부터 한번 들러보고 싶었던 곳이므로 차에서 내렸다. 좌우로 돌아보니 석불 바로 앞에는 커다란 호수가 있고, 우측으로 라사강이 흐른다. 강폭이 약 200m는 되어 보이는 그토록 큰 강에서 물소리 하나 내지 않고 조용히 유유자적하게 흐르는 강의 풍경은 한눈에 보아도 최고의 명소임을 짐작하게 한다.

12시가 좀 지나 라사에 도착, 평화호텔에서 묵기로 했다. 하루 숙박비는 3백 위안(우리 돈으로 4만 8천원)이다. 오후에는 빠쟈오계(八角街) 거리를 구경하고 저녁은 외국인 전용식당에서 가무를 보면서 식사를 했다.


### ● ─── 서지라산(色季拉山)의 쉐렌화(雪蓮花) ●

6월 26일, 우리는 계획대로 여행사의 안내원과 같이 지프 2대에 나누어 타고 린즈(林芝)로 향했다. 라사에서 린즈까지는 446km, 오후 7시에 도착했다. 이곳의 고도는 해발 2,900m, 티베트에서 네 번째로 큰 도시이다. 우리는 시내 중심지에 있는 쟈오위빈관(敎育賓館)에 여장을 풀었다.

이제부터 3일 동안은 이곳을 중심으로 서지라산과 바숭후(巴松湖)에서 식물탐사를 할 계획이다.

이튿날, 우리는 이곳에서 약 30km 떨어진 서지라산으로 갔다. 가는 도중 113도반(道班)에서 버섯이 돋는 곳을 잘 안다는 안내원 한 사람을 대동하고 해발 4,300m 지대에 이르렀다. 여기서 A팀은

라사로 가는 도로변에 잇는 석불(石佛)

서지라산으로 버섯을 찾아 올라가고 나는 반대편에 있는 산으로 갔다.

이 산은 내가 티베트에 와서 처음 쉐렌화(雪蓮花)를 만난 곳이어서 나에게는 잊을 수 없는 산이다. 내가 다시 이 산을 찾은 이유는, 지난 1996년 가을에 발견한 쉐렌화와 6, 7월에 피는 쉐렌화의 성장 생태를 비교 관찰하기 위해서이다.

산행 중 골짜기에서 가축을 방목하는 한 유목민 소년을 만나 함께 산행을 하게 되었다. 산을 넘고 넘어 전에 쉐렌화를 발견한 장소로 갔다. 그러나 산중 어느 곳에서도 쉐렌화는 볼 수 없었다.

그런데 소년은 민들레 꽃잎과 같이 생긴 한 식물을 가리키며 저 식물이 쉐렌화라고 한다. 아직 성장기여서 구(球)의 형태조차 구별되지 않았으나, 자세히 보니 그것은 분명히 쉐렌화임에 틀림없었다.

나는 종래 쉐렌화는 다년생 식물로만 알고 있었으나 이번에 일년생 초본임을 알게 되어 나에게는 실로 중요한 발견이었다 그밖에도 산중에서 한참 자라고 있는 레움 노빌레(Rheum nobile)를 발견하여 잎을 뜯어먹기도 하고, 난과 계통에 속하는 귀한 식물도 발견했다.

한편 A팀의 이지열 교수도 새로운 버섯 두 종류를 발견하게 되어 기뻐하며 모두 무사히 라사로 돌아왔다.

### ● ─── 다시 무인구(無人區)로 ●

7월 2일, A팀은 귀국길에 오르고 나는 혼자 무인구로 가기 위해 지프 한 대로 북부고원으로 출발했다. 그곳은 휘발유도 없고 먹을 것이 귀하므로 식량과 채소, 과일을 가득 실었다. 혼자 떠나는 길이어서 마음을 다시 한번 가다듬고 장비도 꼼꼼히 점검하였다.

나는 길을 질러가기 위해 당숑(當雄)에서 나취(那曲)로 돌아가는 것을 피해 당숑에서 나무쵸(納木錯)를 경유해서 가기로 했다. 전에도 등산할 때 가끔 지름길로 산행하는 경우가 있었다. 이를테면 삼각형의 밑변 형식이라고나 할까?

이리하여 나무쵸로 가는 차첸라파스(Chachen La Pass)를 넘어 나무쵸 호반으로 갔다. 호반에 이르러 작년에 야영했던 곳을 찾았으나 그곳에는 유목민이 떠나고 물 있는 곳을 찾을 수 없어 하는 수 없이 산을 넘어 어느 한곳에 이르니 마을이 있었다.

인가가 드문드문 대여섯 집 있는데 그 중 한 집에서 묵기로 했다. 이곳의 지명을 물으니 니마샹(尼瑪鄉)이라고 한다. 나는 부득이한 경우를 제외하고는 원주민과 같이 생활하는 것이 좋아 오늘도 유목민 집에서 묵기로 했다. 혼자 다니는 일이 많아 때로는 오해를 받기도 하지만 그들은 어디서 왔느냐? 중국어는 어디서 배웠느냐? 심지어 당신은 기자냐고 물어올 때마다 나는 티베트의 꽃을 찾아다니는 사람이라고 구차하게 설명하곤 한다. 오늘도 그들은 어디서 왔느냐고 물으니 옆에 있던 안내원 바상(巴桑)이 이분은 한국인인데 탐험가라고 설명한다.

집밖으로 나와 보니 벌써 서쪽 하늘에 노을이 지기 시작하여 귤빛보다 짙은 티베트의 석양이 곱게 물들고 있었다.

니마샹(尼瑪鄉)의 유목민 가족

니마샹(尼瑪鄕)의 女人들이 食水를 길어가고 있다

**초원에서 길을 잃고 헤매다**

7월 3일 아침 8시, 니마샹을 출발하여 오늘의 목적지인 수앙후(雙湖)로 향했다. 그런데 지름길을 가다보니 미로가 많아 초원에서 자주 나타나는 갈림길에서 어디로 가야 할지 당황할 때가 많았다. 이곳에는 유목민도 보이지 않아 물어볼 곳도 없고 길을 찾지 못하는 운전사가 야속하기만 하다. 그러나 다같이 초행길이므로 다른 방도가 없었다. 우리는 몇 시간을 미로에서 헤매다가 석유 시추하던 곳에 이르렀다. 시추 기구들이 산더미처럼 쌓여 있고 녹이 슬어 있는 것으로 보아 과거 석유를 탐사하다가 맥을 찾지 못하고 폐광된 곳인 듯하다.

어마어마한 장비가 쌓여 있는 이곳에 다행히도 관리인 한 가족이 있어서 길을 물어볼 수 있었다.

우리는 수앙후로 가는 길을 잘못 들어 여기까지 왔다며, 382 다리로 가려면 어느 쪽으로 가느냐고 물어보았다. 그는 382 다리까지는 50km이며, 수앙후로 가려면 382 다리로 가지말고 이곳에서 서쪽으로 약 한 시간 정도 가면 자쟈장부강(扎加藏布江)을 만나는데, 그곳에 건너가는 다리가 있다고 일러주었다. 지금 시간이 8시이므로 빨리 가면 어둡기 전에 다리를 건널 수 있다며 친절하게 길을 안내해 주었다. 우리는 불행 중 다행으로 생각하고 초원의 소로를 달렸다. 관리인의 말대로 약 한 시간 달렸더니 마침내 자쟈장부 강변에 이르렀다.

전에도 언급했지만 이 강은 탕구라산맥(唐古拉山脈)에서 발원하여 티베트의 중부지역에 있는 서린쵸(色林錯) 호수로 흘러가는 큰 강이다. 강폭은 약 100m이며 흙탕물이 세차게 흐르고 있었다. 그러

자쟈장부강의 폐교된 다리를 건너와서

나 부근에 다리가 보이지 않아 강을 따라 하류쪽으로 내려갔다. 날은 이미 어두워지는데 얼마나 갔을까? 마침내 허름한 다리가 나타났다. 다리 가까운 곳에 허물어진 빈 집 두 채가 있으나 인적이 없었다.

몇 시간 전 폐광의 관리인이 말한 다리라고 생각되어 즉시 그곳으로 갔다. 다리는 나무로 만든 다리인데 이미 폐교된 다리였다. 목재 상판이 삭아서 군데군데 구멍이 나 있고, 그 구멍으로 강물이 출렁거렸다. 다리 난간도 떨어져 나가 사람은 겨우 건널 수 있을 것 같은데 자동차가 건널 수 있을지 염려되었다. 그래도 운전사는 어떻게 건너가보겠다고 한다.

나는 만일을 생각해서 카메라와 중요한 짐을 챙겨지고 먼저 다리를 건넜다. 그리고 비디오 카메라로 우리 차가 조심조심 건너오는 장면을 수록했다. 이렇게 간신히 다리를 건너 한숨을 돌리고 바라보니 멀리 서쪽 초원에 연기가 피어오르고 있어 그곳에 사람이 살고 있음을 생각하니 마음이 놓였다. 우리는 그 연기 나는 곳으로 갔다. 가까이 가서 보니 초원 외딴 곳에 초라한 움막집 같은 집 한 채가 있었다.

우리가 타고 가는 차소리에 벌써 4, 5명의 사람들이 밖으로 뛰어나오고 있었다. 우리는 무인지경에서 사람을 만나게 되어 반가워하는데 그들도 우리를 무척 반갑게 맞아 주었다. 지명을 물으니 라즈린(拉子林)이라고 한다. 시계를 보니 10시 30분, 오늘 하루 종일 길을 잃고 헤매다가 겨우 이곳까지 온 것이다. 그동안 지름길의 경험을 살린다는 것이 고생만 하고 라즈린에서 하룻밤을 보냈다.

### ● ——— 광활한 초원의 오두막집 ●

내가 묵은 유목민 집은 목재를 사용하지 않은 순 흙벽돌을 쌓아 지은 방 두 개가 있는 12평 정도 되는 움집이다.

주인은 우리에게 윗방을 내주어 들어가 보니, 빈 창고 같은 방엔 아무 가구도 없고 방구석에 양가죽에 쌓아둔 수유 버터와 치즈, 그리고 포대에 담아둔 나이차(치즈를 만들고 난 뒤의 식품) 등 포대 10여 개가 쌓여 있었다. 그리고 방금 가마솥에서 줄여낸 나이차를 줄에 끼어 천장에 주렁주렁 달아 두었다.

그리고 벽에는 여우가죽과 영양의 가죽이 걸려 있고, 그 옆에 옛날 구식 총 한 자루가 있는 것으로 보아 이 집은 가축도 기르고 수렵도 하며 살아가는 것 같았다. 나는 저녁 취사준비를 하면서 그들과 여러 가지 이야기를 나눌 수 있었다.

고향이 어디냐고 물으니 니마센(尼瑪縣)이라고 한다. 여름에는 이곳에 올라와서 방목을 하다가 겨울이 오기 전에 정착지로 내려간다고 한다. 그가 기르는 가축은 야크가 20마리, 양은 250마리가 넘는다고 한다. 가격은 야크 큰놈이 2천 위안(우리 돈으로 32만원)이고, 양은 한 마리에 1백 위안(우리 돈으로 1만6천원)이라고 한다.

나는 그 말을 듣고 당신은 부자라고 칭찬해 주었더니 그는 만면에 웃음을 띠고 흐뭇해하였다.

유목민들은 이렇게 광활한 초원의 목초를 찾아다니면서 가축을 기르며 생활한다. 가축을 사육하면서 일년에 생산한 것이 방금 윗방에서 본 수유와 치즈, 나이차 등이 전부이다. 겨울에 정착지로 내려가면 그것을 시장에 내다팔아 생활하게 된다.

나는 방에 걸려 있는 총을 보고 수렵하는 엽총이냐고 물으며 한 번 시범을 보여달라고 했더니, 그는 즉각 총을 들고 밖으로 나와 땅에 엎드려 총부리 끝에 달려 있는 받침대를 땅에 꽂고 사격자세를 취하는데, 그 총기를 다루는 품이 무척 민첩하였다.

그는 이어 4km 밖에 있는 물체까지 식별할 수 있다고 하면서 그럴 때는 길을 질러가서 짐승이 다니는 길목을 지키고 있다가 접근해 오는 짐승을 일격에 잡는다는 것이다.

저녁식사는 서울서 가지고 온 쌀로 밥을 짓고 미역국과 김치찌 개를 끓여 그들과 함께 먹었다. 식사 후 가지고 간 오이, 무, 배추를 나누어주었더니 그들은 오랜만에 보는 채소인지라 무척 좋아했다.


### ● 다시 수앙후(雙湖)로 ●

7월 4일, 오늘은 수앙후로 가는 날이다. 날씨는 쾌청했다. 8시 20분 라즈린을 출발, 다시 질러가는 길로 들어서 미로를 헤치고 계속 북쪽으로 달렸다.

하늘과 땅이 맞닿은 광활한 초원을 지나 11시경에 자나(家那)라는 곳에 이르렀다. 인가가 7, 8호 모여 있는데 가옥의 벽을 흙으로 거칠게 칠한 원시적인 집들이다. 그리고 마을 앞에는 검푸른 커다란 호수가 있고, 호수 주변의 산들은 황토색의 나지막한 구산(丘山)들이다. 사람들은 집앞 담장 밑에서 양털을 깎고, 어린 소녀들은 양젖을 받고 있는 정경이 참으로 평화스러웠다.

다시 호수를 뒤로 하고 약 50분쯤 달려 12시 40분경에 마침내 수앙후로 가는 원 길을 만났다. 여기서 수앙후까지는 아직도 200여 km가 남아 있다.

이 길은 내가 벌써 세 번째 지나는 길이다. 1997년 당시만 해도 연도에서 야생 당나귀와 영양 등 짐승들이 뛰놀고 있었는데 도로 확장공사를 하면서 지금은 짐승들이 자취를 감추고 말았다.

이렇게 하여 나는 아득히 먼 수앙후에 다시 찾아온 것이다. 시계를 보니 오후 7시였다.

　　수앙후도 몇 년 사이에 많이 변하고 있었다. 전에는 작은 마을이 었는데 현재는 현급 단위 소진(小鎭)으로 발전하면서 마을 여러 곳에 굵은 철근을 세우고 기초공사를 하고 있는 것으로 보아 관공소 건물을 짓고 있는 것 같았다.

　　마을로 들어가니 전에 없었던 상점들이 생기고 식당도 여러 곳 있었다. 나는 초대소에 숙소를 정하고 쉬고 있는데 바로 옆방에 머물고 있는 사람에게서 다음 이야기를 들을 수 있었다.

　　그들은 라사 지질학회에 속한 눠라강르산(諾拉崗日山) 지역에 있는 세계 3대 빙하를 조사하러 온 탐험가들로, 3일 전에 대원 10명이 트럭을 타고 30km 전방까지 진출했다가 차가 길에 빠져 더 가지 못하고 돌아왔다고 한다. 그래서 야크 10마리를 고용, 장비를 싣고 전진 중이며 자기는 몸이 좋지 않아서 이곳에 머물고 있다는 것이다. 그러면서 당신네가 소형차 한 대로 가는 것은 무리라고 하였다.

　　그러나 나는 이미 계획된바, 최선을 다해 실행하기로 했다. 나는 안내원을 시켜 이곳 지리를 잘 아는 현지 사람을 구해보라고 했다. 얼마 후에 안내원은 나이가 지긋한 사람을 데리고 왔다. 그가 전하는 말에 의하면 전에 말구어차이카 호수 근방에 광산이 발견되어 광산 차가 다닌 적이 있었는데 광산이 폐광된 후로는 그쪽 상황을 아는 사람이 드물다고 한다. 거리를 물어보니 수앙후에서 250km가 넘는다고 했다. 그러면서 소형차로 가기에는 무리라고 하였다.

　　그 이튿날 아침, 우리는 수앙후를 출발 말구어차이카로 향했다. 차창 밖으로 비치는 만년설을 인 낯익은 안어산 산군들! 그리고 누렇게 마른 초원을 달려갔다.

그런데 10여 km쯤 달렸을까, 어찌된 일인지 차가 갑자기 고장이 났다. 기사가 수리하고 출발했으나 잠시 후에 다시 고장이 났다. 이렇게 자꾸 고장이 나기를 여러 차례, 기사는 라지에타를 뜯어가지고 와서 더 이상 갈 수 없다고 하였다. 이 궁벽의 오지에서 다른 차를 교체할 수도 없고 수리조차 불가능하였다.

이렇게 하여 부득불 말구어차이카 탐사는 중지되고 말았다.


### ●───── 룽마(絨瑪) ●

7월 6일, 니마(尼瑪)에서 차를 수리하고 곧 룽마로 향해 길을 떠났다.

니마에서 룽마까지는 220km. 룽마로 가고자 하는 이유는 그곳에 화석(化石)과 암각화(岩刻畵)가 있다는 말을 들었기 때문이다.

내가 전에 듣기로는 룽마 지역의 산은 붉은 계통의 산으로 둘러있고, 흙도 붉은색에 가까우며, 더욱 관심을 끄는 것은 그곳의 온천이다. 그 규모가 수백 평방미터에 달하고 사방에서 뜨거운 온수가 분출하고 쏟아져서 온천가에는 기둥모양의 죽순같이 생긴 석주가 빽빽하게 서 있으며, 어떤 곳은 높은 곳에서 온수가 떨어지면서 깎이고 패어져 괴상망측한 모양으로 형성되었다고 한다.

더욱 신비한 것은 1m가 넘는 용암 사이에 규칙적으로 배열되어 있는 이빨화석이라고 하였다. 이 이빨화석은 사람의 이빨보다 크고, 말의 이빨보다는 작다고 하면서 적어도 10만 년 이상 된 것이라고 했다. 그 유목민의 말대로라면 그것이 인간의 이빨인지 동물의 이빨인지는 알 수 없으나 동물학자에게는 좋은 연구자료가 될 것이라고 생각되었다.

그리고 나의 관심을 끄는 것은 쟈린산(加林山)에 있는 바위면에 그려놓은 암각화(岩刻畵)이다. 다양한 내용의 형상이 그려져 있는데 그 중에는 사람과 야크, 영양, 그리고 수렵하는 장면도 있다고 한다.

그렇다면 이 북부고원 오지에 어떻게 선사시대 문화가 존재하였는지 그 의문은 나로 하여금 이곳까지 오게 한 이유인지도 모른다.

룽마 가는 길도 생각보다 훨씬 힘들고 어려웠다. 우리는 길을 잘못 들어 미로에 들어가 길을 찾지 못하고 나침반의 방향에 따라 북쪽으로 계속 달렸다. 어느 구릉 같은 나지막한 산을 넘어 분지 같은 넓은 초원에 들어서니 야생 당나귀들이 떼를 지어 모여 있었다. 얼핏 보아 100마리는 넘을 것 같았다.

한가로운 이곳에 갑자기 나타난 자동차에 놀란 짐승들이 이리 뛰고 저리 뛰며 야단이다. 초원은 순식간에 사진(沙塵)이 일어나 마치 흙먼지 이는 옛날 전쟁터를 지나쳐 달리는 것과 같았다. 이렇게 떠들썩한 소란이 지나가고 어느 한적한 호숫가에 이르니 유목민 집한 채가 보였다. 유목민에게 길을 물으니 룽마로 가는 길을 친절하게 안내해 준다.

우리는 자동차 한 대가 겨우 다닐 수 있는 소로를 따라 북으로 달렸다. 어쥬(俄久)라는 마을을 지나고부터는 폭넓은 구릉고원이라 호수도 많았다. 평균 해발고도는 5,000m. 넓은 분지를 지나 어느 언덕길을 오르는데 수앙후에서 그러했듯이 차가 자주 고장이 나 불안했다. 아니나 다를까, 언덕길을 넘기 전에 차가 서고 말았다. 운전사는 더 갈 수 없다고 한다.

그런데 얼마 후에 오토바이 한 대가 오고 있었다. 나는 그에게 어디로 가느냐고 물었더니 룽마로 간다고 하였다. 거리를 물으니 룽마까지는 40km라고 한다. 거기에 가면 차를 구할 수 있느냐고 물었더니, 그는 룽마는 작은 마을이고 자동차가 없으며 차를 구하려면 니마로 되돌아가야 한다고 했다. 하는 수 없이 나는 룽마를 지척에 두고 다시 돌아설 수밖에 없었다.



나는 루구(魯谷)로 가기 위해서 가이저어(改則)에 왔다. 비록 두 곳에서는 실패했으나 어떤 어려움이 있어도 루구에는 꼭 가야겠다고 다짐했다. 7월 8일 차량 정비를 마치고 드디어 루구로 출발했다.

가이저어에서 루구까지의 거리는 189km. 이곳에서도 미로가 있을 것으로 예상되어 길 안내원으로 유목민 한 사람을 하루에 40위안(우리 돈으로 6천4백원)을 주고 고용했다. 이렇게 현지 안내원과 같이 가게 되니 마음이 한결 든든했다.

이곳 루구 지역의 산세는 높은 산도 있지만 대개는 구릉으로 된 얕은 산과 평원으로 이어져 있다. 산을 넘어 어느 골짜기에서 야영을 마치고 출발 준비를 하고 있는 유목민을 만났다. 인원이 많은 것으로 보아 아마도 여러 가족이 집단적으로 이동하고 있는 듯했다. 나는 유목민들이 집단으로 이동하는 장면을 자주 목격한 적은 있지만 이렇게 많은 사람이 캠핑을 하는 것은 처음이다. 다가가서 그들 중 연장자와 말을 건넸다.

그들 유목민은 모두 18명으로 네 가족이라고 한다. 그리고 양이 6백여 마리이고, 야크는 80여 마리라고 했다. 그들은 목초가 풍부한

하기 정착지에서 방목을 하다가 겨울이 오기 전에 주 정착지로 돌아
간다는 것이다.

나는 그들의 짐 속에 악기가 있는 것을 보고 한 곡 부탁했더니
젊은 청년은 서슴지 않고 기타 같은 악기를 꺼내어 연주했다. 오랜
만에 들어보는 유목민의 애련한 멜로디를 들으며 그동안 잊고 있던
고국의 가족들이 떠올라 깊은 향수에 잠김을 어찌할 수 없었다.

이때 아이들과 여인들이 몰려왔다. 나는 그들에게 카라반 할 때
먹으라고 껌과 사탕을 나누어주었다. 그런데 그 중에 비단 옷을 잘
입은 소년이 있는데 딴 아이들은 명랑하고 밝은 모습이었으나 이 소
년의 얼굴에는 왠지 시름이 많아 보였다.

나는 음악이 끝난 후에 그 소년에게 나이가 몇 살이냐고 물었더
니 열세 살이라고 한다. 부모님은 어디 계시느냐고 물었더니, 어머
니는 일찍 돌아가시고 아버지마저 작년에 돌아가셔서 지금은 혼자
란다. 그래서 그 소년은 부모가 남겨둔 전 재산인 양 2백여 마리를
끌고 마을 어른들을 따라 방목지를 찾아다니고 있었다. 나는 그 말
을 듣는 순간, 가슴이 아려왔다. 부모가 계시다면 지금쯤 학교에서
공부하고 있을 나이가 아닌가? 그러나 그 소년이 입은 비단으로 만
든 황색 장포(藏袍)를 보아 그의 부모는 잘 살던 집안으로 보였다.

나는 그 소년에게,

"비록 너의 부모는 돌아가셨지만 훌륭한 분이었구나. 아이야,
실망하지 마라. 속담에 '유즈 유시왕(有志有希望)'이라는 말이 있
다. 네가 뜻을 세우고 열심히 살다보면 밝은 날이 올 것이다. 내년에
는 양의 숫자가 많이 늘어날 것이고, 네가 청년이 되었을 때는 부자
도 되고 훌륭한 사람이 될 거야."

루구(魯슘)로 가는 길에서 만난 유목민들

나는 이렇게 격려하지 않을 수 없었다. 그리고 약간의 선물을 유목민 연장자와 이 소년에게 주고 다시 북으로 떠났다.

차창 밖으로 펼쳐지는 일망무제의 초원에는 누렇게 바랜 풀들이 바람에 흔들리고 있어 마치 황금벌판을 이루어 놓은 것 같다. 어떤 곳에는 붉은색의 토양이 있는가 하면 연푸른 산도 있다. 마치 산과 들에 그림을 그려놓은 듯한 풍경이다. 거기에다 황양들이 두려움 없이 뛰놀고, 자주 마주치게 되는 천방지축의 야생 당나귀들! 어느 것 하나 마음을 끌지 않는 것이 없다.

이렇게 달리기를 몇 시간, 안내원이 루구(魯谷)에 다 왔다고 알려준다.

루구! 내가 그렇게도 오고 싶었던 곳, 루구가 아닌가! 그동안 두 번씩이나 시도했다가 돌아섰던 곳 루구!

나는 무한한 감격 속에서 차에서 내렸다. 그 순간 눈앞에 펼쳐지는 풍경! 그것은 한마디로 경이로웠다.

아득히 먼 곳에 야트막한 산들의 연봉들이 가로놓여 있고 주봉을 중심으로 능선이 안으로 구부러져 북으로 뻗어 있다. 말하자면 북쪽에서 불어오는 바람을 막아주는 형상이었다. 산의 색깔은 대체로 회색과 붉은색, 더러는 연푸른색도 섞여 있어서 마치 수채화처럼 아름다웠다. 그리고 황금같은 벌판.

그 들녘에 드문드문 유목민의 집이 네다섯 채 산재해 있는데, 검은색 천막에서는 연기가 밖으로 품어 나오고 있었다. 그리고 바람에 나부끼는 델피니움(Delphinium) 계통의 늘비한 꽃밭!

나는 루구의 꽃밭을 한없이 걸었다. 사람들은 들꽃을 찾아 헤메는 나에게 왜 그 많은 어려움을 겪으며 산을 찾아다니느냐고 묻는 이가 많다. 그럴 때마다 나는 할 말을 잃고 빙그레 웃음으로 대신하곤 한다. 굳이 말로 표현할 수 없는 행복과 아름다움의 극치는 신이 베푼 자연의 현장이 아닐까?

문득 시 한 구절이 생각났다.

아득한 옛날

땅덩어리 솟구쳐

창탕(羌塘)고원이 되었네.


하늘도 땅도 넓은

시원한 황금 벌판

원시의 바람 속을

나, 꿈속인양 지나가네.


나는 자연과 꽃의 아름다움을 접할 때마다 하나님의 인간에 대
한 무한한 사랑을 감지한다. 그래서 망세(忘世)의 한경(閑境) 속에
서 청복(淸福)을 누리고 있음을 깨닫게 된다. 그것은 누려본 자만이
아는 특별한 복일 것이다.


### ● ── 무인구의 수수께끼 같은 이야기 ●

우리는 라사를 떠날 때 과일과 채소를 많이 준비했다. 그동안 긴
여정에서 갈증이 날 때면 하루에 오이를 한두 개씩 먹으며 수분을
보충했다.

오늘은 특별히 루구에 온 기념으로 사과와 복숭아를 내놓았더니
모두 흐뭇해하는 표정들이다. 티베트에서는 린즈(林芝) 지방에서 생
산되는 사과를 첫째로 꼽는다. 일조량이 길어 단맛이 있고 수분이
많다. 복숭아는 재래종이지만 역시 맛이 좋았다. 이렇게 희귀한 과
일을 먹으면서 쉬는 동안 현지 안내원이 내가 아직까지 들어보지 못

한 흥미 있고 수수께끼와 같은 이야기를 들려주었다.

장서강르산(藏色崗日山)에서 북쪽으로 100km 떨어진 곳에 거대한 자갈밭이 있는데 면적은 대량 2만km²가 넘는다고 한다. 이 돌밭에는 검은 돌(烏石)이 깔려 있고 물이나 풀이 한 포기도 없어 동물은 존재하지 않는 곳이다.

그러나 매년 봄이 되면 수만 마리의 영양들이 떼를 지어서 이곳으로 찾아간다는 것이다. 이 영양들이 찾아갈 때면 영양의 털끝이 붉은색을 띠고 있어 거대한 검은 돌밭이 일시에 홍색으로 변한다고 한다. 이때의 광경은 땅이 움직이는지 양들이 뛰어 움직이는 것인지 분간하기 어려울 정도로, 마치 커다란 붉은 조각이 지나가는 것 같은 현상이 일어난다는 것이다.

그런데 이때를 같이하여 수만 마리의 기러기들이 사람 인(人)자형으로 줄을 짓고 급히 무인구로 날아간다고 한다. 지상의 동물들과 하늘의 기러기가 서로 때를 맞추어서 질서있게 북으로 이동하는 이유는 무엇일까?

이렇게 영양들이 머나먼 돌밭을 찾아 이동하는 것은, 그곳에는 사람도 없고 늑대도 없으니 어미 양들이 안심하고 새끼를 낳아 기를 수 있기 때문이라고 한다.

나는 궁금한 생각이 들어, 그러면 물도 없고 풀도 없는 자갈밭에서 어떻게 생명을 유지할 수 있느냐고 물었더니 그는 이어 말하기를, 양들은 같은 시기에 날아온 기러기의 똥을 먹으며 해갈뿐만 아니라 배를 채운다고 했다. 그리고 영양들이 새끼를 낳을 때 피와 태반을 돌밭에 붉게 늘어놓으면 기러기들은 그 태반을 먹고 살아간다는 것이다. 이렇게 영양과 기러기는 무인구에서 상호 존재의 필요에

루구(魯谷)에서 (2001. 7. 8)

차부샹(察布鄉)으로 가는 길(2001. 7. 8)

의해 생을 이어간다고 한다.

이밖에 그는 나이 많은 노인을 죽기 전에 장례를 치르는 이야기 등을 들려주었다.

나는 이야기가 끝난 뒤 그곳에 갈 수 있느냐고 물었다. 그는 "그곳은 아주 먼 곳입니다."라고 말하면서 "부이딩(不一定, 확실치 않다)."이라고 덧붙였다.




루구에서 쉬는 동안 한줄기의 인도(人道)가 북쪽으로 뻗어 있는 것을 발견했다. 나는 현지 안내인에게, 사람이 왕래하는 길인데 어디로 가는 길이냐고 물었다. 그는 자기도 가본 적은 없지만 듣기로는 북쪽에 차부샹이라는 마을이 있다는 말을 들은 적이 있다고 하였다.

나는 이 지역에서는 루구(魯谷)가 종착지로만 알고 있었는데 지도에도 없는 마을이 있다고 하니 더 빨리 가보고 싶었다. 우선 라사에서 같이 온 안내원 바상과 의논했다. 왜냐하면 북방 무인구는 당국의 허가 없이는 입산이 불가능하기 때문이다. 그렇다고 그들이 어떤 권한이 있는 것도 아니겠지만 무시할 수도 없었다. 그들과 의논했더니 안내원은 지난번에 차 고장으로 안내하지 못한 것을 미안하게 생각해서인지 같이 동행하기로 했다. 이리하여 외국인으로 처음 차부샹(察布鄕)으로 가게 된 것이다. 당시의 나의 일기는 다음과 같이 기록하고 있다.

"오늘은 차부샹으로 간다. 이곳 풍경은 내가 이제까지 다녀본 어떤 곳과도 달랐다. 산색도 다르고 초원도 바람소리도 달랐다. 모든 것이 원시의 풍경이다. 억겁의 태고 적에도 이와 같았으리라.”

어느 나지막한 언덕길을 넘어 내려가니 왼편으로 길이 약 2km쯤 되어 보이는 호수가 하나 있었다. 호수 둘레로 산세가 유한 회색의 산이 있고 물과 하늘이 하나의 색으로 빛나는 호반에는 놀랍게도 몇 마리의 목이 검은 학과 많은 황야(黃鴨)가 놀고 있었다. 참으로 자연의 극치를 보는 것 같았다.

이렇게 신비하고 아름다운 경계를 헤매면서 당도한 곳이 차부샹 마을이다. 차부샹은 인가가 20여 호 되는 작은 마을이었다. 그런데 뜻밖에 이곳에 소학교가 있었다. 우리는 마을 출입문을 통과하여 학교 교정으로 들어가 차를 세웠다.

바라보니 학교 뒤로 낮은 암산이 있고 앞으로 광막한 무인구 평원이 아득하게 펼쳐져 있었다. 참으로 하늘도 땅도 넓은 지구의 끝자락에 와 있는 느낌이었다.

학교 운동장에는 어린 학생들 10여 명이 정구공으로 축구를 하고 있었는데, 우리가 도착하자 ‘와—!’ 하고 함성을 지르며 달려왔다. 이어 교장과 부교장이 왔다. 교장에게 한국에서 왔다고 인사를 했더니, 그는 자기소개를 하며 스디(斯地)라고 하고, 부교장은 우두어(吾多)라고 했다. 그는 외국인이 이곳에 온 것은 처음이라고 하며 반가이 맞아주었다.

나는 선물로 가지고 온 응급용 의약품 한 세트를 기증했다. 그리고 학생들과 같이 기념사진을 찍고 저녁식사 초대를 받았다. 그들은 특별히 울타리 안에 심어 놓은 파릇파릇한 예충(野葱, 야생파) 잎을 뜯어 만든 교자를 내놓았다. 야생파로 만든 교자를 처음 먹어보지만 담백하고 좋았다.

나는 이곳에서 머물면서 교장에게 여러 가지를 물어보았다.

이곳의 고도는 해발 4,700m라고 하며, 학생은 80명, 교사는 네 명이라고 한다. 부락은 작은데 학생이 많은 이유는 모두 유목민의 자녀들로 8km 떨어진 먼 곳에서도 통학을 한다는 것이다. 어려움이 많겠다고 했더니 정부에서 보조를 받아 운영하고 있다고 했다. 그러나 학용품도 부족하고, 컴퓨터 교육을 못하고 있다고 걱정을 했다.

나는 내가 가장 궁금하게 생각하고 있는 장서강르산(藏色崗日山)과 서우강르산(色烏崗日山)을 아느냐고 물어보았다. 그도 알고 있다는 것이다. 여기서 얼마나 되며, 갈 수 있는지 여부를 물어보았다. 그는 이 질문에 대해서는 한마디로 '부룽이(不容易)', 쉽지 않다는 말로 대답했다.

그동안 아무도 들어간 사람이 없는 무인구? 그의 말은 내 질문을 한마디로 막고 있었다.

아! 무인구 들판은 나를 여기까지 유혹해 놓고 더 이상 갈 수 없게 만들다니 가슴이 메어오는 것 같았다.

나는 그동안 아무도 가려고도 하지 않는 이 북부고원을 숱한 고난을 극복하며 이곳까지 찾아왔다. 지도의 공백지대는 끝까지 금단의 베일에 가려 있을 심산인가?

눈물이 하염없이 흘러내렸다.

이제 다 끝났다. 나는 평소 고이 간직해온 태극기를 꺼내놓고,

"이것은 한국의 국기입니다. 기념으로 여기에 싸인을 해주십시오."라고 부탁했더니 그는 서슴지 않고 싸인을 해주었다.

"韓國隊探險到察布鄕."

2001年 7月 9号

斯地校長 白桑畜医 元但 付校長


　나는 그들과 훗날을 기약하면서 떠나는 날, 교장은 나에게 화석과 목동이 양몰이를 할 때 사용하는 울두어(喬爾朵, 石投器), 소금 결정체같이 생긴 돌을 기념으로 주었다.

　나는 그것을 받으며 혼잣말로,

　"차부샹! 내 어찌 너를 잊을 수 있으랴! 결코 잊지 않으리라! 그리고 내가 못 이룬 꿈을 후대에 이루는 이가 있으리라!"라고,

　나는 북쪽 금단의 지도 공백지대를 바라보며 흘러내리는 눈물을 억지로 삼키고 있었다.

차부샹(察布鄕) 소학교의 어린이들. 해발 4,700m

티베트의 가을. 해발 4,300m, 1991. 10.

# 부록

# 티베트 탐험코스

| | |
|---|---|
| 제1차 1990. 6 | Kathmandu—樟木(Zhangmu)—日喀則(Sigatse)—拉薩(Lhasa)—成都(Chengdu) |
| 제2차 1991. 6~7 | 烏魯木齊(Urumgi)—喀什(Kashi)—和田(Hotan)—若羌(Ruogiang)—庫爾勤(Korla)—烏魯木齊(Urumgi) |
| 제3차 1991. 9~11 | 蘭州(Lanzhou)—格爾木(Golmod)—那曲(Nakchu)—Lhasa—定日(Tingri)—Chooyu—成都(Chengdu) |
| 제4차 1993. 6~7 | 烏魯木齊(Urumgi)—喀什(Kashi)—和田(Hotan)—米蘭(Miran)—格爾木(Golmod)—那曲(Nakchu)—Lhasa—樟木(Zhangmu)—Kathmandu |
| 제5차 1994. 6~7 | 烏魯木齊(Urumgi)—博格達山(Bogda)—喀什(Kashi)—葉城(Yecheng)—麻札(Mazar)—獅泉河(Shiguange)—Kalilas—改則(Gertse)—措勤(Tsochen)—拉孜(Latse)—定日(Tingri)—絨布寺(Rougphu Temple)—Lhasa—成都(Chengdu)—昆明(Kunming)—麗江(Lichang) |
| 제6차 1995. 6~7 | 昆明(Kunming)—芒康(Markham)—林芝(Nyingtri)—Lhasa—日喀則(Sigatse)—帕羊(Paryang)—Kailas—古格王國(Guge)—樟木(Zhangmu)—Kathmandu |
| 제7차 1995. 9~10 | 成都(Chengdu)—Lhasa—巴松(Basum)—江孜(Gyantse)—樟木(Zhangmu)—Kathmandu |
| 제8차 1996. 6~7 | 昆明(Kunming)—芒康(Markham)—昌都(Chanmdu)—那曲(Nakchu)—尼瑪(Niyma)—文部鄉(Wenbu)—改 |

則(Gertse)−古格王國(Guge)−薩嘎(Saga)−Kathmandu

| | |
|---|---|
| 제9차 1996. 9~10 | 成都(Chengdu)−貢嘎(Gonggar)−隆子(Lhungmu)−林芝(Nyingtri)−樟木(Zhangmu)−Kathmandu |
| 제10차 1997. 6~7 | 成都(Chengdu)−芒康(Markham)−波密(Pome)−安多(Amdo)−雙湖(Twin Lakes)−獅泉河(Shiguange)−Kailas−普蘭(Purang)−薩嘎(Saga)−Kathmandu |
| 제11차 1998. 9~10 | 成都(Chengdu)−Lhasa−那曲(Nakchu)−納木錯(Namco)−Lhasa−日喀則(Sigatse)−聶拉木(Nyalamo)−Kathmandu |
| 제12차 1999. 6~7 | 成都(Chengdu)−甘孜(Genze)−昌都(Chamdu)−丁青(Tengchan)−索縣(Sogxin)−那曲(Nakchu)−納木錯(Namco)−Lhasa−樟木(Zhangmu)−Kathmandu |
| 제13차 2000. 8~9 | 成都(Chengdu)−Lhasa−納木錯(Namco)−雙湖(Shuanghu)−尼瑪(Niyma)−措勤(Tsochen)−拉孜(Latse)−樟木(Zhangmu)−Kathmandu |
| 제14차 2001. 6~7 | 成都(Chengdu)−拉薩(Lhasa)−林芝(Nyingtri)−納木錯(Namco)−雙湖(Shuanghu)−絨瑪(Lungma)−魯谷(Lugu)−察布鄉(Chalbushang)−薩嘎(Saga)−Kathmandu |

# 티베트 탐험

| 1999 | 국제탐험협회 고문 |
| 2000. 8~9 | 국제 크린에네루기 학술조사대(韓 · 日 · 中 · 인도 · 네팔) 한국측 대장 |
| 2001. 6~7 | 티베트 서지라산(色季拉山), 수앙후(雙湖), 룽마(絨瑪), 루구(魯谷), 차부샹(察布鄕) 탐험 |

雪域高原2

지도의 공백지대를 가다

지은이      박철암
펴낸이      김인현
펴낸곳      도서출판 도피안사

2002년 2월 20일  1판 1쇄 인쇄
2002년 2월 25일 1판 1쇄 발행

편집진행     이상옥
디자인      안지미
인쇄       동양인쇄(주)

등록       2000년 8월 19일(제19-52호)
주소       경기도 안성시 죽산면 용설리 1178-1

전화       031-676-8700
팩시밀리     031-676-8704
E-mail      dopiansa@kornet.net

ⓒ 2002, 박철암

ISBN 89-951656-7-7 04980
      89-951656-0-X (세트)


- 책값은 뒷표지에 있습니다.
- 잘못된 책은 바꿔드립니다.
- 이 책의 내용 전부 또는 일부를 다른 곳에 사용하려면 반드시 저작권자와
  도피안사 양측의 서면동의를 받아야 합니다.

- 진리생명(眞理生命)은 깨달음(自覺覺他)에 의해서만 그 모습(覺行圓滿)이 드러나므로
  도서출판 도피안사에서는 '독서는 깨달음을 얻는 또 하나의 길' 이라는 신념으로
  책을 펴냅니다.